Geometrie auf der Kugel

Mathematik Primarstufe und Sekundarstufe I + II

Herausgegeben von
Prof. Dr. Friedhelm Padberg, Universität Bielefeld,
und Prof. Dr. Andreas Büchter, Universität Duisburg-Essen

Bisher erschienene Bände (Auswahl):

Didaktik der Mathematik

P. Bardy: Mathematisch begabte Grundschulkinder – Diagnostik und Förderung (P)
C. Benz/A. Peter-Koop/M. Grüßing: Frühe mathematische Bildung (P)
M. Franke/S. Reinhold: Didaktik der Geometrie (P)
M. Franke/S. Ruwisch: Didaktik des Sachrechnens in der Grundschule (P)
K. Hasemann/H. Gasteiger: Anfangsunterricht Mathematik (P)
K. Heckmann/F. Padberg: Unterrichtsentwürfe Mathematik Primarstufe, Band 1 (P)
K. Heckmann/F. Padberg: Unterrichtsentwürfe Mathematik Primarstufe, Band 2 (P)
F. Käpnick: Mathematiklernen in der Grundschule (P)
G. Krauthausen: Digitale Medien im Mathematikunterricht der Grundschule (P)
G. Krauthausen/P. Scherer: Einführung in die Mathematikdidaktik (P)
K. Krüger/H.-D. Sill/C. Sikora: Didaktik der Stochastik in der Sekundarstufe (S)
G. Krummheuer/M. Fetzer: Der Alltag im Mathematikunterricht (P)
F. Padberg/C. Benz: Didaktik der Arithmetik (P)
P. Scherer/E. Moser Opitz: Fördern im Mathematikunterricht der Primarstufe (P)
A.-S. Steinweg: Algebra in der Grundschule (P)
G. Hinrichs: Modellierung im Mathematikunterricht (P/S)
R. Danckwerts/D. Vogel: Analysis verständlich unterrichten (S)
C. Geldermann/F. Padberg/U. Sprekelmeyer: Unterrichtsentwürfe Mathematik Sekundarstufe II (S)
G. Greefrath: Didaktik des Sachrechnens in der Sekundarstufe (S)
G. Greefrath/R. Oldenburg/H.-S. Siller/V. Ulm/H.-G. Weigand: Didaktik der Analysis
für die Sekundarstufe II (S)
K. Heckmann/F. Padberg: Unterrichtsentwürfe Mathematik Sekundarstufe I (S)
F. Padberg: Didaktik der Bruchrechnung (S)
H.-J. Vollrath/H.-G. Weigand: Algebra in der Sekundarstufe (S)
H.-J. Vollrath/J. Roth: Grundlagen des Mathematikunterrichts in der Sekundarstufe (S)
H.-G. Weigand/T. Weth: Computer im Mathematikunterricht (S)
H.-G. Weigand et al.: Didaktik der Geometrie für die Sekundarstufe I (S)

Mathematik

M. Helmerich/K. Lengnink: Einführung Mathematik Primarstufe – Geometrie (P)
F. Padberg/A. Büchter: Einführung Mathematik Primarstufe – Arithmetik (P)
F. Padberg/A. Büchter: Vertiefung Mathematik Primarstufe – Arithmetik/Zahlentheorie (P)
K. Appell/J. Appell: Mengen – Zahlen – Zahlbereiche (P/S)
A. Filler: Elementare Lineare Algebra (P/S)
S. Krauter/C. Bescherer: Erlebnis Elementargeometrie (P/S)
H. Kütting/M. Sauer: Elementare Stochastik (P/S)
T. Leuders: Erlebnis Algebra (P/S)
T. Leuders: Erlebnis Arithmetik (P/S)
F. Padberg: Elementare Zahlentheorie (P/S)
F. Padberg/R. Danckwerts/M. Stein: Zahlbereiche (P/S)
A. Büchter/H.-W. Henn: Elementare Analysis (S)
B. Schuppar: Geometrie auf der Kugel – Alltägliche Phänomene rund um Erde und Himmel (S)
B. Schuppar/H. Humenberger: Elementare Numerik für die Sekundarstufe (S)
G. Wittmann: Elementare Funktionen und ihre Anwendungen (S)

P: Schwerpunkt Primarstufe
S: Schwerpunkt Sekundarstufe

Weitere Bände in Vorbereitung

Berthold Schuppar

Geometrie auf der Kugel

Alltägliche Phänomene rund um Erde und Himmel

 Springer Spektrum

Berthold Schuppar
Fakultät für Mathematik
Technische Universität Dortmund
Dortmund, Deutschland

Mathematik Primarstufe und Sekundarstufe I + II
ISBN 978-3-662-52941-6   ISBN 978-3-662-52942-3 (eBook)
DOI 10.1007/978-3-662-52942-3

Die Deutsche Nationalbibliothek verzeichnet diese Publikation in der Deutschen Nationalbibliografie; detaillierte bibliografische Daten sind im Internet über http://dnb.d-nb.de abrufbar.

Springer Spektrum
© Springer-Verlag Berlin Heidelberg 2017

Planung: Ulrike Schmickler-Hirzebruch
Abbildungen mit (©): Created with GeoGebra (www.geogebra.org)

Gedruckt auf säurefreiem und chlorfrei gebleichtem Papier

Springer Spektrum ist Teil von Springer Nature
Die eingetragene Gesellschaft ist Springer-Verlag GmbH Berlin Heidelberg

Vorwort

- Seit wann weiß man, dass die Erde eine Kugel ist? Wie hat man das überhaupt festgestellt?
- Heute kann man mit Smartphones, Kameras usw. auf Knopfdruck die *geografischen Koordinaten* des Standorts ermitteln. Aber was bedeuten diese ominösen Zahlen eigentlich?
- Angenommen, man möchte von A nach B reisen. Wie weit ist B entfernt? In welcher Richtung liegt B von A aus gesehen? Wie verläuft der kürzeste Weg? Bei Fernreisen ist das besonders interessant (und manchmal überraschend), aber auch bei kurzen Entfernungen nicht unproblematisch.
- Apropos Fernreisen: Häufig muss man am Zielort die Uhr vor- oder zurückstellen. Die Ortszeit wird zwar vom Piloten angesagt, aber warum gibt es verschiedene Zeiten? Wie kann man den Zeitunterschied vorweg ermitteln?
- In der Entwicklung der Seefahrt spielten *Schiffschronometer* eine sehr wichtige Rolle. Wofür braucht der Seemann eine genaue Uhr?
- Man weiß: Die Sonne geht im Osten auf und im Westen unter – aber das stimmt nur ungefähr. Wo und wann geht sie denn *genau* auf bzw. unter? Wie lange dauert der helle Tag? Wie ändert sich die Tageslänge im Laufe eines Jahres? Wie ändert sie sich, wenn man verreist? Ist es am Zielort abends länger hell oder nicht?
- Bei uns läuft die Sonne von links nach rechts auf ihrer täglichen Bahn am Himmel, also im *Uhrzeigersinn*. Auf der Südhalbkugel ist es aber umgekehrt! Wieso?

Solche und ähnliche Fragen gehören zweifellos zu unserem Alltag – zwar kann man überleben, ohne viel darüber nachzudenken, aber wer neugierig ist und solche Phänomene verstehen möchte, benötigt unweigerlich ein wenig Mathematik hierfür. In der kulturellen und wissenschaftlichen Entwicklung spielten derartige Probleme seit jeher eine entscheidende Rolle: Schon in prähistorischer Zeit war es lebenswichtig, über die Jahreszeiten Bescheid zu wissen; in der griechischen Antike war die Himmelsbeobachtung ein Motor für die Geometrie, und in der Neuzeit bildete die Analyse der Planetenbewegung die Grundlage für die Newtonsche Mechanik (das sind nur drei „kleine" Beispiele). Heutzutage können Neugierige reichhaltige Informationen zu den eingangs genannten Themen aus dem Internet abrufen, aber um sie zu verstehen und zu hinterfragen, benötigt man mehr.

Es handelt sich um geometrische Probleme, die nicht im Zentrum des schulischen Curriculums stehen, aber auch nicht unverbunden daneben. Der Titel „Geometrie auf der Kugel" ist absichtlich so gewählt: Es soll nicht der Eindruck entstehen, dass eine ganz andere Art von Geometrie präsentiert wird. Im Gegenteil: Die Elementargeometrie kann durch die speziellen Aspekte, die die Kugel mit sich bringt, reflektiert, ergänzt und vertieft werden; schließlich ist die Kugel kein exotisches Objekt. Zudem wird mit der intendierten Konzentration auf die Erd- und Himmelskugel die *Anwendung* der Mathematik in den Vordergrund gerückt, verbunden mit zahlreichen Bezügen zu Nachbarwissenschaften. In der momentan intensiv geführten Diskussion um *realitätsnahen Mathematikunterricht* und *Modellierung* kann das Thema wertvolle Beiträge leisten.

Dabei stellt dieses Teilgebiet für die Schule kein Novum dar: Bis in die 1960er-Jahre hinein gehörte die *sphärische Trigonometrie* zum Standardstoff der gymnasialen Oberstufe; danach wurde sie zugunsten neuer Inhalte aufgegeben, u. a. wegen des großen Rechenaufwandes. Mit modernen Werkzeugen sind komplexe Berechnungen jedoch kein Problem mehr. Außerdem spielt die sphärische Trigonometrie in diesem Buch nicht die zentrale Rolle wie damals; stattdessen werden die Probleme nach Möglichkeit mit Methoden der *ebenen* Geometrie gelöst (natürlich funktioniert das nicht immer), und zwar nicht nur rechnerisch, sondern auch konstruktiv, wobei digitale Werkzeuge wie DGS eine gute Hilfe bieten. Grundbegriffe der Kugelgeometrie sind gleichwohl unverzichtbar.

Die Hauptzielgruppen des Buchs sind Studierende von Lehrämtern für die Sekundarstufe I und ihre Dozentinnen und Dozenten; durch den gestärkten Schulbezug dürfte das Buch aber auch eine gute fachliche Grundlage für die Ausbildung, das Selbststudium und die Fortbildung im Referendariat und in der Schulpraxis darstellen. Im Bereich des Lehramtes für die Primarstufe ist es für eine fachliche Vertiefung geeignet. Weiterhin ist es auch für Schüler/innen der gymnasialen Oberstufe interessant, u. a. als Ergänzung des normalen Curriculums, für Arbeitsgemeinschaften oder als Basis für Facharbeiten. Voraussetzungen sind Grundkenntnisse der ebenen Geometrie und Trigonometrie, also im Wesentlichen Stoff der Sekundarstufe I; weitere Voraussetzungen (Analysis o. Ä.) werden nur in geringem Umfang verwendet.

Das Buch basiert auf einer Veranstaltung für Lehramtsstudierende der Primarstufe und Sekundarstufe I, die jahrzehntelang regelmäßig an der TU Dortmund angeboten wurde. Jede Veranstaltung wurde ergänzt durch einen Vortrag über Astronomie und die Geometrie der Himmelskugel im Planetarium der Sternwarte Recklinghausen (herzlichen Dank an Burkard Steinrücken, den Leiter der Sternwarte, für seine fundierten Ausführungen).

Mein besonderer Dank gilt Gerhard N. Müller: Er hat mich bereits Ende der 1970er-Jahre mit der Faszination dieses Themas infiziert, die mich seitdem nicht mehr losgelassen hat. Ebenso danke ich den Dozenten, Mitarbeitern und zahlreichen Studierenden am IEEM der TU Dortmund, die mit ihren Diskussionen und Anregungen wesentliche Beiträge geleistet haben. Nicht zuletzt danke ich vielmals dem Team des Springer-Verlages, insbesondere Stella Schmoll für die kompetente Unterstützung bei der Realisierung dieses Projektes.

Dortmund, im Mai 2016   Berthold Schuppar

Inhaltsverzeichnis

Die Erde ist keine Scheibe

1.1 … sondern eine Kugel!

Diese Tatsache war schon den „alten Griechen" bekannt. Die Entwicklung des Weltbilds einer kugelförmigen Erde wird den Pythagoreern zugeschrieben (ca. 550–450 v. Chr.). Anfänglich war die Idee zweifellos auch durch mythische Vorstellungen geprägt (die Erde *muss* ein „idealer Körper" sein), aber es gab auch gute rationale Argumente dafür. Jedenfalls ist die häufig geäußerte Ansicht, die Theorie von der Erde als Kugel ginge auf Galilei, Kopernikus oder Kepler zurück, schlicht falsch.

Aber wie kann man (konnte man damals) die Kugelgestalt der Erde erkennen? Daran waren natürlich viele Beobachtungen beteiligt, die sich wie Puzzlestücke zu einer Hypothese zusammenfügen. Einige der wichtigsten Beobachtungen wurden auf Reisen gemacht:

- Angenommen, ein Schiff nähert sich der Küste. Vom Ufer aus sieht man zuerst die Mastspitze, dann das Segel, bis schließlich der Rumpf des Schiffes sichtbar wird (Abb. 1.1). Wäre die Erde flach, dann würde man immer das ganze Schiff sehen, erst klein, dann größer (Abb. 1.2). Dieses Phänomen ist *immer* zu beobachten, egal aus welcher Richtung sich das Schiff der Küste nähert. Also muss die Erdoberfläche *gekrümmt* sein, und zwar in jeder Richtung gleichmäßig (nicht etwa nur in einer bestimmten Richtung wie ein Zylinder).

- Die Sonne beschreibt eine Kreisbahn an der *Himmelskugel* (die Vorstellung vom Himmel als Kugel war nicht erst im griechischen Altertum, sondern schon viel früher verbreitet). Je nach Jahreszeit steht die Sonne mal höher, mal tiefer; ein gutes Maß für diese Änderungen ist die *Mittagshöhe* der Sonne (die maximale Höhe im Laufe eines Tages), gemessen durch den Winkel zur Horizontalen. Die Sonne ist so weit entfernt, dass die Sonnenstrahlen *parallel* einfallen. Wäre die Erde flach, dann wäre an einem bestimmten Tag die Mittagshöhe an allen Orten dieselbe (Abb. 1.3). Das ist aber nicht der Fall! Je weiter man nach Norden kommt, desto kleiner wird die Mittags-

© Springer-Verlag Berlin Heidelberg 2017

B. Schuppar, *Geometrie auf der Kugel*, Mathematik Primarstufe und Sekundarstufe I + II, DOI 10.1007/978-3-662-52942-3_1

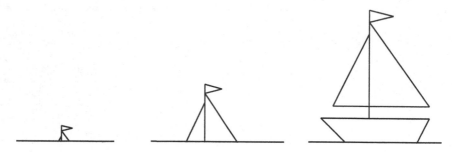

Abb. 1.1 Ein Schiff nähert sich der Küste bei runder Erde

höhe. Auch das kann man mit einer kugelförmig gekrümmten Erdoberfläche erklären (Abb. 1.4). Außerdem ändert sich der Sternenhimmel, wenn man nach Norden oder nach Süden reist; insbesondere ist die *Polhöhe* (= Höhe des Himmelspols, dieser wird recht genau durch den Polarstern markiert) umso größer, je weiter man sich im Norden befindet. Diese astronomischen Beobachtungen ließen sich am besten erklären, wenn man annahm, dass die Erde eine Kugel ist. (Mehr dazu in Kap. 7 und 8; vgl. auch die historischen Texte in Abschn. 1.7.)

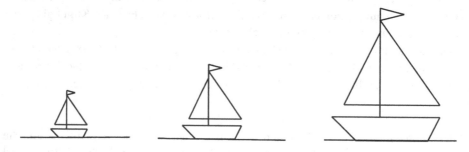

Abb. 1.2 Ein Schiff nähert sich der Küste bei flacher Erde

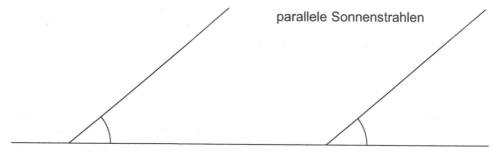

Abb. 1.3 Sonnenhöhe an verschiedenen Orten bei flacher Erde

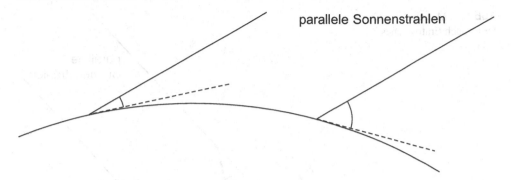

parallele Sonnenstrahlen

Abb. 1.4 Sonnenhöhe an verschiedenen Orten bei runder Erde

- Bei Mondfinsternissen schiebt sich der Schatten der Erde über den Mond und die Schattengrenze sieht immer rund aus. Bei einer Scheibe würde der Schatten sicherlich manchmal flach aussehen, aber nur eine Kugel wirft *immer* einen runden Schatten!
- Der Mond ist eine Kugel, die von der Sonne beleuchtet wird; das sieht man an den Mondphasen sehr deutlich. Also warum soll die Erde nicht auch eine Kugel sein?

Die Entwicklung des damaligen Weltbilds ist im ersten Kapitel eines Buches von Simon Singh, das eigentlich die *moderne* Kosmologie (Urknalltheorie) zum Thema hat, hervorragend dargestellt (siehe [1]).

1.2 Die Bestimmung des Erdumfangs nach Eratosthenes

Die unterschiedlichen Mittagshöhen der Sonne an verschiedenen Orten kann man auch *quantitativ* nutzen, um den Erdumfang zu berechnen.

Eratosthenes von Kyrene (276–194 v. Chr.) beobachtete Folgendes: In Syene (Ägypten, in der Nähe des heutigen Assuan) fiel an einem bestimmten Tag zu Mittag das Sonnenlicht senkrecht in einen tiefen Brunnen. Zur gleichen Zeit konnte man im ca. 800 km nördlich gelegenen Alexandria messen, dass die Sonnenrichtung zu Mittag um 1/50 eines Vollkreises (= 7,2°) von der Senkrechten abwich.

Diese Abweichung entspricht nach dem Wechselwinkelsatz für parallele Geraden genau dem Winkel AMS bzw. dem Bogen $\overset{\frown}{AS}$ (vgl. Abb. 1.5: A = Alexandria, S = Syene, M = Erdmittelpunkt; der Winkel ist stark übertrieben dargestellt).

Demnach beträgt der gesamte Erdumfang:

$$50 \cdot (\text{Länge des Bogens } \overset{\frown}{AS}) = 50 \cdot 800 \,\text{km} = 40.000 \,\text{km}$$

Abb. 1.5 Messung des Erdumfangs nach Eratosthenes

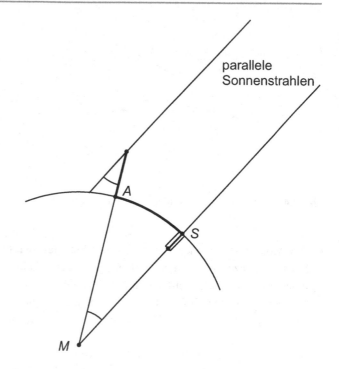

Natürlich sind diese Zahlen „geschönt", eine so große Entfernung war damals auch nicht
so genau messbar. Aber darauf kommt es nicht an. Prinzipiell ist das Verfahren praktika-
bel, und die *Größenordnung* des Erdumfangs war damals, also vor mehr als 2000 Jahren,
schon verblüffend genau bekannt.

1.3   Entfernungen des Mondes und der Sonne

Die Sonne ist so weit entfernt, dass ihre Strahlen auf der Erde praktisch parallel einfallen
– auf dieser Annahme beruhte die Messung des Erdumfangs. Beim Mond ist das aber
nicht der Fall (auch das war damals schon bekannt), und daraus kann man wiederum eine
Methode ableiten, um die Entfernung des Mondes von der Erde zu bestimmen.

Wir konstruieren jetzt eine geometrisch sehr einfache Situation, die das Prinzip deutlich
machen soll (vgl. Abb. 1.6).

Angenommen, am Ort A steht der Mond M zu einem bestimmten Zeitpunkt senkrecht über dem Beobachter. Zur gleichen Zeit wird am Ort B gemessen, um wie viel
Grad die Mondrichtung von der Senkrechten abweicht. Der Bogen $\overset{\frown}{AB}$ bzw. der Winkel $\alpha = \angle AEB$ (E = Erdmittelpunkt) sei bekannt. Wären die bei A und B einfallenden
Strahlen genau parallel, dann würde die Abweichung von der Senkrechten bei B genau α
betragen. Diese Abweichung ist jedoch größer, und zwar um den Winkel δ beim Mond im
Dreieck EBM.

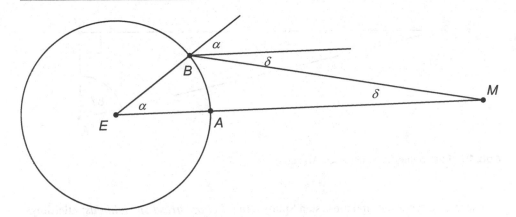

Abb. 1.6 Messung der Mondentfernung

Die Zeichnung übertreibt die Größenverhältnisse, deswegen hier ein Zahlenbeispiel:

Bei $\alpha = 30°$ wird eine Abweichung aus der Senkrechten von 30,5° gemessen, also ist $\delta = 0,5°$. Dann gilt im Dreieck *EBM* nach dem Sinussatz, wobei $R = \overline{EB}$ der Erdradius sei:

$$R \cdot \sin\alpha = \overline{BM} \cdot \sin\delta \quad \Rightarrow \quad \overline{BM} = R \cdot \frac{\sin\alpha}{\sin\delta} = R \cdot \frac{\sin 30°}{\sin 0,5°} \approx 57R$$

Tatsächlich beträgt die mittlere Entfernung Erde – Mond ungefähr das 60-Fache des Erdradius, d. h., die obigen Daten sind ziemlich realistisch.

Bezüglich der Entfernung Erde – Sonne machte Aristarch von Samos (3. Jh. v. Chr., also ein Zeitgenosse von Eratosthenes) eine weitere wichtige Beobachtung:

▶ Bei Halbmond beträgt der Winkel zwischen Sonne und Mond fast 90°.

Aristarch gab hierfür einen Winkel von 87° an. Da der Mond zu dieser Zeit genau von der Seite beleuchtet wird, ist das Dreieck *SEM* rechtwinklig, mit dem rechten Winkel beim Mond *M* (vgl. Abb. 1.7). Daraus schloss er, dass die Sonne viel weiter von der Erde entfernt sein muss als der Mond, und zwar gilt unter der Annahme dieser Winkelgröße:

$$\frac{\overline{EM}}{\overline{ES}} = \cos 87° \quad \Rightarrow \quad \overline{ES} = \frac{1}{\cos 87°} \cdot \overline{EM} \approx 19 \cdot \overline{EM}$$

Da aber der Mond und die Sonne als „Scheiben" an der Himmelskugel gleich groß erscheinen (bei einer Sonnenfinsternis wird die Sonne vom Mond genau verdeckt!), folgerte er: Die Sonne ist sehr viel größer als der Mond.

Die Größenverhältnisse von Erde und Mond waren auch bekannt; Aristarch ging davon aus, dass der Monddurchmesser ein Drittel des Erddurchmessers beträgt. Somit muss die Sonne viel größer als die Erde sein, mit anderen Worten: Nicht die Erde, sondern die Sonne ist der Mittelpunkt des Universums!

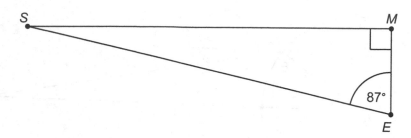

Abb. 1.7 Entfernung der Sonne nach Aristarch

Diese Überlegungen sind die ersten Spuren eines *heliozentrischen Weltbilds*; allerdings hat es sich damals aus verschiedenen Gründen noch nicht durchgesetzt.

In Wirklichkeit ist die Entfernung Erde – Sonne noch viel größer als von Aristarch berechnet, sie beträgt ca. das 400-Fache der Mondentfernung. Das Problem bei dieser Messung ist, dass man den exakten Zeitpunkt des Halbmonds nur schwer bestimmen kann, sodass der Winkel *SEM* nur ungenau messbar ist (es wird manchmal bezweifelt, dass Aristarch ihn wirklich gemessen hat; möglicherweise hat er nur einen plausiblen Wert angenommen). Qualitativ ist die Überlegung aber durchaus richtig.

1.4 Orientierung auf der Erde

Der Globus ist mit einem *Gradnetz* von *Längen- und Breitenkreisen* überzogen. Dieses Gradnetz ist so sehr in unserer Vorstellung von der Erdkugel verwurzelt, dass man ihm eine symbolische Bedeutung zuschreiben kann; ein Beispiel dafür ist das Monument am nördlichsten Punkt Europas, ein stilisierter Globus (Abb. 1.8). Außerdem sieht man zuweilen Icons oder Logos mit der Bedeutung „Welt", die ein angedeutetes Gradnetz als Merkmal tragen (Abb. 1.9).

Jeder Ort auf der Erde kann als Schnittpunkt eines Längenkreises und eines Breitenkreises dargestellt werden; zahlenmäßig ausgedrückt bedeutet das: Jede Position auf der Erdkugel kann durch ihre *geografischen Koordinaten* beschrieben werden. Beispielsweise hat Dortmund die *Breite* 51,5° Nord und die *Länge* 7,5° Ost.

Was bedeuten diese geografischen Koordinaten? Wie sind sie entstanden? Mit der heutigen Technik (GPS, Google Earth, ...) ist die Bestimmung der Länge und Breite ein Kinderspiel, aber wie haben Columbus, Cook und alle anderen Seefahrer damals ihre Positionen bestimmt? Wir werden später ausführlich darauf eingehen; hier nur zwei Anmerkungen:

- Die geografische Breite kann über die *Höhe* von Gestirnen (d. h. ihren Winkelabstand vom Horizont) bestimmt werden, am einfachsten mit der *Mittagshöhe* (Maximalhöhe) der Sonne, deshalb ist in alten Reiseberichten häufig von der „Mittagsbreite" die Rede,

Abb. 1.8 Am Nordkap (© its FR!TZ/Fotolia)

Abb. 1.9 Icon „Welt"
(© viappy/Fotolia)

wenn es um die Positionsbestimmung geht. Eine andere einfache Möglichkeit: Die Höhe des Polarsterns ist die geografische Breite des Standorts.

- Die Bestimmung der geografischen Länge ist sehr viel schwieriger, insbesondere auf Schiffen, wenn keine bekannte Landmarke in der Nähe ist. Es war eines der größten technischen Probleme des 18. Jahrhunderts, eine Methode zur präzisen Längenbestimmung auf langen Seereisen (ohne Sichtkontakt zum Land!) zu finden; sie führte schließlich zur Entwicklung der *Schiffschronometer* durch den englischen Uhrmacher John Harrison (eine lesenswerte Darstellung seiner Geschichte findet man in [3]; mehr zu diesem Problem in Abschn. 7.3 und 8.3).

Wenn man auf einer Weltkarte Flugrouten zwischen weit entfernten Orten betrachtet, dann stellt man fest, dass sie in der Regel „gekrümmt" aussehen. Zwar fliegt ein Flugzeug nicht genau auf dem kürzesten Weg, aber es vermeidet nach Möglichkeit unnötige Umwege.

Beispiel: Wenn man den „geraden" Weg von Düsseldorf nach San Francisco auf einer Weltkarte einzeichnet, dann verläuft er im Wesentlichen westlich, etwas nach Süden abweichend. Direktflüge auf dieser Route führen aber in der Regel bis zur Südspitze von Grönland hinauf, dann weiter über kanadisches Gebiet. Warum?

Das wird klar, wenn man auf dem Globus einen Faden zwischen beiden Orten spannt: Er schmiegt sich der gekrümmten Kugelfläche entlang des kürzesten Weges an.

Daraus ergibt sich eine Menge weiterer Probleme:

- Wie kann man die kürzeste Entfernung zwischen zwei Orten auf der Erde *berechnen*?
- Kann man den kürzesten Weg auch zeichnerisch (auf einer geeigneten Karte) bestimmen?
- Welchen Kurs muss ein Pilot steuern, um schnellstmöglich von *A* nach *B* zu fliegen?
- Auf dem kürzesten Weg muss in der Regel ständig der Kurs geändert werden (bitte mit dem Faden auf dem Globus überprüfen!); das ist unpraktisch. Besser wäre es, mit konstantem Kurs zu fliegen, wenigstens für eine bestimmte Zeit. Auf welcher Kurve bewegt man sich aber, wenn man an einem Punkt *A* startet und einen konstanten Kurs einhält (z. B. Nordwest)? Mit welchem konstanten Kurs kann man von *A* nach *B* gelangen? Wie lang ist dieser Weg? Gibt es eine Karte für Navigatoren, mit der man diese Probleme lösen kann?

1.5 Der schiefe Mond

Abschließend sei noch eine Beobachtung erwähnt, die zwar nicht wichtig, aber doch ziemlich erstaunlich ist.

Der zunehmende „Dreiviertelmond" (zwischen Halbmond und Vollmond) ist bei Sonnenuntergang schon aufgegangen, er steht aber noch nicht sehr hoch. Achten Sie dann einmal darauf, wie die beleuchtete Mondkugel ausgerichtet ist: Es sieht so aus, als würde der Mond schräg von *oben* angestrahlt (vgl. Abb. 1.10; das Foto entstand am 23. Mai 2010 um 21:30 MESZ, fünf Tage vor Vollmond, eine Viertelstunde nach Sonnenuntergang)!

Wie kann das sein? Die Sonne steht doch auf dem Horizont oder sogar *unterhalb* des Horizonts, wenn sie schon untergegangen ist!?

Über dieses Phänomen gab es schon heftige Diskussionen u. a. in Internetforen und populärwissenschaftlichen Zeitschriften, mit mannigfachen Erklärungsversuchen (z. B. [1]).

Abb. 1.10 Dreiviertelmond
kurz nach Sonnenuntergang

Tatsächlich handelt es sich um ein Phänomen der *Raumgeometrie,* wie das folgende Experiment zeigt.

In Abb. 1.11a sieht man rechts oben an der Tür ein Stück Pappe, das den Mond darstellen soll. Ein schwarzer Holzstab symbolisiert einen von der Sonne einfallenden Licht-

Abb. 1.11 Mondexperiment: Aufbau (**a**) und unser Blickwinkel (**b**)

strahl; bei Sonnenuntergang steht die Sonne in der Horizontebene, deshalb verläuft der Sonnenstrahl nahezu waagerecht (parallel zur Horizontebene), denn die Sonne ist viel weiter von der Erde entfernt als der Mond. Die Eule links unten schaut auf den Mond. Der „Sonnenstrahl" ist entsprechend der Mondphase ausgerichtet: Zwischen zunehmendem Halbmond und Vollmond steht die Sonne von der Eule aus gesehen schräg rechts hinter ihr. Abb. 1.11b zeigt nun den Sonnenstrahl aus der Perspektive der Eule: Man sieht deutlich, dass er *schräg von oben* auf den Mond fällt.

Wäre die Sonne etwa gleich weit von der Erde entfernt wie der Mond, dann würde zu dieser Zeit der Lichtstrahl in unserem Modell aus der Perspektive der Eule schräg von *rechts unten* einfallen; dann sähe der Einfallswinkel vermutlich ganz anders aus. Der Grund für dieses Phänomen liegt also darin, dass der Sonnenstrahl nahezu horizontal einfällt, d. h. dass die Sonne sehr viel weiter von der Erde entfernt ist als der Mond – diesen Unterschied können wir aber nicht direkt wahrnehmen, deshalb erscheint uns die Situation beim ersten Hinschauen etwas paradox.

Mit ein paar Grundbegriffen aus der Kugelgeometrie lässt sich das Phänomen auch anders erklären, wir kommen daher am Schluss von Abschn. 7.2 noch einmal darauf zurück.

1.6 Aufgaben

1. Bereits die alten Griechen wussten, dass die Mondentfernung ungefähr das 60-Fache des Erdradius beträgt. Der Durchmesser des Mondes erscheint am Himmel unter einem Blickwinkel von etwa einem halben Grad, genauer 0,52°. (Vgl. Abb. 1.12: *B* ist ein Beobachter auf der Erde; in der Skizze ist der Winkel natürlich stark vergrößert.) Was folgt daraus für den Radius der Mondkugel im Vergleich zum Erdradius? Um welchen Faktor ist demnach das *Volumen* des Mondes kleiner als das Volumen der Erde? *Beachten Sie bitte die Anmerkungen unten!*

2. Aristarch von Samos maß bei Halbmond (im Dreieck *SEM* ist dann der Winkel beim Mond ein rechter, siehe Abb. 1.7) den Winkel Sonne-Erde-Mond zu 87°. Was folgt daraus: Um welchen Faktor ist die Entfernung Erde – Sonne größer als die Entfernung Erde – Mond?

3. Der Sonnendurchmesser erscheint unter dem gleichen Blickwinkel wie der Monddurchmesser (0,52°); besonders auffällig ist dies bei einer Sonnenfinsternis, wenn die Sonne vom Mond genau überdeckt wird. Wenn man nun die Dimensionen von Sonne und Erde vergleichen möchte, was folgt aus Aufgabe 2: Um welchen Faktor ist der

Abb. 1.12 Größe des Mondes

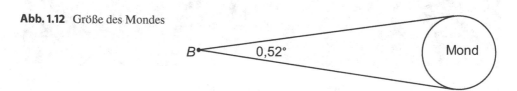

Sonnenradius größer als der Erdradius? Wie verhalten sich folglich die *Volumina* von Sonne und Erde zueinander?

4. In Wirklichkeit ist die Sonne ca. 400-mal weiter weg als der Mond. Wie verhalten sich also die Maße von Sonne und Erde tatsächlich zueinander (bezüglich Radius und Volumen)?

Anmerkungen:

- Man kann (soll) diese Berechnungen ausführen, ohne den Wert für den Erdradius zu benutzen. Es geht ja hier nur um die *Größenverhältnisse*!
- Es sind keine präzisen Zahlenangaben (bis zur 7. Nachkommastelle) gefragt, sondern gute Näherungen, die eine *Vorstellung* von den Größenverhältnissen ermöglichen!
- In diesem Sinne ist es z. B. auch unerheblich, ob der Beobachter auf der Oberfläche oder im Mittelpunkt der Erde steht – mit anderen Worten: Für die Angabe der Entfernungen sind die Radien der Himmelskörper nicht wichtig. Man kann dadurch ggf. die geometrische Situation einfach gestalten.

1.7 Anhang: Antike Texte

Dieser Abschnitt enthält einige Quelltexte aus dem griechischen Altertum zur Kugelgestalt der Erde, zitiert aus [4]. In diesem Aufsatz findet man zahlreiche weitere antike Quellen, außerdem werden Experimente zur Bestimmung des Erdumfangs beschrieben. Überhaupt ist die Downloadseite der Sternwarte Recklinghausen eine ergiebige Quelle für Materialien zur Astronomie.

Die folgenden Textauszüge stammen von Kleomedes und sind im 2. Jh. n. Chr. geschrieben worden; sie stellen jedoch keine neuen Erkenntnisse dar, sondern fassen das damalige (als gesichert anzusehende) Wissen zusammen. Leider ist über den Autor nichts Weiteres bekannt.

Wir können aber auch auf direktem Wege zeigen, dass die Erde kugelförmig ist, indem wir von den beobachteten Erscheinungen ausgehen. ... Erstlich verändert sich mit dem Standort der Horizont, ferner sieht man nicht von jedem Ort im Süden und Norden die gleichen Gestirne; weiter ist die Polhöhe, ... die Länge der Tage und Nächte nicht die gleiche. Alles dieses zeigt deutlich, dass die Erde kugelförmig ist. Bei irgendeiner anderen Gestalt der Erde könnte nämlich keines dieser Ereignisse eintreten, nur bei einer kugelförmigen Gestalt sind diese Ereignisse möglich.

Wenn wir uns weiter auf dem Meere dem Lande nähern, so sehen wir zuerst die Bergspitzen des Landes, während uns alles Übrige durch die Krümmung der Wasserfläche verborgen ist. Denn erst wenn wir über die Höhe der Krümmung gefahren sind, sehen wir die Täler und den Fuß der Berge. Und von dem Schiffe selbst aus werden etliche Teile des Landes vom Beobachter, der auf dem Deck oder innerhalb des Schiffsrumpfs steht, nicht gesehen, wohl aber kann man sie sehen, wenn man auf den Mast des Schiffes steigt, sodass man über die Krümmung der Wasserfläche hinwegsehen kann. Wenn das Schiff vom Land wegfährt, so entschwindet dem Blick zunächst der Rumpf des Schiffes, während man dann den Mast noch immer sehen kann. Wenn das Schiff sich dem Lande nähert, so sieht man vom Lande aus zuerst die Segel, während der Rumpf des Schiffes noch hinter der Krümmung der Wasser-oberfläche verborgen ist. Dies alles zeigt mit fast mathematischer Gewissheit, dass die Erde die Gestalt einer Kugel hat.

Es ist nun durchaus notwendig, zu zeigen, dass auch die die Erde umgebende Luft ei-ne Kugel darstellt. Die Luft nämlich nimmt die von der ganzen Erde sich erhebenden und zusammenströmenden Ausdünstungen auf. Diese bewirken, dass auch die Lufthülle kugelför-mig ist. Andere als die festen Körper sind nämlich durchaus nicht imstande, vielerlei Gestalt anzunehmen, bei luft- und feuerförmigen Substanzen dagegen, sobald sie für sich allein sind, sind andere Formen als die Kugelform unmöglich. Solche Substanzen streben, sobald sie sich ausdehnen und sich in gleicher Weise von ihrem Mittelpunkte nach allen Seiten entspannen, nach der ihnen eigentümlichen Form, da ihre Substanzialität sehr zart ist und kein fester Kör-per da ist, der eine andere Form hervorrufen könnte. Wenn nun die Lufthülle kugelförmig ist, so wird auch der Äther, der die Lufthülle rings umfasst, kugelförmig sein, da kein fes-ter Körper ihn zu eckiger Gestalt umformt oder in eine längliche Gestalt presst. Daher ist es ebenso durchaus notwendig, dass auch die ganze Welt die Gestalt einer Kugel hat. Es ist ja auch durchaus glaubhaft, dass der vollkommenste Körper und die Kugel die vollkommenste Gestalt hat. Die Welt ist ja wirklich der vollkommenste Körper und die Kugel die vollkom-menste Form. Diese ist nämlich fähig, alle geometrischen Körper von gleichem Durchmesser in sich aufzunehmen. Umgekehrt ist aber kein anderer geometrischer Körper imstande, eine Kugel von gleichem Durchmesser in sich aufzunehmen. Es ist also die Welt wirklich eine Kugel. ([4], Auszug aus Zitat 10)

Der letzte Abschnitt ist sicherlich nach unseren heutigen Vorstellungen wissenschaft-lich noch nicht ganz ausgereift; man sieht, dass auch viele Argumente einfließen, die man heute als „weltanschaulich" oder „spekulativ" abtun würde. Man muss aber Folgendes beachten: Für die Welt als „vollkommenster Körper" kamen nur ganz wenige „vollkom-mene" Formen infrage, nämlich die flache Scheibe, die vertiefte Scheibe (paukenförmig), der Würfel, die Pyramide oder die Kugel. Selbst Kepler hat zunächst noch versucht, das Universum aus „vollkommenen" Körpern aufzubauen, nämlich aus den fünf Platonischen Körpern!

Es folgt ein weiteres Zitat von Kleomedes über die Messung des Erdumfangs nach Eratosthenes. Vorbemerkung: Ein *Gnomon* ist ein senkrechter Stab als Zeiger für eine Sonnenuhr (die heutigen Sonnenuhren mit erdachsparallelen Zeigern waren damals noch nicht gebräuchlich).

Die Methode des Eratosthenes beruht auf geometrischen Beweisen und macht den Eindruck, dass man ihr etwas schwerer folgen könne. Aber seine Darstellung wird klar werden, wenn wir Folgendes vorausschicken: Wir nehmen an,

1. dass Syene (= Assuan) und Alexandria auf demselben Meridian liegen;
2. dass die Entfernung dieser beiden Städte 5000 Stadien beträgt;
3. dass die Strahlen, die von verschiedenen Teilen der Sonne nach den verschiedenen Teilen der Erde herabgesandt werden, einander parallel sind; denn dies ist die Hypothese, auf der die Geometer weiter bauen. Sodann müssen wir

4. annehmen, dass, wie es die Geometer beweisen, parallele Geraden von einer sie schnei-
denden Geraden unter gleichen Wechselwinkeln geschnitten werden, und

5. dass die Bögen, die gleichen Zentriwinkeln entsprechen, ähnlich sind, das heißt dasselbe
Verhältnis zu ihren eigenen Kreisumfängen besitzen, wie desgleichen die Geometer beweisen. Wenn immer also Kreisbögen gleichen Zentriwinkeln entsprechen, z. B. der eine
1/10 seines eigenen Kreisumfanges hat, so werden auch die anderen Bögen 1/10 ihrer
Kreisperipherie betragen.

Jeder, der diese Dinge verstanden hat, wird keine Schwierigkeit haben, die Methode des
Eratosthenes zu verstehen, die die folgende ist:
Syene und Alexandria liegen, wie gesagt, unter demselben Meridian. Da Himmelsmeri-
diane größte Kreise des Himmels sind, so sind die Erdkreise, die unter ihnen liegen, notwendigerweise auch größte Kreise. Also welche Größe auch immer der Erdmeridian, der durch
Syene und Alexandria geht, haben mag nach dieser Berechnung, so groß ist auch der Erdumfang. Nun nimmt Eratosthenes an (und dies ist richtig), dass Syene unter dem Wendekreis des
Sommers liegt. Wenn also die Sonne im Zeichen des Krebses zur Zeit der Sommersonnenwende genau in der Mitte des Himmels steht, so wird die Spitze des Weisers der Sonnenuhr
keinen Schatten werfen, da die Sonne genau senkrecht über ihm steht. ... Zu derselben Zeit
aber wirft in Alexandria die Spitze des Gnomons einen Schatten, weil Alexandria nördlich
von Syene liegt. Die beiden Städte liegen unter demselben Meridian. Wenn man also einen
Bogen von der Spitze des Schattens nach der Basis des Gnomons in Alexandria zieht, so wird
dieser Bogen ein Segment des größten Kreises in der Halbkugel der Sonnenuhr sein, da die
Kugel der Uhr unter dem größten Kreis-Meridian liegt.
Wenn wir nun gerade Linien annehmen, die von jeder der Spitzen durch die Erde gehen,
so werden sie sich im Erdmittelpunkt treffen. Da nun die Sonnenuhr in Syene senkrecht unter
der Sonne steht, so wird, wenn man eine Gerade annimmt, die von der Sonne zur Spitze des
Gnomons geht, diese Linie von der Sonne bis zum Erdmittelpunkt mit dem Erdradius zusam-
menfallen. Wenn wir (andererseits in Alexandria) eine andere gerade Linie annehmen, die von
dem Ende des Schattens durch die Spitze selbst nach der Sonne geht, so werden diese und die
vorher genannte gerade Linie parallel sein, da sie Geraden sind, die von verschiedenen Teilen
der Sonne nach verschiedenen Punkten der Erde gehen. An diese geraden Linien, die parallel
sind, trifft die Gerade, die vom Erdmittelpunkt zur Spitze des Gnomons in Alexandria gezogen wird, so, dass die Wechselwinkel, die sie bildet, gleich sind. Einer dieser Winkel liegt
am Erdmittelpunkt, und zwar zwischen den Geraden, die von den Sonnenuhren nach dem
Erdmittelpunkt gehen. Der andere Winkel in Alexandria liegt am Punkte des Schnittes der
Spitze und der Geraden, die man von dem Ende ihres Schattens bis zur Basis des Gnomons
geht, während über dem Winkel am Erdmittelpunkt der Bogen von Alexandria nach Syene
liegt. Beide Bögen sind ähnlich, da sie gleichen Zentriwinkeln gegenüberstehen. Welches
Verhältnis also der Bogen in der Kugel der Sonnenuhr zu seinem (ganzen) Kreise hat, dasselbe Verhältnis zeigt der Bogen von Alexandria nach Syene zu seinem eigenen Kreise, dem
Umfang der Erde. Der Bogen in der Halbkugel der Sonnenuhr wurde als 1/50 seines Kreises gefunden. Also muss der Abstand von Syene nach Alexandria notwendigerweise 1/50 des
größten Kreises des Erdumfanges betragen. Diese genannte Entfernung beträgt 5000 Stadien;
also misst der ganze größte Kreis 250.000 Stadien. – Dies ist die Methode des Eratosthenes.
([4], Auszug aus Zitat 11)

Welches *Stadion* hier als Längeneinheit benutzt wurde, ist offenbar nicht ganz klar; die
Spannweite für die Umrechnung von einem Stadion reicht von 150 bis 200 m. Demzufol-

ge würde der Erdumfang nach Eratosthenes zwischen 37.500 km und 50.000 km liegen; wie genau die Messung war, ist somit nicht verlässlich rekonstruierbar, aber die Größenordnung stimmt.

Die in den obigen Zitaten beschriebene Änderung des Sternenhimmels, insbesondere der Polhöhe und der Mittagshöhe der Sonne, ist auf die Erdkrümmung *in Nord-Süd-Richtung* zurückzuführen. Dass die Erde auch in Ost-West-Richtung gekrümmt ist, wird durch andere Phänomene belegt; hierzu sind am Schluss von Abschn. 7.3 weitere Quelltexte zitiert.

Literatur

1. Schlichting, H.-J.: Schielt der Mond? Spektrum der Wissenschaft Okt. 2012, 56–58 (2012)

2. Singh, S.: Big Bang. dtv, München (2007)

3. Sobel, D.: Längengrad. Berlin Verlag, Berlin (1999)

4. Steinrücken, B.: Antike Quellen zur Gestalt und Größe unserer Erde. http://sternwarte-recklinghausen.de/data/uploads/dateien/pdf/erdkugel.pdf (2016). Zugegriffen: 11.06.2016

Geometrie auf der Kugel: Grundbegriffe 2

Eine Anmerkung vorweg: Es ist sehr zu empfehlen, dass Sie sich mit *Anschauungsmaterial* versorgen. Geeignet sind kugelrunde Gegenstände jeglicher Art wie z. B. Bälle oder Äpfel. Styroporkugeln in verschiedenen Größen sind in Bastelgeschäften erhältlich; ihr großer Vorteil besteht darin, dass man darauf mit Stecknadeln Punkte markieren kann, und mit Gummis lassen sich Kreise und andere Figuren spannen. Als Darstellung der Erdkugel braucht man natürlich einen Globus: Es muss kein teures Exemplar sein; eine weniger präzise, aber sehr preiswerte und zudem handliche Alternative ist ein aufblasbarer Wasserball mit aufgedrucktem Gradnetz und Kartenbild (vgl. Abb. 6.1).

Die grundlegende Eigenschaft einer Kugel mit *Mittelpunkt M* und *Radius r* ist im Prinzip die gleiche wie beim Kreis in der Ebene:

▶ Alle Punkte der Kugelfläche haben den gleichen Abstand von *M*, nämlich *r*.

Liegt der Punkt A $\left\{\begin{array}{l}\text{innerhalb}\\\text{außerhalb}\end{array}\right\}$ der Kugel, dann ist $\left\{\begin{array}{l}\overline{AM} < r\\\overline{AM} > r\end{array}\right.$.

Die Kugel hat viele weitere schöne Eigenschaften, von denen hier nur eine erwähnt werden soll:

▶ Unter allen Körpern mit einem festen Volumen ist sie derjenige mit der kleinsten Oberfläche.

(Der Beweis ist nicht ganz einfach; wir werden das hier nicht weiter verfolgen.) Diese Eigenschaft ist verantwortlich dafür, dass Seifenblasen kugelrund sind.

Zur Erinnerung: Das Volumen einer Kugel mit Radius r ist $V = \frac{4\pi}{3}r^3$, ihre Oberfläche beträgt $O = 4\pi r^2$.

© Springer-Verlag Berlin Heidelberg 2017
B. Schuppar, *Geometrie auf der Kugel*, Mathematik Primarstufe und Sekundarstufe I + II,
DOI 10.1007/978-3-662-52942-3_2

Es sei A ein Punkt auf der Kugelfläche. Die Strecke AM ist der zugehörige *Radius* (dieses Wort hat somit eine doppelte Bedeutung: einerseits eine solche Strecke, andererseits deren Länge, die für alle A gleich groß ist). Die Gerade AM schneidet die Kugelfläche ein zweites Mal; der zweite Schnittpunkt heißt *Gegenpunkt* zu A und wird mit $\overline{A}$ bezeichnet. Musterbeispiel auf dem Globus: Der Südpol ist der Gegenpunkt zum Nordpol und umgekehrt. Die Strecke $A\overline{A}$ ist der *Durchmesser* zu A, seine Länge beträgt $2r$.

2.1 Groß- und Kleinkreise

Schnittfiguren von Ebenen mit einer Kugel

1. Fall Der Kugelmittelpunkt M liegt in der Schnittebene (vgl. Abb. 2.1). Dann ist die Schnittfigur ein Kreis mit Radius r. Ein solcher Kreis heißt *Großkreis*. Musterbeispiele: Der Äquator sowie alle Längenkreise (Meridiane) sind Großkreise auf der Erdkugel.

2. Fall M liegt nicht in der Ebene (vgl. Abb. 2.2a). Dann hat M einen gewissen Abstand $d > 0$ von der Ebene; wir gehen davon aus, dass $d < r$ ist, sonst gibt es gar keine Schnittlinie. Fällt man von M aus das Lot auf die Ebene, mit Fußpunkt M', dann ist $\overline{MM'} = d$ und für alle Punkte P auf der Schnittlinie sind die Dreiecke MPM' kongruent (vgl. Abb. 2.2b; die Schnittebene steht senkrecht zur Zeichenebene). Also ergibt sich ein Kreis mit Mittelpunkt M' und Radius $r' = \sqrt{r^2 - d^2} < r$. Ein solcher Kreis heißt *Kleinkreis*.

Musterbeispiele: Auf dem Globus sind alle Breitenkreise Kleinkreise (mit einer einzigen Ausnahme; welche ist es?).

Abb. 2.1 Großkreis

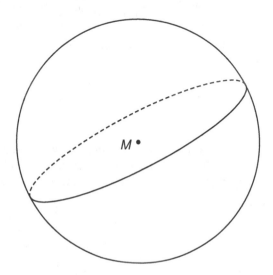

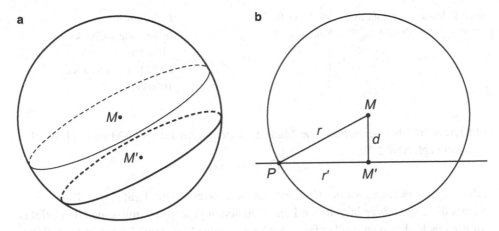

Abb. 2.2 Kleinkreis (a) und Radius eines Kleinkreises (b)

Abb. 2.3 Großkreis durch
zwei Kugelpunkte

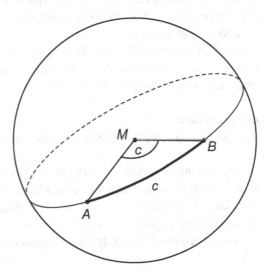

Großkreise als „Kugelgeraden"

Durch je zwei verschiedene Kugelpunkte A, B, die nicht Gegenpunkte voneinander sind,
d. h. $B \neq \overline{A}$, geht genau ein Großkreis (vgl. Abb. 2.3).

Begründung: Die Punkte A, B, M liegen nicht auf einer Geraden, also bestimmen sie
eindeutig eine Ebene. Diese Ebene schneidet die Kugel in *dem* Großkreis zu A und B.

In der ebenen Geometrie gilt: Durch zwei verschiedene Punkte kann man genau eine
Gerade legen. Wegen dieser Analogie bezeichnet man die Großkreise auch als *Kugelgeraden*.

Die gegebenen Punkte A und B teilen den Großkreis in zwei Bögen, einer ist kleiner
als 180° und der andere größer als 180°. Der *kleinere* von ihnen heißt *Großkreisbogen*
$c = \widehat{AB}$; analog zu Strecken in der ebenen Geometrie werden Großkreisbögen zumeist

Tab. 2.1 Maße von Großkreisbögen auf der Erdkugel

Winkelmaß	Längenmaß
Vollkreis 360°	Erdumfang 40.000 km
1°	111,1 km
$1' = \frac{1}{60}^{\circ}$	1,852 km = 1 Seemeile
9°	1000 km

mit Kleinbuchstaben bezeichnet. Das Maß des Bogens wird durch den Mittelpunktswinkel bestimmt (vgl. Abb. 2.3):

$$c = \widehat{AB} = \angle AMB$$

In der Regel verwenden wir das Gradmaß für diese Winkel, somit gilt $\widehat{AB} < 180°$.

Falls die *Bogenlänge* in üblichen Längeneinheiten gesucht ist, muss man den Winkel mithilfe des Radius oder des Umfangs der Kugel in das Längenmaß umrechnen, z. B. bei der Erdkugel wie in Tab. 2.1 angegeben (für den Erdumfang verwenden wir im Allgemeinen den gerundeten Wert 40.000 km, wenn es nicht auf hohe Genauigkeit ankommt, weil er einfach zu merken ist).

Die Messung eines Großkreisbogens in Grad ist also eine ganz natürliche Sache, und sie wird auch als Basis für die in der Nautik übliche Längeneinheit *Seemeile* genommen (auch *nautische Meile* genannt; Abkürzung sm bzw. NM).

Zwei Großkreise

►   Je zwei verschiedene Großkreise schneiden einander in zwei Gegenpunkten.

Begründung (vgl. Abb. 2.4): Beide Großkreisebenen enthalten den Kugelmittelpunkt *M*, also schneiden sie einander in einer Geraden, die *M* enthält. Die Schnittpunkte dieser Geraden mit der Kugelfläche sind die Schnittpunkte der beiden Großkreise, mithin zwei Punkte, die einen Durchmesser bilden.

Musterbeispiel Erdkugel: Je zwei Längenkreise schneiden einander in Nord- und Südpol.

Wie oben gesagt, haben die Großkreise einiges mit den Geraden in der ebenen Geometrie gemeinsam, aber hier bekommt die Analogie einen empfindlichen Knacks:

►   Es gibt keine parallelen Großkreise!

Der *Winkel zwischen zwei Großkreisen* ist der Schnittwinkel der Großkreisebenen (vgl. Abb. 2.4). Man kann ihn folgendermaßen messen:

Legt man in einem Schnittpunkt *A* der Großkreise eine Tangentialebene an die Kugel (senkrecht zum Durchmesser $A\overline{A}$), dann schneiden die Großkreisebenen diese Tangentialebene in den Tangenten an die Kugel, die in Richtung der Großkreise verlaufen; der Winkel zwischen diesen Tangenten ist der Winkel α zwischen den Großkreisen.

Eine andere Interpretation, die aber das Gleiche besagt: Blickt man in Richtung des Durchmessers $A\overline{A}$ auf die Kugel, dann fallen die Punkte *A* und $\overline{A}$ aufeinander und man

Abb. 2.4 Zwei Großkreise

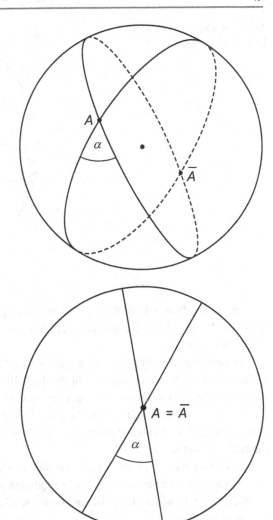

Abb. 2.5 Winkel zwischen
Großkreisen, Draufsicht

sieht die Kugel als Kreis mit Mittelpunkt A (vgl. Abb. 2.5); die beiden Großkreise erscheinen als Durchmesser dieses Kreises und bilden den Winkel α miteinander. Wir werden häufig Gelegenheit haben, diese Darstellung zu verwenden; eine weitere Interpretation folgt am Schluss dieses Abschnitts.

Zuordnung Großkreis ↔ Pol
Das Ziel ist, jedem Großkreis einen Punkt zuzuordnen, so wie man auf dem Globus in natürlicher Weise dem *Äquator* den *Nordpol* zuordnen kann. Diese Zuordnung soll *umkehrbar eindeutig* sein, sodass umgekehrt zu jedem Punkt auch eindeutig ein Großkreis gehört.

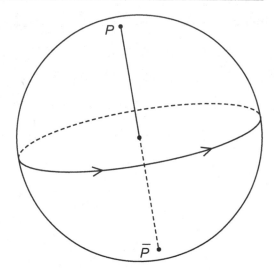

Abb. 2.6 Orientierter Großkreis mit Linkspol *P*

Am obigen Beispiel zeigt sich aber auch ein grundsätzliches Problem: Warum wählt man den Nordpol? Der Südpol ist doch genauso gut! Wie unterscheidet man eigentlich Nord- und Südpol?

Ein beliebiger Großkreis *g* sei gegeben. Die Gerade durch den Mittelpunkt *M* senkrecht zur Großkreisebene durchstößt die Kugelfläche in zwei Gegenpunkten. Um einen dieser beiden Punkte als *den* Pol zu *g* auszuwählen, versehen wir den Großkreis mit einer *Orientierung*, d. h. mit einem Pfeil (s. Abb. 2.6), und wir definieren: Der Pol *P* von *g* ist derjenige der beiden Punkte, der *links* liegt, wenn man den Kreis in Pfeilrichtung durchläuft, kurz der *Linkspol*.

(Im Prinzip ist es egal, welchen der beiden Punkte man als Pol auswählt, aber Vorsicht: Die Auswahl ist nicht einheitlich; andere Quellen wählen manchmal auch den Rechtspol.)

Wählt man die andere Orientierung (in Gegenrichtung), dann ist der Gegenpunkt $\overline{P}$ der zugehörige Linkspol.

Musterbeispiel Globus: Wenn man den Äquator in *östlicher* Richtung orientiert, dann ist der *Nordpol* der zugehörige Linkspol.

Ist umgekehrt *P* ein beliebiger Punkt auf der Kugelfläche, dann schneidet die Ebene senkrecht zum Radius *PM* einen Großkreis aus. Wenn man diesen Großkreis so orientiert, dass er von *P* aus gesehen im *Gegenuhrzeigersinn* durchlaufen wird, dann ist *P* der Linkspol.

Fazit: Auf diese Art wird jedem *orientierten Großkreis* eindeutig ein Punkt als *Pol* zugeordnet und man kann wie oben jedem Punkt einen orientierten Großkreis zuordnen; diese Zuordnungen sind dann *invers* zueinander.

Wichtige Eigenschaften Es sei *g* ein orientierter Großkreis und *P* der zugehörige Pol. (Die Orientierung ist aber im Folgenden nicht sehr wichtig.)

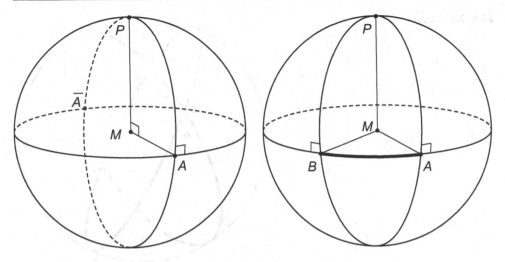

Abb. 2.7 Großkreis und dazu senkrechte Großkreise

- Jeder Großkreis durch P schneidet g senkrecht (Abb. 2.7, linkes Bild).
  Denn die Gerade PM steht senkrecht auf der Ebene von g, also ist jede (Großkreis-) Ebene durch P und M senkrecht zur Ebene von g.
- Für alle Punkte A auf g ist $\widehat{PA} = 90°$.
  Denn PM steht senkrecht auf jeder Geraden in der Großkreisebene, also gilt immer $\angle PMA = \widehat{PA} = 90°$.
- A, B seien zwei Punkte auf g; dann gilt $\angle APB = \angle AMB = \widehat{AB}$.
  Der Winkel zwischen den Großkreisen PA und PB kann also als Bogen $\widehat{AB}$ auf dem zu P gehörenden Großkreis wiedergefunden werden (Abb. 2.7, rechtes Bild).

2.2 Kugelzweiecke und -dreiecke

Kugelzweiecke

Ein Flächenstück auf der Kugel, das durch zwei halbe Großkreise begrenzt wird, heißt *Kugelzweieck* (Abb. 2.8).

Der Flächeninhalt eines Kugelzweiecks ist offenbar proportional zum Winkel zwischen den Großkreishälften.

Zur Halbkugel (eigentlich ein ausgeartetes Kugelzweieck) gehört der Winkel 180°, und ihre Fläche beträgt $2\pi r^2$. Das Kugelzweieck mit dem Winkel α hat demnach diesen Flächeninhalt:

$$F_\alpha = 2\pi r^2 \cdot \frac{\alpha}{180°} \tag{2.1}$$

Abb. 2.8 Kugelzweieck

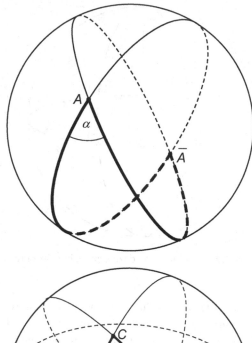

Abb. 2.9 Kugeldreieck

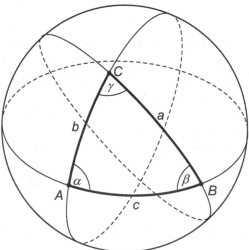

Kugeldreiecke

Es seien drei verschiedene Punkte A, B, C auf der Kugel gegeben, und zwar so, dass keine zwei von ihnen Gegenpunkte voneinander sind.

Je zwei von ihnen bestimmen eindeutig einen Großkreisbogen; so entstehen die drei *Seiten* des *Kugeldreiecks ABC* mit der üblichen Standardbezeichnung wie bei ebenen Dreiecken (Abb. 2.9):

$$\widehat{AB} = c, \quad \widehat{BC} = a, \quad \widehat{CA} = b$$

Man beachte: Die Seiten des Kugeldreiecks werden in Grad gemessen! Es gilt:

$$0° < a, b, c < 180°$$

Die Winkel des Kugeldreiecks sind die Winkel zwischen den Großkreisen, die einander jeweils in den Eckpunkten schneiden (eigentlich sind die Großkreis-*Hälften* gemeint, auf denen die Dreiecksseiten liegen):

$$\alpha = \angle BAC; \quad \beta = \angle ABC; \quad \gamma = \angle BCA$$

In der Regel betrachten wir die Winkel als nicht orientiert. Auch für die Winkel gilt:

$$0° < \alpha, \beta, \gamma < 180°$$

Anmerkungen:

- Ein solches Dreieck auf der Kugel nennt man auch *Euler'sches Dreieck*.
- Die drei Großkreise durch je zwei der Punkte A, B, C teilen die Kugel in acht Euler'sche Dreiecke; man erhält sie, indem man als Eckpunkte entweder A, B, C selbst oder die zugehörigen Gegenpunkte $\overline{A}$, $\overline{B}$, $\overline{C}$ wählt. Die Seiten dieser Dreiecke sind entweder a, b, c oder deren Komplemente zu $180°$; dasselbe gilt für die Winkel. Machen Sie sich dies klar, indem Sie drei Gummis wie Großkreise um eine Styroporkugel spannen!

Flächeninhalt eines Kugeldreiecks

Man betrachte die Kugelzweiecke zu α, zu β und zum Scheitelwinkel von γ, der natürlich gleich groß wie γ ist (Abb. 2.10). Jede Zweieckfläche F_α, F_β, F_γ kann nach der Gl. 2.1 berechnet werden.

Zusammen bilden die drei Zweiecke die obere Halbkugel, ergänzt durch das Gegendreieck $\overline{ABC}$, wobei auch noch die Fläche des Dreiecks ABC doppelt gezählt wurde (bitte schieben Sie die drei Figuren von Abb. 2.10 im Kopf übereinander!). Das Dreieck und sein Gegendreieck haben offenbar den gleichen Flächeninhalt. Also gilt:

$$2\pi r^2 + 2 \cdot F(\triangle ABC) = \text{Summe der drei Zweiecksflächen} = \frac{2\pi r^2}{180°} \cdot (\alpha + \beta + \gamma)$$

$$F(\triangle ABC) = \frac{\pi r^2}{180°} \cdot (\alpha + \beta + \gamma) - \pi \cdot r^2$$

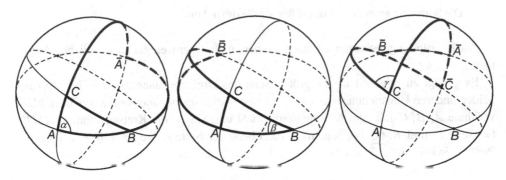

Abb. 2.10 Flächeninhalt eines Kugeldreiecks

Abb. 2.11 Dreiecksungleichung

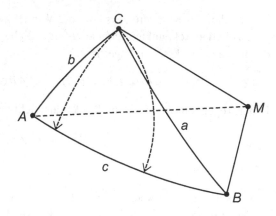

Daraus folgt sofort die *Flächenformel für Kugeldreiecke*:

$$F(\triangle ABC) = \frac{\pi r^2}{180°} \cdot (\alpha + \beta + \gamma - 180°) \tag{2.2}$$

Eine wichtige Folgerung ist der *Satz über die Winkelsumme*:

▶   Die Winkelsumme im Kugeldreieck ist größer als 180°.

Der „Überschuss" $\varepsilon = \alpha + \beta + \gamma - 180°$ heißt auch *sphärischer Exzess* des Kugeldreiecks; nach der obigen Formel ist er ein Maß für dessen Flächeninhalt. Setzt man $r = 1$
und misst die Winkel im Bogenmaß (man beachte: $\frac{\pi}{180°}$ ist der Umrechnungsfaktor vom
Grad- ins Bogenmaß!), dann kann man sagen: Der sphärische Exzess ist *gleich* der Fläche
des Kugeldreiecks.

Dreiecksungleichung
Analog zur ebenen Geometrie gilt für jedes Kugeldreieck:

▶   Die Summe zweier Seiten ist größer als die dritte Seite.

Zur Begründung begnügen wir uns mit einem mehr oder weniger anschaulichen Argument.
Es genügt zu zeigen: Ist c die größte Seite des Dreiecks, dann gilt $a + b > c$ (die
beiden anderen Ungleichungen $c + b > a$ und $a + c > b$ sind dann sowieso erfüllt). Man
verbinde A, B, C mit dem Kugelmittelpunkt M und klappe die Kreisausschnitte AMC
(= Seite b) und BMC (= Seite a) in die Ebene der Seite c. Wegen $a, b < c$ fällt der
Punkt C jeweils auf $\overarc{AB}$ und die beiden geklappten Sektoren überlappen sich. Daher muss
$a + b > c$ sein.

Folgerung:

▶ Die kürzeste Verbindung zweier Punkte A, B auf der Kugeloberfläche ist der Großkreisbogen $\overset{\frown}{AB}$.

Mithilfe der Dreiecksungleichung kann man das genau wie in der Ebene begründen:
Es sei irgendein Weg von A nach B gegeben. Wir wählen Zwischenpunkte P_1, P_2, $\ldots$, P_n auf diesem Weg und approximieren ihn durch eine endliche Folge von kleinen Großkreisbögen (das entspricht der Approximation von Wegen in der Ebene durch Streckenzüge). Wir gehen davon aus, dass das für „vernünftige" Wege immer möglich ist; mit anderen Worten: Andere Wege ziehen wir gar nicht in Betracht.

Die gesamte Weglänge ist dann nahezu gleich der Summe der Bogenlängen $\overset{\frown}{AP_1} + \overset{\frown}{P_1P_2} + \ldots + \overset{\frown}{P_nB}$. Wegen der Dreiecksungleichung können wir dann sukzessive die Weglänge verkürzen, indem wir von einem Punkt aus direkt zum übernächsten gehen (z. B. ist $\overset{\frown}{AP_1} + \overset{\frown}{P_1P_2} > \overset{\frown}{AP_2}$), sodass wir letztlich den Großkreisbogen $\overset{\frown}{AB}$ als kürzesten Weg erhalten.

Ein gespannter Faden schmiegt sich der Kugeloberfläche entlang des kürzesten Weges an; damit kann man also Großkreisbögen „sichtbar" machen. Ebenso gut funktioniert es mit einem Folienstreifen, auf dem ein gerader Strich gezeichnet ist; wenn man dieses „Kugellineal" zusätzlich mit einer Skala versieht, die in Grad geeicht ist (die Abstände der Skalenstriche richten sich natürlich nach dem Kugelradius), dann kann man sogar die kürzeste Entfernung zweier Orte auf dem Globus grob bestimmen. Auch eine zweite Skala, auf der man die Entfernung in Kilometer (km) ablesen kann, ist leicht zu erstellen, denn bekanntlich hat ein Bogen von 1° auf der Erdkugel eine Länge von 111,1 km, oder einfacher: 9° entsprechen 1000 km.

2.3 Das Polardreieck

Ein beliebiges Kugeldreieck ABC sei gegeben.

Wir bilden dann ein neues Dreieck $A'B'C'$, indem wir zu jeder Seite den Pol konstruieren:

Zu $c = \overset{\frown}{AB}$ sei C' der Linkspol des Großkreises AB, orientiert von A nach B,
zu $a = \overset{\frown}{BC}$ sei A' der Linkspol des Großkreises BC, orientiert von B nach C,
zu $b = \overset{\frown}{AC}$ sei B' der Linkspol des Großkreises AC, orientiert von C nach A (!!!).

Dieses Dreieck heißt das zu $\triangle ABC$ gehörende *Polardreieck* (Abb. 2.12). Seine Seiten und Winkel werden in naheliegender Weise bezeichnet mit $a' = \overset{\frown}{B'C'}$, $\alpha' = \angle B'A'C'$ usw.

Es ist empfehlenswert, auf einer Styroporkugel mithilfe von Stecknadeln und Gummibändern ein Modell herzustellen, denn die Zuordnung Dreieck $\rightarrow$ Polardreieck ist nicht leicht zu überblicken.

Abb. 2.12 Polardreieck

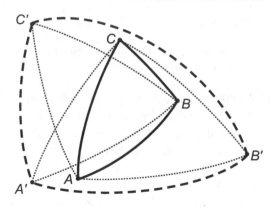

Eigenschaften des Polardreiecks

1. Die Winkel des Dreiecks und die zugehörigen Seiten des Polardreiecks ergänzen sich
   zu 180°, d. h. $\alpha + a' = 180°$ usw.
   Beweis: Wir blicken in Richtung des Kugelradius AM auf die Kugel, sodass der Punkt
   A mit dem Kugelmittelpunkt M zusammenfällt; in dieser Projektion erscheinen die
   Großkreise der Seiten $\widehat{AB}$ und $\widehat{AC}$ als Durchmesser, und der Winkel α erscheint unverzerrt in natürlicher Größe als Winkel zwischen diesen Durchmessern (vgl. Abb. 2.13).
   Die Pole B', C' liegen auf dem Kreisrand, und zwar so, dass $AB' \perp CA$ und $AC' \perp AB$
   (Orientierung beachten!). Der Kreisrand ist also der Großkreis $B'C'$ und wird unverzerrt dargestellt, sodass man in der Projektion die Seite a' des Polardreiecks als
   $\angle B'AC'$ ablesen kann. Die rechten Winkel $\angle C'AB$, $\angle CAB'$ überlappen sich um α,
   und daraus ergibt sich:

   $$a' = \angle C'AB' = 2 \cdot 90° - \alpha \Rightarrow \alpha + a' = 180°$$

2. Das Polardreieck des Polardreiecks ist das Ausgangsdreieck. Zur Erinnerung: Ist g ein
   Großkreis, dann beträgt die Entfernung $\widehat{PA}$ von seinem Pol P zu einem beliebigen
   Punkt A auf g immer 90°. Wenn man umgekehrt einen Punkt P als Pol vorgibt, dann
   findet man den zugehörigen Großkreis AB, indem man von P aus zwei Großkreis-
   bögen $\widehat{PA}$, $\widehat{PB}$ von 90° Länge abträgt (vgl. Abb. 2.7); ΔPAB ist dann ein „halbes
   Zweieck". Zurück zum Dreieck ABC mit seinem Polardreieck $A'B'C'$. Aus der Konstruktion ergibt sich (bitte anhand von Abb. 2.12 überprüfen!):
   - C' ist der Pol zu $\widehat{AB}$, also gilt $\widehat{AC'} = \widehat{BC'} = 90°$;
   - B' ist der Pol zu $\widehat{AC}$, also gilt $\widehat{AB'} = \widehat{CB'} = 90°$;
   - A' ist der Pol zu $\widehat{BC}$, also gilt $\widehat{BA'} = \widehat{CA'} = 90°$.
   Es ist zu zeigen:
   - C ist der Pol zu $\widehat{A'B'}$, d. h. $\widehat{A'C} = \widehat{B'C} = 90°$;
   - B ist der Pol zu $\widehat{A'C'}$, d. h. $\widehat{A'B} = \widehat{C'B} = 90°$;
   - A ist der Pol zu $\widehat{B'C'}$, d. h. $\widehat{B'A} = \widehat{C'A} = 90°$.

Abb. 2.13 Dreieckswinkel und
Seite des Polardreiecks

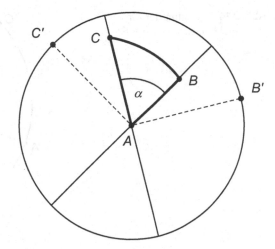

All diese Identitäten erhält man durch „Umsortieren" der obigen Liste, die sich aus der Konstruktion des Polardreiecks ergab. Auch die Orientierung stimmt (C ist der *Linkspol* zu $\widehat{A'B'}$ usw.), wie man in Abb. 2.12 bestätigt sieht.

3. Eine Folgerung aus 1. und 2. lautet: Wenn man die Eigenschaft 1. auf das Polardreieck anwendet, dann bedeutet das $\alpha' + a'' = 180°$, wobei a'' eine Seite des Polardreiecks von $\triangle A'B'C'$ bezeichnet (zunächst einmal müssen wir davon ausgehen, dass das Polardreieck des Polardreiecks ein gewisses $\triangle A''B''C''$ ist). In 2. haben wir jedoch gesehen, dass dieses „doppelte Polardreieck" nichts anderes ist als das ursprüngliche Dreieck, also ist $a'' = a$, und daraus folgt $\alpha' + a = 180°$. In Worten: Auch die *Seiten* eines Dreiecks und die zugehörigen *Winkel* des Polardreiecks ergänzen sich zu $180°$.

Wir werden diese Beziehungen zwischen Dreieck und Polardreieck benutzen, um Aussagen über Seiten in Aussagen über Winkel zu transformieren und umgekehrt, oder allgemeiner gesagt: Jeder Satz über Kugeldreiecke kann in einen *dualen* Satz transformiert werden, in dem die Seiten und die Winkel ihre Rollen tauschen. Das heißt aber nicht, dass man einfach nur die Wörter „Seiten" und „Winkel" auswechselt, sondern man muss im obigen Sinne Umrechnungen vornehmen.

Ein Beispiel: Wir haben den Satz bewiesen, dass die Winkelsumme eines Kugeldreiecks größer als $180°$ ist. Angewandt auf das Polardreieck eines Dreiecks ABC heißt das:

$$\alpha' + \beta' + \gamma' > 180°$$

Setzt man nun $\alpha' = 180° - a$ usw. in diese Ungleichung ein, dann ergibt sich:

$$3 \cdot 180° - (a + b + c) > 180°$$
$$360° - (a + b + c) > 0°$$
$$a + b + c < 360°$$

Abb. 2.14 Schnittmuster für
ein Kugeldreieck

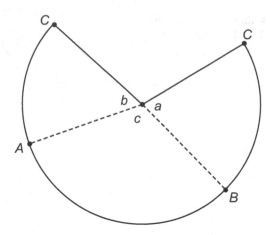

Das ist der *Satz über die Seitensumme*; in Worten:

▶   Die Summe der Seiten eines Kugeldreiecks ist kleiner als 360°.

    Bastelvorschlag für Kugeldreiecke: Schneiden Sie einen Kreis aus Pappe (der Radius
ist im Prinzip beliebig, sollte aber nicht zu klein sein), schneiden Sie einen Sektor heraus,
ritzen Sie auf der Restfläche zwei Radien als Falzkanten ein (vgl. Abb. 2.14). Einzige
Einschränkung: Die Winkel a, b, c müssen die Dreiecksungleichung erfüllen. (Wenn sie
das nicht tun, werden Sie es schon merken ...)

Abb. 2.15 Einige Kugeldreiecke

Knicken Sie die Pappe entlang der eingeritzten Radien und kleben Sie die beiden Kanten des ausgeschnittenen Sektors zusammen, sodass die mit C bezeichneten Punkte aufeinanderfallen. Fertig!

Der Satz über die Seitensumme besagt nun, dass man *jedes* Kugeldreieck auf diese Art herstellen kann! Abb. 2.15 zeigt ein paar Beispiele.

2.4 Aufgaben

1. *Kürzeste Entfernung auf der Erdoberfläche bzw. durchs Erdinnere*
   Der kürzeste Weg von A nach B auf der Erdoberfläche ist bekanntlich ein Großkreisbogen, der kugelgeometrisch in Grad gemessen wird, aber auch leicht in Kilometer umgerechnet werden kann ($1° \cong 111{,}1$ km). Stellen Sie sich jetzt mal vor, Sie könnten einen Tunnel von A nach B graben, um den wirklich kürzesten Weg zu nehmen. Vergleichen Sie die Länge des Großkreisbogens mit der Länge dieser *Strecke AB* durch das Erdinnere (= Sehne AB im Großkreis)!
   Ermitteln Sie die Streckenlängen für einige Winkel (z. B. $\alpha = 30°, 60°, \ldots$) einerseits durch Zeichnen und Messen, andererseits durch trigonometrische Berechnung. Stellen Sie eine Wertetabelle auf und zeichnen Sie einen Graphen. Welchem Anteil in Prozent der Bogenlänge entspricht jeweils die Streckenlänge? (Ergänzen Sie die Wertetabelle um eine derartige Spalte mit den Prozentwerten.)

2. *Flächen von Kugeldreiecken auf der Erdkugel*
   a. Schätzen Sie den Flächeninhalt von Deutschland! Welchen sphärischen Exzess hätte ein Kugeldreieck mit dieser Fläche?
   b. Welchen Flächeninhalt haben Dreiecke auf der Erdkugel mit einem sphärischen Exzess von $1°$ (bzw. $1'$, $1''$)? Versuchen Sie, solche Dreiecke anschaulich zu machen durch Flächen in Ihrer Region (beachten Sie, dass die Flächen sehr klein, also nahezu eben sind).
   c. Südamerika ist nahezu dreieckig; laut Wikipedia beträgt die Fläche 17,843 Mio. km^2. Welchen sphärischen Exzess hat ein Dreieck von dieser Größe? (Überschlag genügt, vgl. Aufgabe 2b.)

3. *Das „große Dreieck" von Gauß*
   C. F. Gauß hat Anfang des 19. Jahrhunderts die sphärischen Winkel in einem Dreieck aus drei Bergen ausgemessen, nämlich dem Brocken (im Harz), dem Großen Inselsberg (im Thüringer Wald nahe Eisenach) und dem Hohen Hagen (im Naturpark Hannoversch-Münden). Dazu ein Zitat aus Wikipedia, Stichwort „Hoher Hagen (Dransfeld)":
   Im Rahmen der von Carl Friedrich Gauß zwischen 1818 und 1826 per Triangulation durchgeführten Landesvermessung des Königreichs Hannover (Gaußsche Landesaufnahme) nutzte Gauß den Hohen Hagen als einen Dreieckspunkt für sein „großes Dreieck" Hoher Hagen – Brocken – Großer Inselsberg. Dieses Dreieck mit den Seitenlängen 68 km (Hoher Hagen – Brocken), 84 km (Hoher Hagen – Inselsberg) und

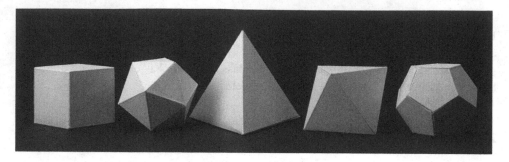

Abb. 2.16 Platonische Körper (© philstylez/Fotolia)

106 km (Brocken – Inselsberg) war Basis zur Verknüpfung zahlreicher regionaler Vermessungsdaten.

Wir bezeichnen jetzt das Dreieck mit BHI (mit naheliegenden Abkürzungen der Punkte).

a. Machen Sie eine *lagerichtige* Skizze des Dreiecks und ermitteln Sie aus den oben angegebenen Seitenlängen den Flächeninhalt des *ebenen* Dreiecks BHI.

b. Gauß hat einen sphärischen Exzess von $14,85''$ (Winkelsekunden) gemessen. Welcher Flächeninhalt ergibt sich daraus für das *sphärische* Dreieck BHI?

4. *Gleichseitige Kugeldreiecke*
   Vorbemerkung: Ein gleichseitiges Kugeldreieck hat auch drei gleiche Winkel.

   a. Ein gleichseitiges Kugeldreieck habe eine Fläche, die genau ein Fünftel der gesamten Kugelfläche beträgt. Wie groß sind seine Winkel?

   b. Es gibt drei Platonische Körper, die aus Dreiecken bestehen, nämlich Tetraeder, Oktaeder und Ikosaeder (vgl. Abb. 2.16). Wenn man sie zu Ballons aufbläst, entstehen gleichseitige Kugeldreiecke. Welche Winkel haben diese Dreiecke jeweils?

5. *n-Ecke auf der Kugel*
   a. Formulieren und begründen Sie einen Winkelsummensatz und eine Flächenformel für n-Ecke auf der Kugel mit einer Eckenzahl $n > 3$.

   b. Ein Kugelquadrat ist ein Viereck auf der Kugel mit vier gleich großen Seiten und vier gleich großen Winkeln; im Unterschied zum ebenen Quadrat sind die Winkel *größer* als 90°. Welchen Anteil der gesamten Kugelfläche nimmt ein Kugelquadrat ein, wenn jeder Winkel 100° (110°, 120°, ...) beträgt?

   c. Wie groß sind die Winkel eines Kugelquadrates, dessen Fläche ein Sechstel der Kugelfläche beträgt? (Kann man das aus den in Aufgabe 5b berechneten Werten ermitteln?)

   d. Wenn man in einem ebenen regelmäßigen Sechseck den Mittelpunkt mit den Ecken verbindet, dann wird es in sechs gleichseitige Dreiecke zerlegt. Gilt das auch für regelmäßige Kugelsechsecke? Wenn nicht, dann beschreiben Sie die Teildreiecke möglichst genau.

e. Wenn man ein Dodekaeder ähnlich wie in Aufgabe 4b zum Ballon aufbläst, dann entstehen auf der Kugel zwölf gleich große regelmäßige Fünfecke. Welche Winkel haben sie?

6. *Polardreiecke*

   a. Wie sieht das Polardreieck eines „halben Zweiecks" aus? (Ein halbes Zweieck ist ein Dreieck mit zwei rechten Winkeln.) Der dritte Winkel dieses Dreiecks heiße α. Wie ändert sich das Polardreieck, wenn man α vergrößert oder verkleinert?

   b. Gibt es ein Kugeldreieck, das mit seinem Polardreieck zusammenfällt?

   c. Ist das Polardreieck eines rechtwinkligen Dreiecks wieder rechtwinklig?

7. *Modelle rechtwinkliger Dreiecke*

   Wenn man aus Pappe ein Kugeldreieck herstellt (wie am Schluss von Abschn. 2.3 skizziert), dann kann man die Seiten vorgeben, aber über die Winkel zunächst einmal nicht verfügen.

   a. Basteln Sie Kugeldreiecke mit *zwei* oder sogar *drei* rechten Winkeln!

   b. Wenn das Dreieck jedoch *genau einen* rechten Winkel haben soll, wird es schwieriger; versuchen Sie es dennoch! (Ohne trigonometrische Rechnung scheint es nicht zu funktionieren; vgl. Aufgabe 7 in Abschn. 4.4.)

Erdkugel I: Koordinaten, Entfernungen, Kurswinkel

3

3.1 Geografische Koordinaten

Die Erde dreht sich innerhalb eines Tages einmal um sich selbst, die Achse dieser Rotation schneidet den Globus im *Nord- und Südpol*; diese beiden Punkte sind die „ruhenden Pole" der Erddrehung. Die Ebene durch den Erdmittelpunkt senkrecht zur Achse schneidet die Erdkugel im *Äquator*; dieser Großkreis teilt sie in zwei gleich große Hälften (daher der Name!), die Nord- und die Südhalbkugel. Somit bildet die Eigendrehung der Erde eine natürliche Grundlage für die erste Koordinate zur Beschreibung von Kugelpunkten:

Die *geografische Breite* φ eines Ortes P auf der Erde ist der Winkelabstand vom Äquator, gemessen als Bogen auf dem *Meridian* von P: Das ist der halbe Großkreis, der vom Nordpol N zum Südpol S läuft und durch P geht (Abb. 3.1; der Name wird später klar, siehe Kap. 7). Der Meridian steht senkrecht auf dem Äquator (vgl. Abschn. 2.1, Zuordnung Großkreis ↔ Pol).

Üblicherweise unterscheidet man *nördliche* und *südliche* Breite, z. B. hat Dortmund die Breite 51,5° Nord. Für manche Rechnungen ist es jedoch sinnvoll, die Breite mit einem Vorzeichen zu versehen: Für die Nordhalbkugel wählt man das positive, für die Südhalbkugel das negative Vorzeichen. In diesem Sinne gilt $-90° \leq \varphi \leq 90°$.

Alle Orte mit der gleichen geografischen Breite bilden den *Breitenkreis* zu φ, ein Kleinkreis (Ausnahme: $\varphi = 0°$, der Äquator). Für den Nordpol ist $\varphi = 90°$, für den Südpol $\varphi = -90°$.

Wie oben gesagt, bildet der Äquator eine natürliche Bezugslinie für die Breite. Zur Definition der zweiten Koordinate, genannt *geografische Länge* λ, wählt man sinnvollerweise eine „Nulllinie" senkrecht zum Äquator, also einen Meridian, aber welchen? Hier gibt es keine natürliche Auswahl, deshalb hat man willkürlich festgelegt: Der Meridian von *Greenwich G* (Sternwarte in London) bekommt die Länge $\lambda = 0°$, d. h., er wird als *Nullmeridian* definiert.

Die prinzipielle Beliebigkeit des Nullmeridians zeigt sich vor allem darin, dass es in der zweitausendjährigen Geschichte der Erdvermessung viele verschiedene Definitionen

© Springer-Verlag Berlin Heidelberg 2017
B. Schuppar, *Geometrie auf der Kugel*, Mathematik Primarstufe und Sekundarstufe I + II,
DOI 10.1007/978-3-662-52942-3_3

Abb. 3.1 Geografische Koordinaten

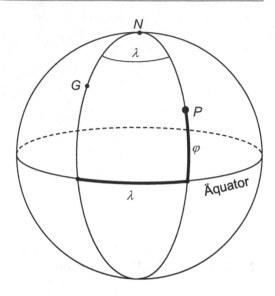

gegeben hat: Im 2. Jahrhundert n. Chr. legte Claudius Ptolemäus den Nullmeridian auf
den westlichsten Punkt der damals bekannten Welt, die kanarische Insel Ferro (heute El
Hierro); dieser *Ferro-Meridian* war lange Zeit vorherrschend und wurde teilweise noch
im 19. Jahrhundert benutzt. Die seefahrenden Nationen wählten z. T. ihre Hauptstädte als
Referenzpunkte. Erst im Jahre 1884 wurde auf der Internationalen Meridiankonferenz in
Washington der Greenwich-Meridian als allgemeingültiger Standard festgelegt. Die Definition einer Weltzeit und der davon abgeleiteten Zonenzeiten hängt damit eng zusammen
(mehr dazu in Kap. 7).

Für einen beliebigen Punkt P ist λ der Winkel zwischen dem Nullmeridian und dem
Meridian von P (vgl. Abb. 3.1): $\lambda = \angle GNP$.

Die Meridiane heißen auch *Längenkreise*, da alle Orte auf einem bestimmten Meridian
die gleiche geografische Länge haben. Man unterscheidet *östliche* und *westliche* Länge;
beispielsweise hat Dortmund die Länge $\lambda = 7{,}5°$ Ost. Auch hier sind manchmal Vorzeichen sinnvoll: Wir definieren östliche Längen als *positiv*, westliche als *negativ*; somit gilt
$-180° \le \lambda \le 180°$.

Die Zählung der Längen ist nicht ganz einheitlich: Manchmal wird der Bereich von
0° bis 360° gewählt (für Rechnungen macht das keinen Unterschied), manchmal werden
die Vorzeichen vertauscht, also östlich = negativ, westlich = positiv (hier ist Vorsicht
geboten!). Wir bleiben jedoch bei der obigen Konvention, da sie am häufigsten gebraucht
wird.

In der Antike hatte der Ferro-Meridian den großen Vorteil, dass man nicht zwischen
östlichen und westlichen Längen zu unterscheiden brauchte (negative Maßzahlen waren
damals sowieso noch nicht bekannt): Ptolemäus hatte also mit dieser Absicht den Nullmeridian dorthin gelegt.

Die Längen $+180°$ und $-180°$ beschreiben den gleichen Meridian, er liegt dem Null-meridian genau gegenüber und wird *Datumslinie* genannt, denn beim Überschreiten dieses Meridians muss man den Kalender um einen Tag vor- oder zurückstellen (je nach Reise-richtung). Jules Verne nutzte dieses Phänomen für eine Pointe am Schluss seines Romans „In 80 Tagen um die Welt": Phileas Fogg, die Hauptfigur des Romans, wollte nach sei-ner Weltumrundung an einem bestimmten Tag zurück in London sein, um eine Wette zu gewinnen. Bei seiner Rückkehr verpasste er, wie er glaubte, dieses Datum und kam einen Tag zu spät; er hatte allerdings vergessen, beim Überqueren der Datumslinie seinen Kalender zurückzustellen, somit kam er doch noch rechtzeitig und gewann seine Wette. Zusatzfrage: Hat er die Datumslinie von Ost nach West oder von West nach Ost überquert?

Die beiden Pole haben keine bestimmte geografische Länge, jeder beliebige Wert ist erlaubt.

Längen- und Breitenkreise schneiden einander jeweils senkrecht, denn die Längen-kreise stehen senkrecht auf dem Äquator und die Breitenkreise sind parallel zum Äquator. Anders gesagt: Ist P ein beliebiger Kugelpunkt, dann beschreibt der Längenkreis von P die Nord-Süd-Richtung, der Breitenkreis von P die Ost-West-Richtung in diesem Punkt, und diese Haupthimmelsrichtungen der Windrose stehen nun mal senkrecht aufeinander.

3.2 Entfernungen auf der Erdkugel

Es seien A und B zwei Orte auf der Erde; wir gehen davon aus, dass wir die geografischen Koordinaten kennen. Wie weit sind sie voneinander entfernt (in Kilometer)? Natürlich messen wir die Entfernung auf der Erdoberfläche, nicht durch das Erdinnere, da wir keinen Tunnel graben wollen, um von A nach B zu gelangen.

Wir betrachten jetzt verschiedene Fälle, abhängig von der Lage der Orte zueinander, mit wachsendem Schwierigkeitsgrad.

3.2.1 Orte mit gleicher geografischer Länge

A liege genau *nördlich* von B (oder umgekehrt), d. h. auf dem gleichen Meridian.

Der kürzeste Weg von A nach B, der Großkreisbogen $\overset{\frown}{AB}$, ist dann ein Stück des Meri-dians, daher gilt:

$$\overset{\frown}{AB} = \Delta\varphi = |\varphi_B - \varphi_A|$$

Wie in Abschn. 2.1 skizziert, kann man das Gradmaß für den Großkreisbogen in Kilometer umrechnen, wobei das Maß des gesamten Großkreises von $360°$ dem Erdumfang von 40.000 km entspricht, also gilt:

$$1° \triangleq 111{,}1 \text{ km oder umgekehrt } 1 \text{ km} \triangleq 0{,}009°, \; 1000 \text{ km} \triangleq 9°$$

Beispiele

- Der Meridian 20° Ost durchquert Afrika vom Mittelmeer bis zur Südspitze, und zwar von der geografischen Breite 33° Nord (Halbinsel Kyrenaika, Libyen) bis 35° Süd (Kap der Guten Hoffnung). Somit beträgt die Breitendifferenz 68°, das entspricht einer Entfernung von $68° \cdot 111{,}1\,\mathrm{km} \approx 7600\,\mathrm{km}$.

  Anmerkung: Wenn man die Breitendifferenz mit der Formel $\Delta\varphi = |\varphi_B - \varphi_A|$ berechnet, dann ist zu beachten, dass φ_A und φ_B in diesem Fall verschiedene Vorzeichen haben.

- Umgekehrt kann man in diesem Fall auch leicht aus der Entfernung den Breitenunterschied berechnen: Bensersiel (B) liegt ca. 200 km nördlich von Dortmund (D), also beträgt der Breitenunterschied $\Delta\varphi = 200 \cdot 0{,}009° = 1{,}8°$. Demnach hat B die geografische Breite $\varphi_B = \varphi_D + \Delta\varphi = 51{,}5° + 1{,}8° = 53{,}3°$. (Da B nördlich von D liegt, muss $\Delta\varphi$ addiert werden.)

3.2.2 Weg auf einem Breitenkreis

A liege genau *östlich* oder *westlich* von B, d. h. auf dem gleichen Breitenkreis.

Die geografische Breite der beiden Orte sei φ, und λ_A, λ_B seien ihre Längen mit der Längendifferenz $\Delta\lambda = |\lambda_B - \lambda_A|$ (auch hier sind ggf. die Vorzeichen zu beachten!).

Wir bestimmen zunächst *nicht* die *kürzeste* Entfernung, sondern den *Weg auf dem Breitenkreis;* wenn die Orte aber nicht sehr weit auseinanderliegen, dann ist, wie sich später zeigt, dieser Weg nicht viel länger als der kürzeste.

Der Breitenkreis zu φ ist ein *Kleinkreis*, sein Umfang also kleiner als der Erdumfang. Ist dann R der Erdradius und r der Radius des Breitenkreises, so gilt (vgl. Abb. 3.2):

$$r = R \cdot \cos\varphi$$

Somit gilt auch für den Umfang u des Breitenkreises, wenn U der Erdumfang ist:

$$u = U \cdot \cos\varphi$$

Der gesamte Breitenkreis entspricht einer Längendifferenz von 360°, also beträgt der Weg auf dem Breitenkreis bei einer Längendifferenz von $\Delta\lambda$:

$$\frac{\Delta\lambda}{360°} \cdot u = \frac{\Delta\lambda \cdot U \cdot \cos\varphi}{360°} = \Delta\lambda \cdot \cos\varphi \cdot \frac{U}{360°} = \Delta\lambda \cdot \cos\varphi \cdot 111{,}1\,\mathrm{km}$$

Beispiel: Auf der Breite von Dortmund ($\varphi = 51{,}5°$) ergibt sich für zwei Orte mit der Längendifferenz 1° eine Weglänge auf dem Breitenkreis von:

$$\cos\varphi \cdot 111{,}1\,\mathrm{km} = 69{,}2\,\mathrm{km} \approx 70\,\mathrm{km}$$

Abb. 3.2 Radius eines Breitenkreises

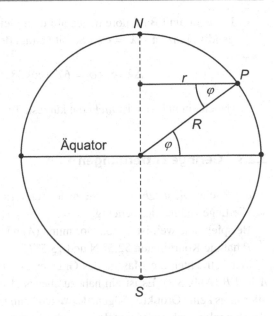

Man kann das Längenmaß eines *beliebigen* Weges (nicht nur eines Großkreisbogens!) in Grad angeben, wobei auf der Erdkugel die bekannte Umrechnung $1° = 111{,}1$ km gilt. In diesem Sinne können wir Folgendes sagen: Es sei $\Delta\lambda = |\lambda_B - \lambda_A|$ der Unterschied der geografischen Längen von A und B; dann hat der Weg von A nach B auf dem Breitenkreis das Längenmaß

$$\Delta\lambda \cdot \cos\varphi,$$

und zwar in der Einheit *Grad*, obwohl die Größe nicht als Winkel interpretierbar ist. (Man beachte aber: Auch die Länge einer *krummen* Linie wird in Metern oder Zentimetern gemessen, obwohl man kein Lineal anlegen kann!) Für die Umrechnung von Grad in Kilometer wird der obige Faktor benutzt. Wenn man in *Seemeilen* (sm) umrechnen möchte, ist es noch einfacher, denn $1° = 60' = 60$ sm.

In diesem Sinne hat der gesamte Breitenkreis von Dortmund eine Länge von

$$\cos 51{,}5° \cdot 360° = 224{,}1° \,\hat{=}\, \text{ca. } 24.900 \text{ km.}$$

Beispiel

- Halle an der Saale liegt 310 km östlich von Dortmund. Welche geografische Länge hat Halle? Überschlagsrechnung: 70 km $\hat{=}$ $1°$ Längendifferenz, also $\Delta\lambda = \frac{310}{70} \approx 4{,}5°$. Da Halle *östlich* von Dortmund liegt, muss dieser Wert zur Länge von Dortmund *addiert* werden:

$$\lambda_{\text{Halle}} = 7{,}5° + 4{,}5° = 12{,}0° \text{ (Ost)}$$

- Lissabon und Baltimore liegen auf dem gleichen Breitenkreis $\varphi = 38{,}7°$; die Längendifferenz ist $\Delta\lambda = 67°$. Somit beträgt der Weg auf dem Breitenkreis:

$$\Delta\lambda \cdot \cos\varphi = 67° \cdot \cos 38{,}7° = 52{,}3° \triangleq 5810\,\text{km}$$

(Noch einmal: Das ist *nicht* die kürzeste Entfernung!)

3.2.3 Geringe Entfernungen

A und B seien *nicht sehr weit* voneinander entfernt (z. B. zwei Orte in Europa), ansonsten sei die Lage zueinander beliebig.

Beispiel: Wie weit ist es von Dortmund (A) nach Berlin (B)?

B hat die Koordinaten 52,5° N und 13,5° O.

Wir betrachten die Masche des Gradnetzes aus den Längen- und Breitenkreisen von A und B (Abb. 3.3). Es ist ein nahezu ebenes „Rechteck", die waagerechten Seiten sind allerdings keine Großkreisbögen, deswegen kann man es nicht als Kugelviereck auffassen. (Ein Kugelviereck mit vier rechten Winkeln kann es auch gar nicht geben, jedenfalls nicht, wenn die Seiten Großkreisbögen sind! Warum nicht?)

Wenn wir es näherungsweise als ebenes Viereck betrachten, indem wir die Seiten bei unveränderter Länge „geradebiegen", dann ist es ein *gleichschenkliges Trapez*, denn die waagerechten Seiten sind nicht gleich lang (Abb. 3.4).

Um die Diagonale AB des Trapezes zu berechnen, gibt es verschiedene Möglichkeiten:

a. Wir machen aus dem Trapez ein Rechteck, indem wir für die Länge der „waagerechten" Seite einen mittleren Wert nehmen; das ist zwar wieder ungenau, aber der Fehler wird dabei wahrscheinlich nicht sehr groß sein. Man kann z. B. die mittlere Breite

Abb. 3.3 Kleine Masche des Gradnetzes

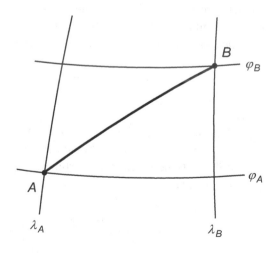

Abb. 3.4 Masche des Gradnetzes, Näherung als ebenes
Viereck

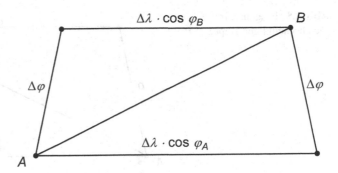

verwenden, hier

$$\varphi_m = \frac{\varphi_A + \varphi_B}{2} = 52{,}0°,$$

und wir erhalten in diesem Fall:

$$\Delta\lambda \cdot \cos\varphi_m = 6° \cdot \cos 52{,}0° = 3{,}6940°$$

Die senkrechte Seite des Rechtecks entspricht der Breitendifferenz von 1°, und dann
können wir die Länge der Diagonalen AB mit dem Satz des Pythagoras ausrechnen:

$$\overline{AB} = \sqrt{(\Delta\varphi)^2 + (\Delta\lambda \cdot \cos\varphi_m)^2} = \sqrt{1^2 + 3{,}6940^2} = 3{,}8269° \,\hat{=}\, 425{,}2\,\text{km}$$

(Man könnte auch den Mittelwert der waagerechten Seiten bilden, also $\Delta\lambda \cdot \frac{\cos\varphi_A + \cos\varphi_B}{2}$
als Länge der waagerechten Rechteckseite nehmen; der Unterschied ist aber sehr ge-
ring.)

b. Es gibt aber auch eine einfache Formel zur Berechnung der Diagonale eines gleichschenkligen Trapezes (Bezeichnungen siehe Abb. 3.5):

$$d = \sqrt{b^2 + a \cdot c}$$

Beweis: Übung; vgl. Aufgabe 1a in Abschn. 3.7.
In unserem Fall ergibt sich mit $b = \Delta\varphi$, $a = \Delta\lambda \cdot \cos\varphi_A$, $c = \Delta\lambda \cdot \cos\varphi_B$:

$$\overline{AB} = \sqrt{(\Delta\varphi)^2 + (\Delta\lambda)^2 \cdot \cos\varphi_A \cdot \cos\varphi_B}$$

Im Beispiel Dortmund – Berlin erhält man damit $\overline{AB} = 3{,}8266° \,\hat{=}\, 425{,}1\,\text{km}$.
Es stellt sich später heraus (siehe Kap. 4), dass diese Näherung für nicht sehr große
Entfernungen sehr genaue Ergebnisse liefert, in der Regel genauere als die unter a.
beschriebene Methode.

Abb. 3.5 Diagonale im
gleichschenkligen Trapez

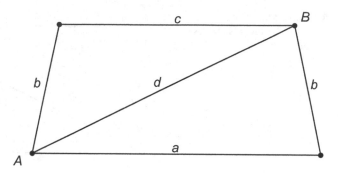

Für unser Beispiel fassen wir zusammen: Die beiden Näherungen liefern „gleiche" Ergebnisse, denn es genügt hier, die Länge des Weges auf Kilometer gerundet anzugeben, also kann man sagen: Die Entfernung Dortmund – Berlin beträgt 425 km.

Eine größere Genauigkeit wäre maßlos übertrieben, wenn man die Größe der Städte berücksichtigt; genauere Angaben sind höchstens dann gerechtfertigt, wenn die Entfernung zwischen zwei exakter definierten Punkten gemeint ist, z. B. die Entfernung vom Florianturm im Dortmunder Westfalenpark zur Siegessäule in Berlin.

3.2.4 Orte mit gleicher geografischer Breite

Es seien A und B wieder zwei Orte auf dem gleichen Breitenkreis φ. Wir wissen: Die Entfernung auf dem Breitenkreis beträgt $\Delta\lambda \cdot \cos\varphi$.

Wir suchen aber jetzt die *kürzeste* Entfernung, d. h. die Länge des Großkreisbogens $\overset{\frown}{AB}$; bei großen Längendifferenzen kann der Unterschied beträchtlich sein, wie sich herausstellt.

Beispiel: München (A) und Seattle (B) liegen fast auf dem gleichen Breitenkreis, nämlich $\varphi = 48°$. Die geografischen Längen sind $\lambda_A = 11{,}5°$ Ost und $\lambda_B = 122{,}5°$ West. Also ist $\Delta\lambda = 134°$ und die Entfernung auf dem Breitenkreis beträgt:

$$\Delta\lambda \cdot \cos\varphi = 134° \cdot \cos 48° = 89{,}66° \;\widehat{=}\; 9962\,\text{km}$$

Zeichnerische Bestimmung des Großkreisbogens
Idee: Als Hilfslinie benutzen wir die *Strecke AB*, d. h. die kürzeste Verbindung der beiden Punkte *durch das Erdinnere*. Denn diese Strecke liegt in jeder Ebene, die A und B enthält, also einerseits in der Ebene des *Breitenkreises* von A und B, andererseits in der Ebene des *Großkreises AB* (Abb. 3.6).

Die Konstruktion erfolgt in drei Schritten (vgl. Abb. 3.7):

1. Man zeichne einen Schnitt durch die Erdkugel entlang eines Meridians; der hierzu verwendete Erdradius R sollte nicht zu klein sein, mindestens $R = 6$ cm. M sei das

Abb. 3.6 Entfernung zweier
Orte auf dem gleichen Breitenkreis

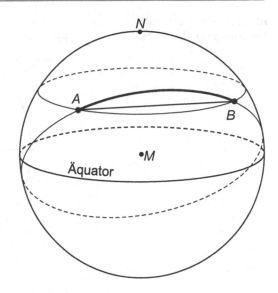

Zentrum des Kreises, also der Erdmittelpunkt. Der Schnittkreis soll einen Durchmesser als Projektion des Äquators enthalten sowie die Erdachse MN senkrecht dazu, wobei N der Nordpol ist (Figur 1). In diesem Schnittbild kann man den Radius r des Breitenkreises zu φ konstruieren: Trage die Breite φ am Äquator in M ab und fälle das Lot von P auf die Erdachse MN. Ist M' der Fußpunkt, dann ist $r = \overline{PM'}$.

2. Man zeichne jetzt den Breitenkreis, also einen Kreis mit Radius r und Mittelpunkt M', sozusagen den Breitenkreis von oben gesehen, und trage die Orte A, B mit der gegebenen Längendifferenz $\Delta\lambda = \angle AM'B$ ein (Figur 2). Die Sehne AB in diesem Kreis hat die Länge $s := \overline{AB}$.

3. Diese Strecke AB soll nun in einen Großkreis übertragen werden: Man zeichne einen weiteren Kreis mit Radius R und Mittelpunkt M; in diesem Kreis konstruiere man eine Sehne der Länge s, die aus Figur 2 übernommen wird. Der Winkel AMB ist dann der gesuchte Großkreisbogen, also die kürzeste Entfernung c von A nach B (Figur 3).

Im Beispiel der Entfernung von München nach Seattle ergibt sich $c = 76° \mathrel{\widehat{=}} 8444\,\text{km}$. Vergleichen Sie diesen Wert mit der Entfernung auf dem Breitenkreis!

Beim händischen Konstruieren lohnt es sich, anfangs die drei Bilder separat zu zeichnen. Aber wenn man das Verfahren verstanden hat, dann kann man auch alle drei Bilder in einer einzigen Zeichnung unterbringen; das spart Zeit und Papier. Wenn man sorgfältig vorgeht, dann ist für den gemessenen Wert von c eine Genauigkeit von $\pm 0{,}5°$ durchaus realistisch; in Kilometer umgerechnet beträgt diese Fehlerschranke immerhin $\pm 55\,\text{km}$, also sollte man das Ergebnis nicht zu genau nehmen.

Bei einer Konstruktion mit DGS ist es sinnvoll, die Breite φ und die Längendifferenz $\Delta\lambda$ variabel zu gestalten, damit kann man experimentieren, wie sich die Änderung dieser Parameter insbesondere auf den Unterschied zwischen der Weglänge auf dem Breitenkreis

Abb. 3.7 Konstruktion der
Entfernung bei gleicher Breite

Figur 1

Figur 2

Figur 3

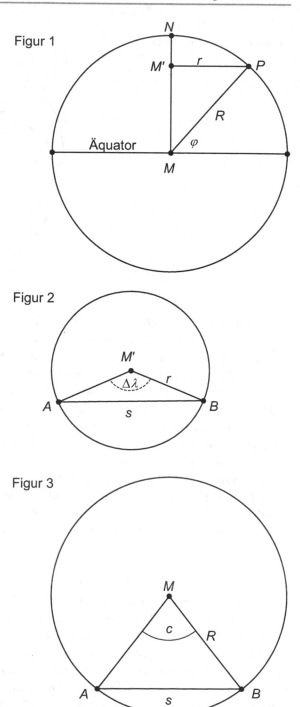

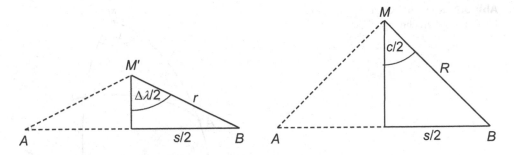

Abb. 3.8 Berechnung der Entfernung bei gleicher Breite

und der kürzesten Entfernung auswirkt. Die Messwerte sind mit diesem Werkzeug ebenso genau wie die berechneten Werte (dazu siehe unten).

Berechnung der Entfernung
Die Konstruktion lässt sich leicht in eine trigonometrische Berechnung ummünzen, da die Dreiecke $AM'B$ und AMB (in Abb. 3.7, Figuren 2 und 3) gleichschenklig sind.

1. Aus Figur 1 der Abb. 3.7 ergibt sich $\cos \varphi = \frac{r}{R}$.
2. Im gleichschenkligen Dreieck $AM'B$ ist die Höhe auf der Basis s gleichzeitig Seiten-halbierende von s und Winkelhalbierende von $\Delta\lambda = \angle AM'B$, und daraus folgt (vgl. Abb. 3.8):

$$\sin \frac{\Delta\lambda}{2} = \frac{s/2}{r} = \frac{s}{2r} \quad \Rightarrow \quad s = 2r \cdot \sin \frac{\Delta\lambda}{2}$$

3. Ebenso kann man aus dem Dreieck AMB den gesuchten Winkel $c = \angle AMB$ aus-rechnen, daraus ergibt sich nach 2.:

$$\sin \frac{c}{2} = \frac{s/2}{R} = \frac{s}{2R} = \frac{2r \cdot \sin \frac{\Delta\lambda}{2}}{2R}$$

Mit 1. kombiniert erhält man schließlich:

$$\sin \frac{c}{2} = \cos \varphi \cdot \sin \frac{\Delta\lambda}{2}$$

Für München und Seattle ist z. B. $\varphi = 48°$ und $\Delta\lambda = 134°$, daraus folgt:

$$c = 2 \cdot \sin^{-1} (\cos 48° \cdot \sin 67°) = 76{,}04°$$

Abb. 3.9 Kugeldreieck zur
Entfernungsberechnung

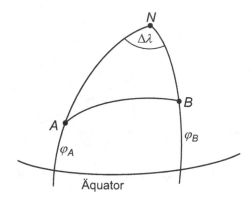

3.2.5 Entfernung beliebiger Orte auf dem Globus

Wie immer seien die geografischen Koordinaten von A und B gegeben.

Man betrachte das Kugeldreieck aus A, B und dem Nordpol N. In diesem Dreieck sind die folgenden Größen bekannt: $\widehat{NA} = 90° - \varphi_A$, $\widehat{NB} = 90° - \varphi_B$ (genannt *Poldistanzen* von A und B) sowie $\angle ANB = \Delta\lambda = |\lambda_A - \lambda_B|$.

Gesucht ist die Seite $\widehat{AB}$ des Dreiecks (Abb. 3.9). Um den Großkreisbogen zu berechnen, braucht man die *sphärische Trigonometrie*; das ist der Inhalt von Kap. 4. Mit diesem Werkzeug sind auch viele andere Berechnungsprobleme auf der Erdkugel lösbar; Kap. 5 enthält einige Beispiele aus der sog. *mathematischen Geografie*.

3.3 Deutschlandkarten

Durch Messen auf geeigneten Karten kann man die Ergebnisse der Berechnungen über-prüfen. Solche Karten sind nach mathematischen Prinzipien so gestaltet, dass sie die Kugelfläche möglichst verzerrungsfrei wiedergeben. Grundsätzlich ist es nicht möglich, eine allseits gekrümmte Fläche ohne Verzerrungen in die Ebene abzubilden (Genaueres im Kap. 9). Aber in relativ kleinen Bereichen kann man davon ausgehen, dass die kürzesten Wege auf der Karte *geradlinig* verlaufen, und man kann den Fehler bei der Entfernungs-messung sehr gering halten. Auf einer normalen Deutschlandkarte liegt dieser Fehler weit unter 1 %, damit ist er nicht größer als der Messfehler, wenn man die Distanz zweier Orte auf Millimeter genau vom Lineal abliest und mit dem Kartenmaßstab umrechnet.

Eine für unsere Zwecke sehr gut geeignete Karte gibt es im Internet beim Bundesamt für Kartographie und Geodäsie unter dem Titel *Orohydrographische Karte von Deutsch-land* (http://www.bkg.bund.de → Downloads → Deutschlandkarten).

Die Übersichtskarte enthält das Gradnetz in Form blasser Linien. Wenn man die Striche mit einem Blei- oder Filzstift verstärkt (Abb. 3.10), dann fallen einige wichtige Dinge auf:

Abb. 3.10 Gradnetz einer
Deutschlandkarte

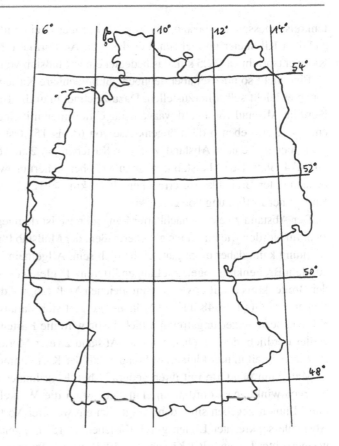

- Die Längenkreise werden als gerade Linien dargestellt, man kann sie mit dem Lineal nachziehen; denn sie beschreiben die kürzesten Wege zwischen Punkten gleicher geografischer Länge, also Meridianbögen, und Meridiane sind Großkreise.
- Die Breitenkreise sind dagegen als flache Kreisbögen abgebildet, denn auf dem Globus sind sie Kleinkreisbögen, also *nicht* die kürzesten Wege zwischen Orten gleicher geografischer Breite.
- Die Längenkreise sind nicht parallel zueinander, sondern laufen nach Norden hin zusammen: Die Breitenkreisbögen sind bei gleicher Längendifferenz umso kürzer, je weiter man nach Norden geht.

Diese Phänomene sind hier schon gut zu beobachten, aber wesentlich drastischer sind die Effekte auf einer Europakarte.

Die o. g. Karte von Deutschland ist auch gut brauchbar, um die Entfernungsberechnungen zweier Orte zu verifizieren (Abschn. 3.2.3). Dazu muss man natürlich den Maßstab kennen, der je nach Druckgröße variiert (der angegebene Maßstab 1 : 2.500.000 gilt für den Ausdruck auf DIN-A3-Format). Dazu kann man jedoch den Abstand zweier Breitenkreise messen, am besten mit möglichst großer Breitendifferenz, und mit dem Faktor 111,1 in Kilometer umrechnen. Für das DIN-A4-Format erhält man z. B.: 1 cm auf der Karte entspricht ca. 37,5 km, das bedeutet einen Maßstab von 1 : 3.750.000.

Eine nicht so präzise, aber dennoch gut brauchbare Karte von Deutschland ist auf Karopapier leicht selbst herzustellen. Dazu zeichnet man die Breitenkreise von 47° bis 55° Nord im Abstand von 1° auf waagerechte Gitterlinien mit einem Abstand von sechs Kästchen = 3 cm, ebenso die Längenkreise von 6° bis 15° Ost auf senkrechte Gitterlinien, jetzt aber mit einem Abstand von vier Kästchen = 2 cm. Dieses Raster passt auf ein DIN-A4-Blatt. Den Maßstab kann man wie oben näherungsweise aus der Distanz zweier benachbarter Breitenkreise errechnen: 111,1 km ≙ 3 cm, somit entspricht 1 cm auf der Karte einer Entfernung von ca. 37 km.

Der Abstand zweier benachbarter Längenkreise ist demgegenüber auf $\frac{2}{3}$ verkürzt, und zwar im Norden wie im Süden gleichermaßen; der Maßstab für Entfernungen in Ost-West-Richtung kann daher nicht ganz einheitlich sein. Allgemein ist auf der Breite φ der Weg auf dem Breitenkreisbogen mit Längendifferenz 1° gleich ($1° \cdot \cos\varphi \cdot 111,1$ km); also wird der Breitenkreis φ mit $\cos\varphi = \frac{2}{3}$ im gleichen Maßstab wie die Längenkreise abgebildet. Wegen $\cos^{-1}\left(\frac{2}{3}\right) \approx 48°11'$ ($\approx$ München) ergibt sich daraus: In Süddeutschland ist die Karte nahezu verzerrungsfrei; nördlich davon wird die Karte horizontal etwas gedehnt (je weiter nördlich, desto mehr), denn der Abstand zweier Meridiane wird nach Norden hin in Wirklichkeit immer kleiner, während er auf der Karte immer gleich bleibt.

Man kann nun Orte mit ihren geografischen Koordinaten in dieses Raster genau wie bei rechtwinkligen Koordinaten eintragen; wenn die Winkelgrößen wie üblich in Grad und Minuten gegeben sind, dann zeigt sich ein weiterer Vorteil des Karogitters: Für die Abstände senkrechter Linien gilt 1 Kästchen ≙ 15' Längendifferenz; für die Abstände waagerechter Linien gilt 1 Kästchen ≙ 10' Breitendifferenz.

Sind zwei Orte A, B eingetragen, dann kann man auf dieser Karte ihre Entfernung in Zentimeter messen und mit dem obigen Maßstab 1 cm ≙ 37 km umrechnen. Diese Entfernung stimmt recht genau; nur wenn A und B eher nördlich liegen und wenn sie eher in Ost-West-Richtung zueinander liegen (Beispiel Dortmund und Berlin), dann wird der Wert etwas zu groß sein und man sollte ihn nach unten abrunden oder sogar 5–10 % abziehen (je weiter nördlich, desto mehr). Probieren Sie es aus, es funktioniert! Man muss auch nicht immer die gesamte Deutschlandkarte zeichnen; je nach Lage der Orte kann man sich auf einen geeigneten Kartenausschnitt beschränken.

Eine Karte mit einem solchen *rechtwinkligen* Gradnetz (waagerechte Geraden als Breitenkreise, senkrechte Geraden als Längenkreise) hat trotz der Verzerrung einen großen Vorteil: Die Ost-West-Lage und die Nord-Süd-Lage zweier Orte zueinander sind im Kartenbild unmittelbar zu erkennen. Denn wenn B oberhalb der Waagerechten durch A liegt, dann ist B nördlicher als A; wenn B links von der Senkrechten durch A liegt, dann ist B westlicher als A.

Im Anhang (Abschn. 3.8) sind die Koordinaten von einigen deutschen Großstädten aufgelistet; außerdem findet sich dort eine Tabelle mit 20 Punkten, mit denen man einen groben Umriss von Deutschland zeichnen kann.

3.4 Schätzen von Flächen

Die in Abschn. 3.2.3 verwendete „Rechteckmethode" ist auch sehr nützlich, um die Fläche eines Landes zu schätzen: Anhand einer Karte oder eines Globus bestimmt man ungefähr die begrenzenden Längen- und Breitenkreise für das Land. Wenn man diese Masche des Gradnetzes durch ein Rechteck approximiert, dann kann man aus der Längendifferenz die Ost-West-Ausdehnung $x = \Delta\lambda \cdot \cos\varphi_m \cdot 111{,}1$ km bestimmen (φ_m sei wie oben die mittlere Breite), ebenso die Nord-Süd-Ausdehnung $y = \Delta\varphi \cdot 111{,}1$ km, und daraus ergibt sich der Flächeninhalt $F = x \cdot y$. Natürlich muss man die Form des Landes berücksichtigen, denn die Grenzen verlaufen in der Regel sehr unregelmäßig, fast nie entlang der Längen- und Breitenkreise; hierzu gibt es zwei Möglichkeiten, die wir gleich am Beispiel von Deutschland demonstrieren werden. Vorweg noch eine wichtige Anmerkung: Es geht hier ausschließlich um *Größenordnungen* (exakte Werte kann man bei Bedarf im Internet abfragen), deshalb sollte man auf hohe Genauigkeit verzichten, im Allgemeinen genügt sogar Überschlagsrechnen fast ohne TR.

a. *Extreme* Längen- und Breitenkreise:
Deutschland liegt zwischen den Breitenkreisen 55° N (Nordspitze von Sylt) und 47° 15′ N (südlich von Oberstdorf) sowie zwischen den Längenkreisen 6° O (Aachen) und 15° O (Görlitz). Diese Werte kann man von der Karte ablesen (vgl. Abb. 3.10). Daraus ergibt sich:

$$\Delta\varphi = 7°45' \quad \Rightarrow \quad y = 7{,}75 \cdot 111{,}1\,\text{km} \approx 860\,\text{km}$$
$$\Delta\lambda = 9°, \quad \varphi_m \approx 51° \quad \Rightarrow \quad x = 9 \cdot \cos 51° \cdot 111{,}1\,\text{km} \approx 630\,\text{km}$$

(Die Berechnung von x ist wegen $\cos\varphi_m$ die einzige Stelle, wo man den TR wirklich braucht.) Weiter erhält man die Fläche des Rechtecks: $F_R = x \cdot y \approx 630 \cdot 860\,\text{km}^2 \approx$ 540.000 km^2 Wenn man nun schätzt, dass Deutschland nur $\frac{2}{3}$ dieser Masche einnimmt, dann kann man die Fläche F_D von Deutschland wie folgt überschlagen:

$$F_D \approx \frac{2}{3} \cdot 540.000\,\text{km} \approx 360.000\,\text{km}$$

b. *Ausgleichende* Längen- und Breitenkreise:
Die Südgrenze von Deutschland verläuft recht genau entlang des Breitenkreises 47° 30′ N. Die anderen Grenzen sind ziemlich zerfranst, aber wenn man die West-grenze bei 7° O, die Ostgrenze bei 14° O, die Nordgrenze bei 54° N annimmt, dann halten sich beim Vergleich von Deutschland mit dieser Masche des Gradnetzes die überschüssigen und die fehlenden Flächen in etwa die Waage, sodass man F_D durch die Fläche des entsprechenden Rechtecks annähern kann (bitte auf der Karte durch

Einzeichnen der Masche bestätigen). Hieraus ergibt sich:

$$\Delta\varphi = 6°30' \quad \Rightarrow \quad y = 6{,}5 \cdot 111{,}1\,\text{km} \approx 720\,\text{km}$$
$$\Delta\lambda = 7°, \quad \varphi_m \approx 51° \quad \Rightarrow \quad x = 7 \cdot \cos(51°) \cdot 111{,}1\,\text{km} \approx 490\,\text{km}$$
$$F_D = x \cdot y \approx 490 \cdot 720\,\text{km}^2 \approx 350.000\,\text{km}^2$$

Vergleicht man die Werte aus a. und b. mit dem exakten Wert aus Wikipedia (357.167,94 km²), dann stellt man fest: Beide sind als Näherungswerte sehr gut brauchbar. (Dass bei a. sogar der auf die zwei höchsten Ziffern gerundete Wert herauskommt, ist wohl eher ein Glücksfall.)

Testen Sie das Verfahren mit anderen Ländern! Auch größere Flächen wie Grönland, Australien oder Afrika eignen sich dafür. Manchmal ist es ratsam, die Fläche in mehrere (aber wenige!) Teilflächen zu zerlegen, aber man sollte nicht zu penibel vorgehen, es geht immer „nur" um Größenordnungen.

3.5   Himmelsrichtungen, Kurswinkel

3.5.1   Der Kompass

Auf der Windrose (Kompassrose) sind die vier Hauptrichtungen N, O, S, W jeweils im 90°-Abstand markiert (bitte beachten: in dieser Reihenfolge *im Uhrzeigersinn!*). Bei korrekter Ausrichtung verläuft die Nord-Süd-Achse in Richtung des Meridians, die Ost-West-Achse in Richtung des Breitenkreises.

Häufig sieht man auch für Osten die englische Abkürzung E (= East); die anderen Richtungen haben glücklicherweise im Englischen den gleichen Anfangsbuchstaben. Bei einem holländischen Kompass steht im Süden ein Z (Zuid). Verwirrend kann die Bezeichnung bei einem Kompass aus Frankreich werden: Hier steht im Osten auch ein E (Est), aber im Westen ein O (Ouest)!

Die Windrose wird dann verfeinert, indem man die Zwischenräume immer wieder halbiert (vgl. Abb. 3.11):

- *Achtel*: NO, SO, SW, NW
- *Sechzehntel*: NNO, ONO usw.
  Bezeichnung: Erst die Hauptrichtung, dann das benachbarte Achtel
- *Zweiunddreißigstel*: SO zu S, W zu N usw.
  Bezeichnung: Erst die Hauptrichtung oder das Achtel, dann „zu" Hauptrichtung.

Den Abstand zweier Marken in der 32er-Teilung nennt man auch *Strich*:

$$1\,\text{Strich} = \frac{360°}{32} = 11{,}25°$$

Abb. 3.11 Kompassrose mit
Strich- und Gradeinteilung
(© Alex Staroseltsev/Fotolia)

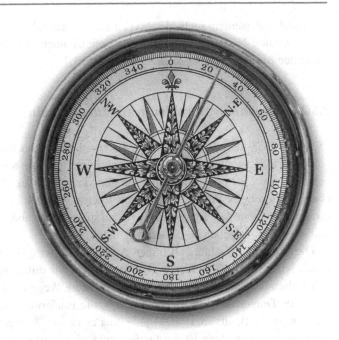

Das Kommando des Kapitäns „Ein Strich Steuerbord!" bedeutet also für den Mann am
Ruder: den Kurs um ca. 11° weiter nach rechts halten! Heute ist diese Bezeichnung allerdings nicht mehr gebräuchlich.

Diese Einteilung war lange Zeit in der Seefahrt genau genug, um Kursangaben zu machen. Dann hat man aber die Kompassrose mit einer 360°-Einteilung versehen, um noch
genauer navigieren zu können (vgl. die äußere Skala in Abb. 3.11). Dabei gilt für den
sogenannten *rechtweisenden (rw.) Kurs* die Konvention:

Der Kurswinkel wird ausgehend von der *Nordrichtung* gemessen, und zwar im *Uhrzeigersinn* orientiert. Der Zahlenwert für den Kurswinkel liegt somit zwischen 0° und 360°.
Tab. 3.1 enthält einige Umrechnungsbeispiele (bitte fortsetzen!).

Tab. 3.1 Himmelsrichtungen und Kurswinkel	Richtung	rw. Kurs
	N	0°
	O	90°
	SW	225°
	OSO	112,5°
	NNW	337,5°
	W zu NW	≈ 281°
	N 65° O	65°
	S 20° O	160°
	N 70° W	290°

Manchmal werden auch Mischtypen für Kursangaben verwendet, z. B. Angabe der Hauptrichtung N oder S, dann die Abweichung nach O oder W in Grad. Beispiele dafür finden Sie in den letzten drei Zeilen in Tab. 3.1.

3.5.2 Berechnungsprobleme mit Kurswinkeln

Es geht zunächst einmal darum, die *Richtung* von A nach B zu bestimmen, wenn die beiden Orte nicht sehr weit voneinander entfernt sind: Die Koordinaten von A und B seien bekannt; gesucht ist der Kurswinkel für den kürzesten Weg (Luftlinie) von A nach B. Als ebene Näherung benutzen wir dazu das Rechteckmodell (vgl. Abschn. 3.2.3); es liefert zwar nicht sehr genaue Ergebnisse, wie sich später zeigt, aber es ist rechnerisch wesentlich einfacher zu handhaben als das Trapezmodell.

Die Seiten des Rechtecks betragen $\Delta\varphi$ und $\Delta\lambda\cos\varphi_m$, wobei $\varphi_m = \frac{\varphi_A + \varphi_B}{2}$ die mittlere Breite ist; den gesuchten Kurswinkel bezeichnen wir mit κ (vgl. Abb. 3.12). Zur trigonometrischen Berechnung von κ stehen nun mehrere Wege zur Auswahl.

Ist die Diagonale d des Rechtecks, d. h. die Entfernung von A nach B bekannt, dann ergibt sich κ z. B. aus $\sin\kappa = \frac{\Delta\lambda\cdot\cos\varphi_m}{d}$ oder $\cos\kappa = \frac{\Delta\varphi}{d}$. Wenn A und B wie in Abb. 3.12 zueinander liegen, dann ist der Dreieckswinkel κ (mit $0° < \kappa < 90°$) gleichzeitig der rechtweisende Kurs; bei anderen Lagen von A und B muss der Dreieckswinkel gemäß der in Abschn. 3.5.1 beschriebenen Normierung in den Kurswinkel umgerechnet werden.

Ohne Kenntnis von d kann man κ wie folgt berechnen:

$$\tan\kappa = \frac{\Delta\lambda\cdot\cos\varphi_m}{\Delta\varphi} \tag{3.1}$$

Damit wird nicht nur die Zwischenrechnung (Berechnung von d) vermieden; auch die ggf. notwendige Umrechnung in den rechtweisenden Kurs gestaltet sich recht einfach, wie sich gleich zeigt.

Abb. 3.12 Rechteck mit Kurswinkel

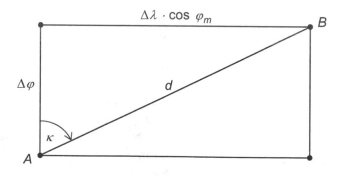

Abb. 3.13 *B* südlich und östlich von *A*

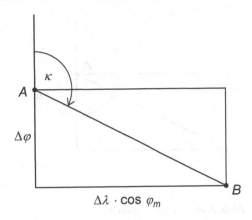

Zunächst ein Beispiel: Für $A = $ Dortmund (51,5° N; 7,5° O) und $B = $ Berlin (52,5° N; 13,5° O) ist $\Delta\lambda = 6°$, $\Delta\varphi = 1°$, $\varphi_m = 52°$; daraus ergibt sich:

$$\tan\kappa = \frac{6° \cdot \cos 52°}{1°} \quad \Rightarrow \quad \kappa = 74{,}85\ldots° \approx 75°$$

(Das TR-Ergebnis ist auch der rechtweisende Kurs, eine Umrechnung ist hier nicht notwendig.) Weil die Methode prinzipiell ungenau ist, reicht es völlig aus, das Winkelmaß auf eine ganze Zahl zu runden.

Für die Richtung von Berlin nach Dortmund ergibt sich beim Rechteckmodell schlicht und einfach die Gegenrichtung, also $\kappa = 75° + 180° = 255°$.

Zurück zur allgemeinen Situation: Wenn man $\Delta\lambda$ und $\Delta\varphi$ nicht als absolute (positive) Größen behandelt, sondern *mit Vorzeichen* versieht, also

$$\Delta\lambda = \lambda_B - \lambda_A, \quad \Delta\varphi = \varphi_B - \varphi_A$$

in die Gl. 3.1 einsetzt, dann erhält man bei beliebiger Lage von A und B fast automatisch den Kurswinkel in der richtigen Normierung. Liegt z. B. der Zielort B östlich vom Start A, aber weiter südlich (wie in Abb. 3.13 skizziert), dann ist $90° < \kappa < 180°$. Wegen $\Delta\varphi < 0°$ und $\Delta\lambda > 0°$ liefert dann Gl. 3.1 einen negativen Wert für $\tan\kappa$. Man muss nur beachten, dass die Funktion $\tan^{-1}$ des TR einen *negativen Winkel* erzeugt (zwischen $-90°$ und $0°$); da aber tan periodisch mit der Periodenlänge $180°$ ist, darf man ohne Bedenken zu dem TR-Ergebnis $180°$ addieren und man erhält den korrekten Kurswinkel.

Liegt B westlich von A, dann sind zwei Fälle zu unterscheiden:

- B liegt südlicher als A (Abb. 3.14, links): Hier ist $180° < \kappa < 270°$. $\tan\kappa$ wird positiv; addiere $180°$ zum TR-Wert.
- B liegt nördlicher als A (Abb. 3.14, rechts): Hier ist $270° < \kappa < 360°$. $\tan\kappa$ wird negativ; addiere $360°$ zum TR-Wert.

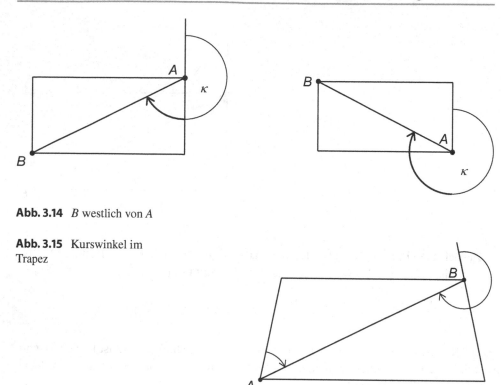

Abb. 3.14 *B* westlich von *A*

Abb. 3.15 Kurswinkel im
Trapez

Fazit Bei Anwendung von Gl. 3.1 liefert der TR mit seiner Funktion $\tan^{-1}$ einen Winkel zwischen $-90°$ und $90°$; der gesuchte Kurswinkel κ liegt jedoch im Bereich $0° < \kappa < 360°$. Man muss also in jedem Fall zwischen zwei möglichen Kurswinkeln auswählen; je nach Lage von *A* und *B* ist das TR-Ergebnis um $180°$ oder sogar um $360°$ zu erhöhen. Bemerkenswert ist noch: Wenn man den richtigen Kurs von *A* nach *B* aus den beiden möglichen Werten ausgewählt hat, dann bezeichnet der andere Wert die Gegenrichtung, also den Kurs von *B* nach *A*.

Wie schon eingangs erwähnt, ist das Rechteckmodell eine einfache, aber grobe ebene Näherung für eine kleine Masche im Gradnetz der Kugel; das Trapezmodell käme den tatsächlichen Maßen einer Masche näher, würde aber für die Winkelberechnung mehr Aufwand erfordern. Immerhin kann man *qualitativ* Folgendes sagen (vgl. Abb. 3.15; man beachte, dass die nichtparallelen Seiten *Meridiane* darstellen, also die Nordrichtung markieren):

Bei dieser Lage von *A* zu *B* (wie im Beispiel *A* = Dortmund, *B* = Berlin) wird der tatsächliche Kurswinkel von *A* nach *B* etwas *kleiner* sein als der im Rechteck berechnete (im Beispiel also kleiner als $75°$), der Kurswinkel von *B* nach *A* wird um den gleichen Betrag *größer* sein (im Beispiel größer als $255°$). Die Differenz kann mehrere Grad betragen; man könnte sie sogar näherungsweise berechnen, da die Trapezseitenlängen bekannt

Abb. 3.16 Bestimmung der
Zielposition

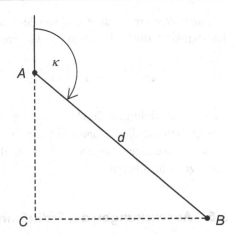

sind, aber es ist fraglich, ob sich der Aufwand lohnt. Eines sollten wir jedoch festhalten:
Der Unterschied zwischen der Richtung von A nach B und der Gegenrichtung von B nach
A beträgt offenbar nicht genau 180° (mehr dazu in Abschn. 5.1.2).

Eine verwandte Aufgabe Ein Flugzeug startet in Dortmund und fliegt 200 km weit mit
Kurs 130°. Welche Position hat es dann erreicht?

Es sei d die zurückgelegte Strecke: $d = 200\,\text{km} \,\hat{=}\, 1,8°$. Die Breitendifferenz $\Delta\varphi$
bestimmt man wie folgt (Abb. 3.16):

$$\cos\kappa = \frac{\Delta\varphi}{d} \quad \Rightarrow \quad \Delta\varphi = d \cdot \cos\kappa = 1,8° \cdot \cos 130° = -1,16°$$

Man sieht, dass beim Einsetzen des Kurswinkels (nicht des Dreieckswinkels im $\triangle ABC$,
vgl. Abb. 3.16!) die Breitendifferenz automatisch das richtige Vorzeichen bekommt, denn
der Zielort B liegt südlicher als A. Damit ist der Breitengrad des Zieles bereits bekannt:

$$\varphi_B = \varphi_A + \Delta\varphi = 51,5° - 1,16° = 50,34°$$

Weiterhin erhält man:

$$\varphi_m = \frac{\varphi_A + \varphi_B}{2} = 50,92°$$

$$\tan\kappa = \frac{\Delta\lambda \cdot \cos\varphi_m}{\Delta\varphi} \quad \Rightarrow \quad \Delta\lambda = \frac{\tan\kappa \cdot \Delta\varphi}{\cos\varphi_m} = \frac{\tan 130° \cdot (-1,16°)}{\cos 50,92°} = 2,19°$$

$$\lambda_B = \lambda_A + \Delta\lambda = 7,5° + 2,19° = 9,69°$$

Auch hier ist das Vorzeichen korrekt, denn tan 130° ist negativ, dadurch wird $\Delta\lambda$ positiv

Fazit: Wenn man ausgehend von der Startposition φ_A, λ_A sowie der Distanz d und dem Kurswinkel κ die Zielposition φ_B, λ_B berechnen möchte, dann kommt man mit

$$\varphi_B = \varphi_A + d \cdot \cos\kappa, \quad \varphi_m = \frac{\varphi_A + \varphi_B}{2}, \quad \lambda_B = \lambda_A + \frac{\tan\kappa \cdot \Delta\varphi}{\cos\varphi_m} \qquad (3.2)$$

immer zum richtigen Ergebnis, ohne dass man spezielle Lagen berücksichtigen muss (überprüfen Sie dies in anderen Fällen!). Wie immer ist es natürlich sehr zu empfehlen, zunächst eine lagerichtige Skizze zu erstellen und anschließend die Zielposition auf einer Karte zu kontrollieren.

3.6 Auswirkungen der Erdkrümmung

3.6.1 Sichtweite von erhöhten Standpunkten

Wie weit kann man von einem Berg oder einem Turm aus sehen? Wie weit reicht der Blick von einer Klippe aufs Meer hinaus?

Abgesehen von den Wetterverhältnissen ist die Sichtweite prinzipiell begrenzt durch die Krümmung der Erdoberfläche. Es gibt eine Faustregel:

▶ (Wurzel aus Höhe in Metern) mal 3,6 = Sichtweite in Kilometern

Demnach könnte man auf einer Düne, die 10 m über dem Meeresspiegel liegt, bei einer Augenhöhe von 1,70 m ungefähr $\sqrt{11,7} \cdot 3,6 \approx 3,4 \cdot 3,6 \approx 12\,\text{km}$ weit sehen; wenn man direkt am Strand steht, wären es immerhin noch $\sqrt{1,7} \cdot 3,6 \approx 1,3 \cdot 3,6 \approx 5\,\text{km}$.

Wie kommt die Faustregel zustande?

Die Blickrichtung verläuft immer tangential zur kugelförmig gekrümmten Erdoberfläche. Es sei S der erhöhte Standort mit der Höhe h über der Erdoberfläche, T ein Punkt auf der Grenze des Sichtkreises, d. h. der Berührpunkt einer Tangente von S an die Erdkugel. Weiterhin sei M der Erdmittelpunkt, somit ist $\triangle MTS$ rechtwinklig mit dem rechten Winkel bei T (vgl. Abb. 3.17).

Ist $R \approx 6370\,\text{km}$ der Erdradius, dann kann man nach dem Satz des Pythagoras die gesuchte Sichtweite $s = \overline{ST}$ ausrechnen:

$$s^2 = (R + h)^2 - R^2 = \left(R^2 + 2Rh + h^2\right) - R^2 = 2Rh + h^2 = (2R + h) \cdot h$$

Zur Berechnung von s aus h würde das genügen, aber es geht noch wesentlich leichter: In der Summe $2R + h$ kann man die Höhe h einfach weglassen, da sie gegenüber dem Erddurchmesser $2R \approx 12.740\,\text{km}$ vernachlässigbar klein ist. h beträgt ja allerhöchstens wenige Kilometer, liegt also im „Unschärfebereich" von $2R$. Weiter ergibt sich daraus:

$$s^2 \approx 2Rh \quad \Rightarrow \quad s \approx \sqrt{2Rh} = \sqrt{2R} \cdot \sqrt{h}$$

Abb. 3.17 Analyse der Sichtweite

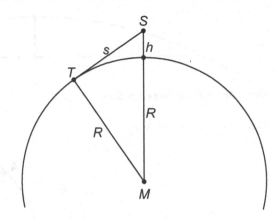

Damit ist die Herkunft der Wurzel geklärt: s ist ungefähr proportional zu $\sqrt{h}$. Jetzt muss nur noch der Faktor 3,6 begründet werden. Hier ist zu beachten, dass man für R und h zunächst die gleichen Maßeinheiten verwenden muss, also sind z. B. beide in Meter anzugeben:

$$s \approx \sqrt{2Rh} = \sqrt{12.740.000 \cdot h}\,\mathrm{m} = 3569{,}3\ldots \cdot \sqrt{h}\,\mathrm{m} \approx 3{,}6 \cdot \sqrt{h}\,\mathrm{km}$$

Soweit die Theorie. Zur Brauchbarkeit der Faustregel ist zu beachten, dass die Umgebung eines erhöhten Standpunkts auf dem Festland im Allgemeinen nicht eben ist, d. h., weit entfernte Bergspitzen sind möglicherweise noch sichtbar, obwohl sie außerhalb des berechneten Sichtkreises liegen. Das Gleiche gilt bei Beobachtungen am Meer: Ein weit entferntes Schiff kann mit seinen Aufbauten (Brücke, Masten) noch sichtbar sein, wenn der Rumpf schon unter dem Horizont liegt. Die Höhe des beobachteten Objekts müsste also in die Berechnung einbezogen werden. Außerdem sollte man im Gebirge als Höhe h nicht die Höhe des Standorts über dem Meeresspiegel, sondern die Höhendifferenz zum umliegenden Gelände einsetzen.

Grundsätzlich sollte man also die berechneten Werte nicht zu genau nehmen; in diesem Sinne reicht auch für die Quadratwurzel eine grobe Schätzung. Immerhin ergeben sich gute Anhaltspunkte, was man von Bergen oder Türmen aus sehen kann und was nicht.

Wie weit reicht die Regel? Für die Reiseflughöhen von Verkehrsflugzeugen (maximal 13 km) ist die Näherung $2R + h \approx 2R$ jedenfalls tragbar; ob sie für Raumschiffe im Orbit (z. B. für die ISS mit $h \approx 350$ km) immer noch anwendbar ist, müsste genauer untersucht werden.

3.6.2 Aufwölbung eines Sees

Große Wasserflächen, auch Binnenseen, sind nicht ganz eben, sondern infolge der Erdkrümmung gewölbt. Wenn ein See z. B. 10 km lang ist, um wie viel erhebt sich die Mitte

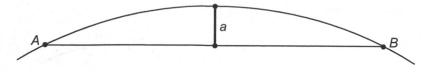

Abb. 3.18 Aufwölbung eines Sees

Abb. 3.19 Analyse der Aufwölbung

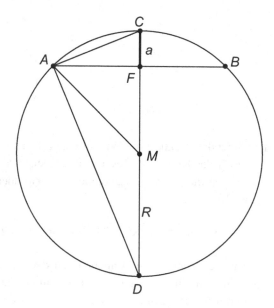

des Sees über der geradlinigen Verbindung zweier Uferpunkte? (Vgl. Abb. 3.18; die Größenverhältnisse sind natürlich stark übertrieben.)

Gegeben ist $\overline{AB}$ = 10 km; gesucht ist die Aufwölbung a. Schätzen Sie zuerst, bevor
Sie weiterlesen!

Übrigens ist es unerheblich, ob man die Entfernung geradlinig (als Länge der *Strecke*
$\overline{AB}$) oder gekrümmt (als Länge des *Kreisbogens* $\overset{\frown}{AB}$) misst. Ist nämlich $\alpha = \angle AMB$ der
Mittelpunktswinkel des Bogens, dann erhält man aus $\sin\left(\frac{\alpha}{2}\right) = \frac{\overline{AB}/2}{R} = \frac{5\,\text{km}}{6370\,\text{km}}$ den Wert
$\alpha = 0{,}0899\ldots°$ und daraus die Bogenlänge $\overset{\frown}{AB} = \alpha \cdot \frac{\pi}{180} \cdot R = 10{,}00000103$ km; der
Unterschied beträgt also nur ca. 1 mm.

Zur Berechnung der Aufwölbung a zu einer beliebig gegebenen Länge $s = \overline{AB}$ des
Sees untersuchen wir die Figur in Abb. 3.19. C ist die Mitte des Bogens AB und D der
Gegenpunkt, d. h., CD ist ein Erddurchmesser; seine Länge beträgt $2R = 12.740$ km.
Der Mittelpunkt F der Strecke AB liegt auf CD. Nach dem Satz des Thales ist $\triangle ACD$
rechtwinklig; aus dem Höhensatz folgt dann:

$$\overline{AF}^2 = \overline{CF} \cdot \overline{DF} \quad \Rightarrow \quad \left(\frac{s}{2}\right)^2 = a \cdot (2R - a)$$

Bei gegebenem s ist das eine quadratische Gleichung für a, also im Prinzip kein Problem. Aber auch in diesem Fall wird die Situation wesentlich einfacher, wenn man zu einer „Nahezu-Gleichung" übergeht: Selbst wenn man a großzügig schätzt, etwa auf einige Meter, ist a in der Differenz $2R - a$ vernachlässigbar klein. Also gilt:

$$\left(\frac{s}{2}\right)^2 \approx a \cdot 2R \quad \Rightarrow \quad a \approx \frac{s^2}{8R} \tag{3.3}$$

Mit $s = 10\,\text{km}$ ergibt sich tatsächlich eine sehr kleine Zahl: $a = 0{,}00198\ldots \approx 0{,}002$. Aber Vorsicht: Wir haben alle Längen in Kilometer gemessen, also ist $a \approx 2\,\text{m}$! (Vergleichen Sie das Ergebnis mit Ihrer Schätzung!)

Der Wert ist verblüffend groß. Aber das ist nicht alles: Gl. 3.3 enthält noch weitere bemerkenswerte *funktionale* Aspekte. Denn die Aufwölbung a hängt *quadratisch* von der Länge s des Sees ab, d. h., wenn man s verdoppelt, dann wird a vervierfacht, oder allgemein: Wenn man s mit einem Faktor k multipliziert, dann ist a mit k^2 zu multiplizieren. Zum Beispiel hat der Bodensee eine Länge von ca. 65 km, demnach das 6,5-Fache unseres Beispielsees; die Aufwölbung vergrößert sich also mit dem Faktor $6{,}5^2 \approx 40$, sie beträgt somit sage und schreibe ca. 80 m.

Zufällig kann man den Nenner 8R in Gl. 3.3 durch eine einfache Zahl abschätzen:

$$8R \approx 50.000\,\text{km} \quad \Rightarrow \quad a \approx \frac{s^2}{50.000}\,\text{km} = \frac{s^2}{50}\,\text{m}$$

Damit hat man eine einfache Faustregel zur Berechnung der Aufwölbung, in Worten:

▶   Länge des Sees in Kilometern, quadriert und durch 50 geteilt, ergibt die Aufwölbung in Metern.

Der praktische Nutzen dieses Problems ist eher gering; dennoch ist er nicht gleich null, wie das folgende Beispiel zeigt. „GEO" berichtete im Heft 6/2014, S. 48–56 über die Hamburgische Schiffbau-Versuchsanstalt. Dort gibt es einen Kanal von 300 m Länge, in dem Schiffsrumpfmodelle getestet werden. Die Modelle werden von einem Schleppwagen durchs Wasser gezogen; der Wagen läuft auf Schienen, die neben dem Kanal montiert sind. Über diese Schienen heißt es (S. 56):

... eine Selbstverständlichkeit für professionelle Genauigkeitsfanatiker – [sie folgen] der Wasseroberfläche. Das heißt: Statt stur geradeaus zu führen, machen sie zwei Millimeter Erdkrümmung mit, die auf 300 Meter Strecke anfallen.

Testen Sie die Faustregel mit diesem Beispiel!

Bemerkenswert ist der Vergleich des 300 m langen Kanals mit dem 10 km langen See: Die Aufwölbung ist etwa 1000 mal so groß wie bei dem Testkanal, während die Länge des Sees nur ca. 33-mal so groß ist.

3.7 Aufgaben

1. *Entfernungen*
   a. Beweisen Sie: In einem gleichschenkligen Trapez mit den parallelen Seiten a, c kann man die Länge der Diagonalen d berechnen durch $d = \sqrt{b^2 + a \cdot c}$ (vgl. Abb. 3.5).
      Tipp: Ergänzen Sie die Figur durch geeignete Hilfslinien.
   b. Suchen Sie zwei Orte in Europa aus und bestimmen Sie ihre geografischen Koordinaten (z. B. mit Wikipedia oder mithilfe einer Karte; Runden auf Winkelminuten genügt). Berechnen Sie die Entfernung näherungsweise in der Ebene. Überprüfen Sie Ihre Werte durch Nachmessen auf einer Deutschland- oder Europakarte.
   c. Angenommen, ein Flugzeug startet in Südnorwegen (Koordinaten $\varphi = 60°$ N, $\lambda = 10°$ O) und fliegt 10.000 km weit, immer genau nach Westen. Wie lauten dann seine Koordinaten? Wie weit ist es vom Startpunkt entfernt?
      Anmerkungen: (1) Die Entfernung beträgt *nicht* 10.000 km. (2) Man kann das *ohne TR* lösen!

2. *Nach Norden und nach Osten*
   a. Wenn Sie von Lübeck (54° N, 10,7° O) genau nach Norden fliegen, und zwar 667 km weit, dann erreichen Sie Oslo. Wenn Sie anschließend von Oslo aus 1089 km genau nach Osten fliegen, dann erreichen Sie St. Petersburg. Welche Koordinaten haben Oslo und St. Petersburg? (Sie dürfen die Koordinaten sinnvoll runden.)
   b. Welchen Ort erreichen Sie, wenn Sie *zuerst* 1089 km nach Osten und *anschließend* 667 km nach Norden fliegen? Wo liegt der Zielort Z relativ zu St. Petersburg? Begründen Sie Ihre Antwort zunächst qualitativ; berechnen Sie dann die Koordinaten von Z.
   c. Wenn Sie auf dem kürzesten Weg von Lübeck nach St. Petersburg reisen, wie lang ist der Weg? In welche Richtung (Kurswinkel) reisen Sie? Rechnen Sie näherungsweise in der Ebene.

3. *Breitenkreise*
   Angenommen, Sie gehen von Dortmund aus 100 km nach Norden, dann 100 km nach Osten, dann 100 km nach Süden und schließlich 100 km nach Westen. Sind Sie dann wieder am Ausgangspunkt Ihrer Reise? Wenn nicht: Wie weit sind Sie davon entfernt?
   Varianten der Aufgabenstellung:
   Wie ist es, wenn die Weglängen jeweils 200 km (50 km) betragen?
   Wie ändert sich das Ergebnis *qualitativ*, wenn man den Startpunkt nördlicher (südlicher) als Dortmund wählt?

4. *Der Bär*
   a. Ein Jäger geht von seiner Hütte aus 10 km nach Süden, dann 10 km nach Westen und 10 km nach Norden, und er kommt wieder an seiner Hütte an. Unterwegs schießt er einen Bären. Welche Farbe hat der Bär?

b. Ein Jäger geht von seiner Hütte aus 10 km nach Norden(!), dann 10 km nach Westen und 10 km nach Süden, und er kommt wieder an seiner Hütte an. Unterwegs schießt er einen Bären ... Auf welcher geografischen Breite befindet sich seine Hütte?
Wenn Sie glauben, dass die Hütte jetzt am Südpol steht ($\varphi = -90°$), dann sollten Sie wissen: Dort gibt es keine Bären (nur Pinguine ...)! Nein, die Hütte steht auf der Nordhalbkugel!

5. *Unterschied Weg auf Breitenkreis – kürzester Weg*
   Zwei Orte *A*, *B* auf der gleichen geografischen Breite φ seien gegeben, die Längendifferenz betrage $\Delta\lambda$. Ermitteln Sie rechnerisch den Unterschied zwischen der Länge des Weges auf dem Breitenkreis und der Länge des Großkreisbogens, und zwar zum einen die Differenz in Kilometer und zum anderen den prozentualen Unterschied (Grundwert sei jeweils die Länge des Großkreisbogens). Stellen Sie für das Beispiel $\varphi = 50°$ (Breite von Frankfurt a. M.) eine Wertetabelle für einige typische Werte von $\Delta\lambda$ auf. Wie ändern sich die Unterschiede *qualitativ*, wenn man die Breite verändert? (Wählen Sie ggf. Zahlenbeispiele, d. h., variieren Sie die geografische Breite φ bei fester Längendifferenz $\Delta\lambda$.)

6. *Entfernung bei gleicher Breite*
   Madrid und Peking liegen nahezu auf dem gleichen Breitenkreis, nämlich $\varphi = 40°$ N. Madrid hat die geografische Länge 4° W, Peking die Länge 116° O. Ermitteln Sie *zeichnerisch*: Wie lang ist der Großkreisbogen von Madrid nach Peking?

7. *Von Acapulco nach Manila*
   Aus einem alten Reisebericht von 1785 ([1] S. 132):

   Bloß auf ihre Sicherheit bedacht, weichen [die Spanier] auf ihrem Weg von Acapulco nach Manila nicht von einem zwanzig Meilen breiten Streifen zwischen dem 13. und 14. Breitengrad ab. Eine lange Erfahrung hat sie davon überzeugt, daß sie hier weder verborgene Klippen noch Untiefen zu befürchten haben.

   Nehmen die Spanier dadurch einen großen Umweg in Kauf? Acapulco liegt in Mexiko ungefähr auf dem Meridian 100° W, Manila (Philippinen) auf 120° O. Wir nehmen an, dass Start und Ziel auf der gleichen geografischen Breite $\varphi = 14°$ N liegen (das stimmt nicht ganz, aber fast). Tipp: Machen Sie sich die Lage der Orte auf dem Globus klar; achten Sie besonders auf die Längendifferenz.
   a. Wie lang ist der Weg auf dem Breitenkreis 14° N?
   b. Berechnen Sie die kürzeste Entfernung (Länge des Großkreisbogens). Vergleichen Sie diese mit der Weglänge auf dem Breitenkreis!

8. *Genauigkeit von Positionsangaben*
   a. Im Internet findet man häufig die geografischen Koordinaten von markanten Orten (Museen, Hotels u. Ä.) auf Hundertstel Winkelsekunden genau angegeben, z. B. Kokerei Hansa, Dortmund-Huckarde: Breite 51° 32′ 26,52″ N, Länge 7° 24′ 43,97″ O.
   Wie genau ist eine solche Positionsangabe? Mit anderen Worten: Wenn man die geografischen Koordinaten auf Hundertstel Winkelsekunden gerundet angibt, dann

beträgt die maximale Abweichung von den exakten Werten 0,005″. Welcher Abweichung entspricht das in Metern? (Überschlag genügt, TR ist nicht notwendig!)

  b. Was gilt entsprechend für eine *dezimale* Winkelangabe mit sechs Nachkommastellen? Zum Beispiel wird für den Florianturm im Dortmunder Westfalenpark angegeben: Breite 51,497944° N; Länge 7,477416° O.

  c. Man sieht: Der Punkt mit unseren Standardkoordinaten von Dortmund (51,5° N, 7,5° O) liegt nicht weit davon entfernt. Wie weit nördlich/östlich (in Metern) liegt er?

  d. Bei www.luftlinie.org werden die Koordinaten von Dortmund wie folgt angegeben:

$$51,512054° \text{ N}, \quad 7,463573° \text{ O}$$

Wie weit nördlich/westlich vom Florianturm (in Metern) liegt dieser Punkt?

 9. *Die Fischkutter*

  a. Ein Fischkutter fährt von Helgoland aus (Koordinaten 54° 11′ N, 7° 53′ O) und will zu den Fischgründen östlich der Orkneyinseln mit der Zielposition 59° N, 2° W. Berechnen Sie den rechtweisenden Kurs und die Länge des Weges, und zwar näherungsweise in der Ebene.

  b. Ein zweiter Helgoländer Kutter fährt 500 km weit mit konstantem Kurs WNW. Ermitteln Sie seine Zielposition, auch hier näherungsweise in der Ebene.

10. *Ein Turm am Bodensee*

Angenommen, man könnte von Bodman an der Westspitze des Bodensees aus eine gerade Linie übers Wasser bis nach Bregenz an seiner Ostspitze ziehen (das stimmt nicht ganz, aber fast). Die Entfernung beträgt ca. 65 km. Nehmen wir weiter an, in Bregenz steht ein Turm, und vom Ufer in Bodman aus kann man bei gutem Wetter gerade noch seine Spitze sehen. Wie hoch ist der Turm mindestens? (Zur Vereinfachung setze man die Augenhöhe des Beobachters auf null.) Vergleichen Sie diesen Wert mit der Aufwölbung des Bodensees.

3.8 Anhang: Tabellen geografischer Koordinaten

Mit den Koordinaten in Tab. 3.2 kann man wie in Abschn. 3.3 skizziert eine Deutschlandkarte auf Karopapier zeichnen – mit nur 20 Eckpunkten gerät der Umriss recht grob, aber brauchbar. Zudem sind die Längen und Breiten in der Regel so gerundet, dass die Punkte leicht zu zeichnen sind (Gitterpunkte).

Die Daten in Tab. 3.3 sind in mehrfacher Hinsicht nützlich: Die o. g. Karte kann durch einige Großstädte ergänzt werden; außerdem sind sie die Grundlage für die Berechnung kurzer Entfernungen (Abschn. 3.2.3), die man anschließend auf der Karte nachmessen kann. Die Städte sind mehr oder weniger unsystematisch ausgewählt, die Liste ist nach Belieben ergänzbar. (Zwar sind die Koordinaten irgendwelcher Orte auf dem Globus jederzeit im Internet verfügbar, dennoch ist manchmal eine solche Tabelle hilfreich.)

Tab. 3.2 Koordinaten für eine
Karte von Deutschland

Breite (N)	Länge (O)
54° 50'	8° 40'
53° 50'	9°
53° 40'	7° 15'
51° 50'	6° 45'
51° 50'	6°
49° 30'	6° 15'
49°	8°
47° 30'	7° 30'
47° 40'	8° 45'
47° 20'	10° 15'
47° 40'	12° 45'
48° 40'	13° 45'
50° 10'	12° 15'
51°	15°
54°	14°
54° 40'	13° 15'
54°	10° 45'
54° 30'	11°
54° 30'	10°
54° 50'	9° 45'

Tab. 3.3 Koordinaten einiger
deutscher Großstädte

Stadt	Breite (N)	Länge (O)
Aachen	50° 47'	6° 05'
Augsburg	48° 22'	10° 53'
Berlin	52° 33'	13° 22'
Bielefeld	52° 02'	8° 32'
Bochum	51° 29'	7° 13'
Bonn	50° 44'	7° 06'
Bremen	53° 05'	8° 48'
Cottbus	51° 46'	14° 20'
Dortmund	51° 30'	7° 30'
Dresden	51° 03'	13° 44'
Duisburg	51° 26'	6° 45'
Düsseldorf	51° 13'	6° 47'
Erfurt	50° 58'	11° 02'
Essen	52° 43'	7° 01'
Frankfurt	50° 07'	8° 41'
Gelsenkirchen	51° 31'	7° 06'
Hamburg	53° 33'	10° 00'
Hannover	52° 22'	9° 43'
Heidelberg	49° 25'	8° 42'
Kaiserslautern	49° 27'	7° 45'

Tab. 3.3 (Fortsetzung)

Stadt	Breite (N)	Länge (O)
Karlsruhe	49° 01′	8° 24′
Kassel	51° 19′	9° 30′
Kiel	54° 20′	10° 08′
Köln	50° 56′	6° 57′
Leipzig	51° 20′	12° 25′
Lübeck	53° 52′	10° 42′
Magdeburg	52° 08′	11° 37′
Mainz	50° 00′	8° 15′
Mannheim	49° 29′	8° 28′
München	48° 19′	11° 35′
Münster	51° 58′	7° 38′
Nürnberg	49° 27′	11° 05′
Osnabrück	52° 16′	8° 03′
Passau	48° 34′	13° 27′
Regensburg	49° 01′	12° 06′
Rostock	54° 02′	12° 08′
Saarbrücken	49° 14′	7° 00′
Schwerin	53° 38′	11° 23′
Stuttgart	48° 46′	9° 11′
Wolfsburg	52° 26′	10° 48′
Wuppertal	51° 16′	7° 11′
Würzburg	49° 48′	9° 56′
Zwickau	50° 44′	12° 30′

Literatur

1. Lapérouse, J.-F. de: Zu den Klippen von Vanikoro: Weltreise im Auftrag von Ludwig XVI. 1785–1788. K. Thienemanns Verlag, Stuttgart (1987)

Sphärische Trigonometrie

4

Grundsätzlich gilt auch in Kugeldreiecken: Von den sechs Größen eines Dreiecks (drei Seiten, drei Winkel) müssen drei gegeben sein, damit man die anderen berechnen kann. Wir werden die verschiedenen Berechnungsaufgaben wie in der ebenen Geometrie nach der Art der gegebenen Größen und ihrer Lage zueinander unterscheiden: SWS, SWW, WSW usw. (die Bedeutung der Kürzel dürfte klar sein, sie wird aber jeweils auch erläutert).

4.1 Die zentralen Sätze

4.1.1 Seitenkosinussatz

Wir beginnen mit dem Fall SWS: In einem Kugeldreieck ABC seien zwei Seiten und der eingeschlossene Winkel gegeben, etwa a, b und γ. Die fehlende Seite ist zu berechnen, hier also c.

In der ebenen Trigonometrie würde man für das analoge Problem den Kosinussatz benutzen. Der entsprechende Satz in der Kugelgeometrie heißt:

▶ Seitenkosinussatz (SKS):

$$\cos c = \cos a \cdot \cos b + \sin a \cdot \sin b \cdot \cos \gamma \qquad (4.1)$$

Beweis:
Die drei Eckpunkte des Dreiecks werden mit dem Mittelpunkt M verbunden (Abb. 4.1). Die Ebene durch C senkrecht zum Radius $\overline{MC}$ (d. h. die Tangentialebene in C an die Kugel) schneidet die Mittelpunktsstrahlen MA, MB in zwei Punkten, die wir ebenfalls mit

© Springer-Verlag Berlin Heidelberg 2017
B. Schuppar, *Geometrie auf der Kugel*, Mathematik Primarstufe und Sekundarstufe I + II,
DOI 10.1007/978-3-662-52942-3_4

Abb. 4.1 Zum Beweis des
Seitenkosinussatzes

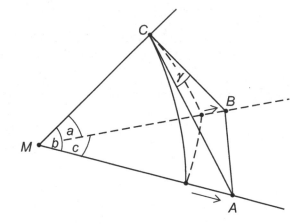

A, B bezeichnen; die Kugelpunkte A, B werden quasi nach außen gezogen, sodass wir ein räumliches Gebilde erhalten, das aus ebenen Dreiecken aufgebaut ist und die gegebenen und gesuchten Stücke des Kugeldreiecks enthält. Insbesondere ist $\angle ACB = \gamma$, weil die Geraden AC und BC die Tangenten an die Kugel sind, die in den Ebenen der Seiten a und b liegen.

Schneidet man diesen Polyeder an den von C ausgehenden Kanten auf und klappt die Dreiecke in die Ebene, dann erhält man die Figur in Abb. 4.2.

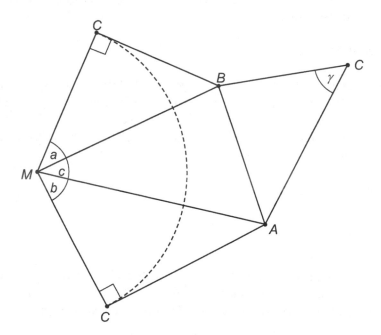

Abb. 4.2 Ebene Beweisfigur zum SKS

Die Strecke AB wird jetzt auf zwei Arten berechnet, und zwar mit dem Kosinussatz in den ebenen Dreiecken $\triangle MAB$ und $\triangle ABC$ (vgl. Abb. 4.2):

$$\overline{AB}^2 = \overline{MA}^2 + \overline{MB}^2 - 2 \cdot \overline{MA} \cdot \overline{MB} \cdot \cos c \qquad (4.2)$$

$$\overline{AB}^2 = \overline{AC}^2 + \overline{BC}^2 - 2 \cdot \overline{AC} \cdot \overline{BC} \cdot \cos \gamma \qquad (4.3)$$

Subtrahiere Gl. 4.3 von Gl. 4.2:

$$0 = \left(\overline{MA}^2 - \overline{AC}^2\right) + \left(\overline{MB}^2 - \overline{BC}^2\right) - 2 \cdot \overline{MA} \cdot \overline{MB} \cdot \cos c + 2 \cdot \overline{AC} \cdot \overline{BC} \cdot \cos \gamma$$

Nach Pythagoras ist $\overline{MA}^2 - \overline{AC}^2 = \overline{MC}^2$ und $\overline{MB}^2 - \overline{BC}^2 = \overline{MC}^2$, also folgt:

$$2 \cdot \overline{MA} \cdot \overline{MB} \cdot \cos c = 2 \cdot \overline{MC}^2 + 2 \cdot \overline{AC} \cdot \overline{BC} \cdot \cos \gamma$$

$$\cos c = \frac{\overline{MC}}{\overline{MA}} \cdot \frac{\overline{MC}}{\overline{MB}} + \frac{\overline{AC}}{\overline{MA}} \cdot \frac{\overline{BC}}{\overline{MB}} \cdot \cos \gamma$$

In den rechtwinkligen Dreiecken MAC und MBC liest man ab:

$$\frac{\overline{MC}}{\overline{MA}} = \cos b, \quad \frac{\overline{MC}}{\overline{MB}} = \cos a, \quad \frac{\overline{AC}}{\overline{MA}} = \sin b, \quad \frac{\overline{BC}}{\overline{MB}} = \sin a$$

Daraus ergibt sich sofort die Behauptung.

Zwei Anmerkungen:

- Die Beweisfigur setzt voraus, dass die Seiten a und b spitz sind; der Satz ist jedoch allgemein gültig. (Man könnte das mithilfe geeigneter Nebendreiecke übertragen; wir ersparen uns aber die Details.)
- Mit dem SKS kann wie in der ebenen Trigonometrie auch das Problem „Gegeben drei Seiten, berechne die Winkel" (SSS) gelöst werden. Ist z. B. γ zu berechnen, wird Gl. 4.1 nach $\cos \gamma$ aufgelöst (analog für α, β):

$$\cos \gamma = \frac{\cos c - \cos a \cdot \cos b}{\sin a \cdot \sin b}$$

Wenn man den obigen Polyeder basteln möchte, um den Beweis nachzuvollziehen, kann man die ebene Beweisfigur als „Schnittmuster" benutzen. Sie wird folgendermaßen konstruiert:

1. Zeichne einen Kreisbogen mit Mittelpunkt M, beide Endpunkte werden mit C bezeichnet.
2. Zeichne zwei Strahlen innerhalb des Kreissektors; die Senkrechten von beiden Punkten C auf diese Strahlen schneiden sie in A und B. (Die Richtung der Strahlen ist nicht ganz beliebig: Die Winkel CMB, BMA, AMC sollen die Seiten a, c, b des Kugeldreiecks darstellen, daher müssen sie die Dreiecksungleichung erfüllen.)

3. Konstruiere aus den Strecken $\overline{AB}$, $\overline{BC}$, $\overline{AC}$ das rechte Dreieck ABC (der zu konstru-
   ierende Punkt heiße wieder C); in diesem Dreieck ist dann $\gamma = \angle ACB$ der Winkel
   des Kugeldreiecks.
4. Schneide die Figur entlang der äußeren Kanten aus (evtl. Klebefalze stehen lassen),
   knicke die inneren Kanten und klebe sie zusammen.

Abb. 4.2 liefert auch eine *konstruktive* Lösung des Falls SSS; merkwürdigerweise kann
aber das Problem SWS, das wir als Ausgangspunkt für den Seitenkosinussatz gewählt
haben, mit dieser Figur *nicht* konstruktiv gelöst werden.

Als Anwendungsbeispiel berechnen wir jetzt das Dreieck Dortmund – Nordpol – Berlin
(DNB). Aus den geografischen Koordinaten von D und B können wir die Poldistanzen
von D und B sowie der Winkel bei N berechnen, nämlich:

$$\widehat{ND} = 90° - \varphi_D = 38,5°; \quad \widehat{NB} = 90° - \varphi_B = 37,5°; \quad \Delta\lambda = |\lambda_B - \lambda_D| = 6°$$

Damit ergibt sich:

$$\cos\widehat{DB} = \cos 38,5° \cdot \cos 37,5° + \sin 38,5° \cdot \sin 37,5° \cdot \cos 6°$$
$$\widehat{DB} = 3{,}82565° \,\hat{=}\, 425{,}03\,\text{km}$$

Mit der Näherungsrechnung in der Ebene (vgl. Abschn. 3.2.3) ergab sich eine Entfernung
von 425,13 km – der Unterschied zu diesem „exakten" Wert aus dem Kugeldreieck ist also
sehr gering (nur 100 m).

Für die Winkel α, β erhalten wir (die Seite $\widehat{DB}$ wird gerundet):

$$\cos\alpha = \frac{\cos 37,5° - \cos 3,83° \cdot \cos 38,5°}{\sin 3,83° \cdot \sin 38,5°} \quad \Rightarrow \quad \alpha = 72{,}50°$$

Analog ergibt sich $\beta = 102{,}77°$. Daran erkennt man zweierlei:

Die Winkelsumme im Dreieck DNB beträgt somit $\alpha + \beta + \Delta\lambda = 181{,}27°$. Als Kugeldreieck ist $\triangle DNB$ sehr klein (genauer: sehr schmal), dennoch ist die Winkelsumme
deutlich größer als 180°.

Die Richtung von Dortmund nach Berlin und die Gegenrichtung von Berlin nach Dortmund unterscheiden sich nicht genau um 180°: Im ersten Fall ist der Kurswinkel gleich
α, also 72,50°; im zweiten Fall muss er aus dem Dreieckswinkel β berechnet werden,
er beträgt $360° - \beta = 257{,}23°$. Der Unterschied der Kurswinkel ist somit 184,73°, also selbst bei dieser kurzen Entfernung deutlich verschieden von 180°. Vergleichen Sie
auch hier diese exakten Werte mit den näherungsweise berechneten Kurswinkeln in Abschn. 3.5.2!

4.1.2 Winkelkosinussatz

Zurück zum allgemeinen Dreieck: Wendet man den Seitenkosinussatz auf das *Polardreieck* von $\triangle ABC$ an, dann erhält man (mit der üblichen Bezeichnung, vgl. Abschn. 2.3):

$$\cos c' = \cos a' \cdot \cos b' + \sin a' \cdot \sin b' \cdot \cos \gamma'$$

Zur Erinnerung: Für die Seiten und Winkel des Polardreiecks gelten die fundamentalen Beziehungen $a' = 180° - \alpha$ usw., $\alpha' = 180° - a$ usw. Mithilfe der Formeln $\cos(180° - x) = -\cos x$ und $\sin(180° - x) = \sin x$ folgt daraus:

$$\cos(180° - \gamma) = \cos(180° - \alpha) \cdot \cos(180° - \beta)$$
$$+ \sin(180° - \alpha) \cdot \sin(180° - \beta) \cdot \cos(180° - c)$$
$$-\cos \gamma = (-\cos \alpha) \cdot (-\cos \beta) + \sin \alpha \cdot \sin \beta \cdot (-\cos c)$$

Wenn man die Vorzeichen richtig verteilt, ergibt sich unmittelbar der

► Winkelkosinussatz (WKS):

$$\cos \gamma = -\cos \alpha \cdot \cos \beta + \sin \alpha \cdot \sin \beta \cdot \cos c \qquad (4.4)$$

Damit kann man einerseits aus zwei Winkeln und der eingeschlossenen Seite den dritten Winkel berechnen (WSW).

Andererseits folgt daraus der auffälligste Unterschied zu den Kongruenzsätzen der ebenen Dreiecksgeometrie: Durch Auflösen nach $\cos c$ kann man aus den drei Winkeln die Seite c berechnen, analog die Seiten a und b. Ein Kugeldreieck ist also *durch seine drei Winkel eindeutig bestimmt* (Kongruenzsatz WWW)! Wenn man dies hinterfragt, dann stößt man schnell auf einen anderen gravierenden Unterschied der sphärischen und der ebenen Geometrie: Im Präzedenzfall der *zentrischen* Ähnlichkeit zweier ebener Dreiecke sind deren Seiten paarweise parallel zueinander, auf der Kugel gibt es aber keine parallelen „Geraden" (Großkreise); vgl. Abschn. 2.1.

4.1.3 Sinussatz

Es fehlen noch die folgenden Berechnungsprobleme:

- Zwei Seiten und ein anliegender (d. h. nicht der eingeschlossene) Winkel sind gegeben, z. B. a, b und α (SSW).
- Zwei Winkel und eine anliegende Seite sind gegeben, z. B. α, β und a (SWW).

Abb. 4.3 Zum Beweis des
Sinussatzes

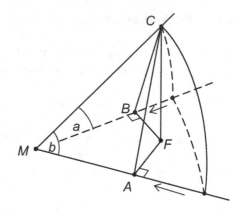

Da es hier keine feste Winkelsumme gibt wie in der ebenen Geometrie, ist der Fall SWW grundsätzlich von WSW zu unterscheiden.

Diese Probleme werden zumindest zum Teil gelöst durch den

▶ Sinussatz (SS):

$$\frac{\sin\alpha}{\sin\beta} = \frac{\sin a}{\sin b} \tag{4.5}$$

Beweis:

Ähnlich wie beim SKS betrachten wir das Kugeldreieck ABC mit den Radien MA, MB, MC der drei Eckpunkte (Abb. 4.3).

Die beiden Ebenen durch C, die senkrecht auf MA und MB stehen, schneiden diese Radien in zwei Punkten, die wir jetzt auch A bzw. B nennen. Die Schnittgerade CF dieser beiden Ebenen steht senkrecht auf der Ebene MAB, F ist also der Fußpunkt des Lotes von C auf die Ebene MAB.

Dadurch wird also wieder ein räumliches Gebilde geschaffen, das durch ein Viereck und vier rechtwinklige Dreiecke begrenzt wird, und man kann die Flächen wieder in die Ebene klappen. In den rechtwinkligen Dreiecken finden sich die beim Sinussatz beteiligten Größen des Kugeldreiecks (vgl. Abb. 4.4):

$$a = \angle CMB, \ b = \angle CMA, \ \alpha = \angle CAF, \ \beta = \angle CBF$$

Die Länge der Strecke CF wird nun auf zwei Arten berechnet.

Im $\triangle FBC$ gilt:

$$\frac{\overline{CF}}{\overline{BC}} = \sin\beta \quad \Rightarrow \quad \overline{CF} = \overline{BC} \cdot \sin\beta$$

Entsprechend im $\triangle MBC$:

$$\frac{\overline{BC}}{\overline{MC}} = \sin a \quad \Rightarrow \quad \overline{BC} = \overline{MC} \cdot \sin a \quad \Rightarrow \quad \overline{CF} = \overline{MC} \cdot \sin a \cdot \sin\beta$$

Abb. 4.4 Ebene Beweisfigur
zum SS

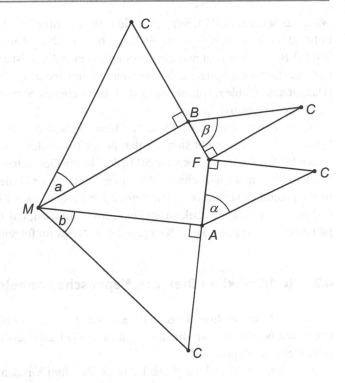

In $\triangle FAC$, $\triangle MAC$ berechnet man analog:

$$\overline{CF} = \overline{MC} \cdot \sin b \cdot \sin \alpha$$

Durch Gleichsetzen und Umformen folgt direkt die Behauptung.

Auch hier kann man die räumliche Beweisfigur basteln, um sich die Vorgehensweise klarzumachen. Anleitung zum Herstellen eines Schnittmusters:

1. Zeichne einen Kreisbogen mit Zentrum M, beide Endpunkte des Bogens sollen C heißen. Zeichne zwei Strahlen, die jeweils mit MC die Seiten a bzw. b bilden sollen.
2. Die Senkrechten von C aus auf diese beiden Strahlen schneiden sich in F. Die Schnittpunkte mit den Strahlen sind A und B (s. Abb. 4.4). Errichte in F die Senkrechte zu FA; der Kreis um A mit Radius AC schneidet sie in einem Punkt, der ebenfalls C heißen soll. Mache auf der anderen Seite das Gleiche (Senkrechte zu FB in F, Kreis um B mit Radius BC usw.).
3. Schneide diese Figur aus (evtl. Klebefalze stehen lassen), knicke sie entlang der inneren Kanten und klebe sie zusammen, sodass alle vier mit C bezeichneten Punkte zusammengeführt werden.

Was kann man nun mit dem Sinussatz im Hinblick auf die noch offenen Berechnungsprobleme anfangen? Angenommen, im Kugeldreieck ABC seien die Seiten a, b sowie der

Winkel α bekannt (SSW); wenn man die fehlenden Stücke berechnen will, dann zeigt sich Folgendes: $\sin\beta = \frac{\sin\alpha\cdot\sin b}{\sin a}$ ist eindeutig berechenbar, aber es gibt dazu *zwei* mögliche Winkel β, einen spitzen und einen stumpfen; manchmal ist aus geometrischen Gründen nur eine Lösung möglich, aber man muss damit rechnen, dass es *zwei* Lösungen gibt. (Das gleiche Problem tritt übrigens auch beim ebenen Sinussatz auf.) Im Fall SWW ist die Situation genauso.

Noch schwerwiegender ist jedoch: Wenn die Seiten a, b und die Gegenwinkel α, β bekannt sind, dann ergibt sich aus den bisher bekannten Sätzen keine Möglichkeit, die fehlenden Größen c, γ zu berechnen! In der ebenen Geometrie würde man jetzt γ mit dem Winkelsummensatz ausrechnen, aber das geht nicht; das Fehlen dieses Satzes macht sich hier schmerzlich bemerkbar. (Theoretisch könnte man zwar SKS und WKS kombinieren und nach den *beiden* Unbekannten $\cos c$, $\cos\gamma$ auflösen; das ist aber zu kompliziert.) Es gibt einen Ausweg aus dieser Sackgasse; Genaueres im folgenden Abschnitt.

4.2 Rechtwinklige Dreiecke, Neper'sche Formeln

Es sei ABC ein rechtwinkliges Dreieck mit $\gamma = 90°$ (Abb. 4.5). Analog zu ebenen Dreiecken bezeichnen wir die dem rechten Winkel anliegenden Seiten als Katheten, die Gegenseite als Hypotenuse.

Abgesehen vom rechten Winkel gibt es also fünf Größen (3 Seiten, 2 Winkel), die bei den Berechnungsproblemen beteiligt sind. Wir werden jetzt die sechs *Neper'schen Formeln* herleiten, die Folgendes ermöglichen:

▶   Aus *je zwei* gegebenen Größen kann man *jede* der fehlenden Größen des rechtwinkligen Dreiecks *direkt* berechnen.

An jeder Neper'schen Formel sind drei Größen beteiligt: Sind zwei von ihnen gegeben, kann man die dritte ausrechnen. Die Formeln sind zu unterscheiden nach der Art der be-

Abb. 4.5 Rechtwinkliges
Dreieck

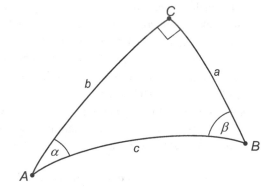

teiligten Größen (Seiten oder Winkel) und nach ihrer Lage zueinander (z. B. Gegenkathete oder Ankathete eines Winkels).

Wir untersuchen zunächst, was aus den obigen Sätzen (SKS, WKS, SS) für den Spezialfall $\gamma = 90°$, also $\cos \gamma = 0$ und $\sin \gamma = 1$ unmittelbar folgt.

Aus dem SKS $\cos c = \cos a \cdot \cos b + \sin a \cdot \sin b \cdot \cos \gamma$ erhält man:

$$\cos c = \cos a \cdot \cos b \tag{4.6}$$

Aus dem WKS $\cos \alpha = -\cos \beta \cdot \cos \gamma + \sin \beta \cdot \sin \gamma \cdot \cos a$ ergibt sich:

$$\cos \alpha = \sin \beta \cdot \cos a \tag{4.7}$$

Aus dem WKS $\cos \gamma = -\cos \alpha \cdot \cos \beta + \sin \alpha \cdot \sin \beta \cdot \cos c$ folgt weiterhin:

$$0 = -\cos \alpha \cdot \cos \beta + \sin \alpha \cdot \sin \beta \cdot \cos c \quad \Rightarrow \quad \sin \alpha \cdot \sin \beta \cdot \cos c = \cos \alpha \cdot \cos \beta$$

Dividiert man diese Gleichung durch die rechte Seite, dann erhält man wegen $\frac{\sin}{\cos} = \tan$ die folgende Formel:

$$\tan \alpha \cdot \tan \beta \cdot \cos c = 1 \tag{4.8}$$

Schließlich folgt aus dem SS $\frac{\sin \alpha}{\sin \gamma} = \frac{\sin a}{\sin c}$:

$$\sin \alpha = \frac{\sin a}{\sin c} \tag{4.9}$$

Zwischenbilanz:

- Bei Gl. 4.6 sind *drei Seiten* beteiligt.
- Bei Gl. 4.7 sind *zwei Winkel und eine Kathete* beteiligt.
- Bei Gl. 4.8 sind *zwei Winkel und die Hypotenuse* beteiligt.
- Bei Gl. 4.9 sind *ein Winkel, die Gegenkathete und die Hypotenuse* beteiligt.

Es fehlen noch zwei Fälle:

Ein Winkel, die Ankathete und die Hypotenuse
sind beteiligt, z. B. α, b und c.

$$\cos \alpha \underset{\text{Gl. 4.7}}{=} \sin \beta \cdot \cos a \underset{\text{Gl. 4.9}}{=} \frac{\sin b}{\cos c} \cdot \cos a \underset{\text{Gl. 4.6}}{=} \frac{\sin b}{\cos c} \cdot \frac{\sin c}{\cos b}$$

Wegen $\frac{\sin}{\cos} = \tan$ folgt daraus:

$$\cos \alpha = \frac{\tan b}{\tan c} \tag{4.10}$$

Ein Winkel und die zwei Katheten

sind beteiligt, z. B. α, a und b. Der Sinussatz besagt:

$$\frac{\sin \alpha}{\sin a} = \frac{\sin \beta}{\sin b}$$

Hier muss nur noch β hinausgeworfen werden. Aus Gl. 4.7 folgt $\sin \beta = \frac{\cos \alpha}{\cos a}$ und damit:

$$\frac{\sin \alpha}{\sin a} = \frac{\cos \alpha}{\cos a \cdot \sin b} \quad \Rightarrow \quad \frac{\sin \alpha}{\cos \alpha} = \frac{\sin a}{\cos a \cdot \sin b}$$

$$\tan \alpha = \frac{\tan a}{\sin b} \tag{4.11}$$

Neper'sche Formeln: Zusammenfassung und neue Sortierung

(1) $\sin \alpha = \dfrac{\sin a}{\sin c}$ (Wi GK Hyp)   (4) $\cos c = \cos a \cdot \cos b$ (3 Seiten)

(2) $\cos \alpha = \dfrac{\tan b}{\tan c}$ (Wi AK Hyp)   (5) $\tan \alpha \cdot \tan \beta \cdot \cos c = 1$ (2Wi Hyp)

(3) $\tan \alpha = \dfrac{\tan a}{\sin b}$ (Wi 2K)   (6) $\cos \alpha = \sin \beta \cdot \cos a$ (2Wi K)

Wir werden in Zukunft auf die Neper'schen Formeln *in dieser Nummerierung* zurückgreifen. Die dahinter angegebenen Kürzel sollen helfen, die beteiligten Größen des Dreiecks zu identifizieren; z. B. stellt Formel (2) eine Beziehung zwischen einem Winkel, der Ankathete und der Hypotenuse her. (Man beachte, dass nicht die *Bezeichnungen* der Seiten und Winkel in den Formeln wichtig sind, sondern ihre *Lage zueinander*; die Standardbezeichnungen kommen in der Praxis nur sehr selten vor.)

Wie am Schluss von Abschn. 4.1.3 angedeutet, sind nun in einem *beliebigen* Kugeldreieck ABC die o. g. problematischen Fälle SSW und SWW lösbar. Ein Beispiel:

Es seien $a = 33°$, $b = 58°$, $\alpha = 27°$ gegeben. Mit dem Sinussatz kann man β berechnen:

$$\sin \beta = \frac{\sin \alpha \cdot \sin b}{\sin a} = \frac{\sin 27° \cdot \sin 58°}{\sin 33°}$$

Damit erhält man $\beta = 44{,}98°$ oder $\beta = 135{,}02°$. Hier gibt es *zwei* Dreiecke, die die Bedingungen erfüllen; analog zur ebenen Geometrie ist das immer dann der Fall, wenn der gegebene Winkel der *kleineren* Seite gegenüberliegt.

Wir wählen zunächst den *spitzen* Winkel β.

Fällt man von C aus das Lot auf die Seite $c = \overset{\frown}{AB}$ (der Fußpunkt sei F), dann erhält man zwei rechtwinklige Dreiecke, in denen jeweils ein Winkel und die Hypotenuse bekannt sind (vgl. Abb. 4.6).

Abb. 4.6 Dreiecksberechnung
im Fall SSW

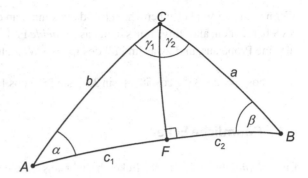

Die Winkel γ_1, γ_2 können mit der Neper'schen Formel (5) berechnet werden (a bzw. b sind die *Hypotenusen* in den rechtwinkligen Teildreiecken!):

$$\tan\alpha \cdot \tan\gamma_1 \cdot \cos b = 1 \quad \Rightarrow \quad \tan\gamma_1 = \frac{1}{\tan 27° \cdot \cos 58°} \quad \Rightarrow \quad \gamma_1 = 74{,}89°$$

Analog:

$$\tan\gamma_2 = \frac{1}{\tan\beta \cdot \cos a} = \frac{1}{\tan 44{,}98° \cdot \cos 33°} \quad \Rightarrow \quad \gamma_2 = 50{,}03°$$

Da F in diesem Fall zwischen A und B (d. h. auf der Dreiecksseite) liegt, ist $\gamma = \gamma_1 + \gamma_2 = 124{,}92°$.

Die Katheten c_1, c_2 der rechtwinkligen Dreiecke können mit der Neper'schen Formel (2) berechnet werden (c_1 bzw. c_2 sind die *Ankatheten* zu α bzw. β):

$$\cos\alpha = \frac{\tan c_1}{\tan b} \quad \Rightarrow \quad \tan c_1 = \cos\alpha \cdot \tan b = \cos 27° \cdot \tan 58° \quad \Rightarrow \quad c_1 = 54{,}96°$$

Analog:

$$\tan c_2 = \cos\beta \cdot \tan a = \cos 44{,}98° \cdot \tan 33° \quad \Rightarrow \quad c_2 = 24{,}67°$$

Wie oben folgt dann $c = c_1 + c_2 = 79{,}63°$.

Anmerkungen:

Im Fall des *stumpfen* Winkels β liegt der Höhenfußpunkt F nicht zwischen A und B, sondern *außerhalb* der Seite c auf dem Großkreis von $\overset{\frown}{AB}$; die beiden rechtwinkligen Dreiecke sind jedoch genau die gleichen, denn $\beta' = \angle CBF = 180° - \beta = 44{,}98°$. (Bitte erstellen Sie eine passende Skizze dazu!) Im Unterschied zum ersten Fall (β spitz) werden hier die Winkel γ_1, γ_2 bzw. die Seiten c_1, c_2 nicht addiert, sondern *subtrahiert*:

$$\gamma = \gamma_1 - \gamma_2 = 24{,}86°; \quad c = c_1 - c_2 = 30{,}29°$$

Wenn man den Winkel γ berechnet hat, dann kann man die Seite c natürlich auch mit dem SKS berechnen; allerdings muss man das für *beide* Fälle getrennt tun. Wir nutzen das jetzt für eine Probe aus, und zwar im Fall des *spitzen* Winkels β:

$$\cos c = \cos 33° \cdot \cos 58° + \sin 33° \cdot \sin 58° \cdot \cos 124{,}92° \quad \Rightarrow \quad c = 79{,}63°$$

4.3 Räumliche Ecken

Eine *räumliche Ecke* (kurz: Ecke) besteht aus einem Scheitelpunkt S und drei von S ausgehenden Strahlen, genannt *Kanten* der Ecke. Als *Seiten* bezeichnen wir die Winkel zwischen je zwei Kanten. Die *Winkel* der Ecke sind die Winkel zwischen je zwei Seitenflächen, die an einer Kante zusammenstoßen. Eine Ebene, die auf einer Kante senkrecht steht, schneidet aus den angrenzenden Seitenflächen zwei Geraden aus; der Winkel zwischen diesen Geraden ist der zur Kante gehörende Winkel der Ecke. (Eine Verallgemeinerung auf n-seitige Ecken mit $n > 3$ ist ohne Weiteres möglich, soll hier aber nicht diskutiert werden.)

Alle Modelle der Kugeldreiecke in Abb. 2.15 lassen sich als Ecken interpretieren, wenn man die spezielle Form der Seitenflächen (Kreissektoren) ignoriert.

Umgekehrt: Wenn man sich zu einer Ecke eine Kugel mit Mittelpunkt S und beliebigem Radius vorstellt, dann schneiden die drei Strahlen die Kugeloberfläche in drei Punkten, die ein Kugeldreieck bilden, und die Seiten und Winkel der Ecke entsprechen genau den Seiten und Winkeln dieses Dreiecks. In diesem Sinne sind die Sätze der sphärischen Trigonometrie auch auf Ecken anwendbar. Insbesondere kann man bei gegebenen Seiten die Winkel ausrechnen; im Allgemeinen ist das aber mit elementaren Mittel schwierig zu bewältigen, und auch mit analytischer Geometrie ist es zuweilen nicht ganz einfach, den Winkel zwischen zwei Ebenen zu berechnen.

Ein einfaches Beispiel: Welchen Winkel bilden die Seitenflächen eines regelmäßigen Tetraeders miteinander? Man nehme einen beliebigen Eckpunkt des Tetraeders als Scheitel S der Ecke; die drei von S ausgehenden Kanten des Tetraeders sind die Kanten der Ecke. Die Seiten der Ecke betragen jeweils 60° (Winkel im gleichseitigen Dreieck). Dann gilt für die Winkel α der Ecke nach dem Seitenkosinussatz:

$$\cos \alpha = \frac{\cos 60° - \cos^2 60°}{\sin^2 60°} = \frac{1}{3} \quad \Rightarrow \quad \alpha = 70{,}53°$$

In diesem Fall kann man das Ergebnis noch relativ leicht mit ebener Trigonometrie erzielen: Man halbiert das Tetraeder durch eine Ebene, die eine Kante enthält und die gegenüberliegende Kante senkrecht schneidet. Die Schnittfigur mit dem Tetraeder ist dann ein gleichschenkliges Dreieck mit der Kantenlänge als Basis und der Höhe der gleichseitigen Seitendreiecke als Schenkellänge; der Winkel gegenüber der Basis in diesem Dreieck ist dann der Winkel zwischen den Seitenflächen. (Aufgabe: Verifizieren Sie das obige Ergebnis auf diese Art!)

Abb. 4.7 Halbes Ikosaeder
mit Einzelteilen

Beim Dodekaeder ist eine solche Lösung mit ebener Trigonometrie schon wesentlich schwieriger, aber der analoge Ansatz mit einer Ecke führt sofort zum Ziel. Denn auch beim Dodekaeder gehen von jedem Eckpunkt drei Kanten aus, die eine Ecke bilden; die Winkel zwischen je zwei Kanten (Seiten der Ecke) sind die Innenwinkel in regelmäßigen Fünfecken, sie betragen also je 108°. Daraus folgt wie oben für den Winkel α zwischen zwei Seitenflächen (Winkel der Ecke):

$$\cos\alpha = \frac{\cos 108° - \cos^2 108°}{\sin^2 108°} = -\frac{1}{\sqrt{5}} \quad \Rightarrow \quad \alpha = 116{,}57°$$

Beim Ikosaeder ist es nicht ganz so einfach, weil an jedem Eckpunkt fünf Kanten zusammenstoßen. Gleichwohl funktioniert es: Man nehme zwei benachbarte Dreiecke des Ikosaeders. Zur gemeinsamen Kante gehören zwei Eckpunkte; einer davon sei nun der Scheitel der Ecke. Die Seiten, die der gemeinsamen Kante der Dreiecke benachbart sind, betragen je 60° (Winkel im gleichseitigen Dreieck). Nicht so einfach zu sehen ist die Seite aus den äußeren Kanten der Ecke: Sie ist der Innenwinkel in einem regelmäßigen Fünfeck, beträgt also 108°. Man sieht das am besten, wenn man ein Ikosaeder zur Hand nimmt: Fünf benachbarte Dreiecke mit einem gemeinsamen Eckpunkt bilden einen „Hut", dessen äußere Kanten sich zu einem *ebenen* regelmäßigen Fünfeck zusammensetzen.

Gesucht ist der Winkel α der Ecke, der der 108°-Seite gegenüberliegt, und hier erhält man mit dem SKS:

$$\cos\alpha = \frac{\cos 108° - \cos^2 60°}{\sin^2 60°} \quad \Rightarrow \quad \alpha = 138{,}19° \approx 138°$$

Wenn man ein Ikosaeder aus Holz herstellen möchte (Abb. 4.7), dann braucht man 20 gleichseitige Dreiecke und man muss die Kanten in einem bestimmten Winkel fräsen, damit die Dreiecke glatt zusammenpassen. Wie groß ist dieser Winkel?

Abb. 4.8 Abschrägen von Kanten

Wir kennen jetzt den Winkel zwischen den Seitenflächen, und daraus ergibt sich direkt: Das Fräsmesser muss um 21° gegenüber seiner normalen (senkrechten) Lage geneigt sein, um die Kanten der Dreiecke im richtigen Winkel abzuschrägen (vgl. Abb. 4.8).

Zum Abschluss sei eine Eigenschaft der Ecken erwähnt, die noch einmal die enge Beziehung zwischen Ecken und Kugeldreiecken illustrieren soll: Es gibt ein Analogon zum Polardreieck. Ist nämlich eine Ecke gegeben, dann fällt man von einem beliebigen Punkt S' aus die Lote auf die Seiten der Ecke; diese drei Lote sind die Kanten der zugehörigen *Polarecke*. Die Seiten (Winkel) der Ecke sind in natürlicher Weise den Winkeln (Seiten) der Polarecke zugeordnet und es gelten die gleichen Beziehungen wie zwischen Dreieck und Polardreieck: Eine Seite der Ecke und der korrespondierende Winkel der Polarecke ergänzen einander zu 180°. Außerdem ist die Polarecke der Polarecke kongruent zur Ausgangsecke.

4.4 Aufgaben

1. *Gleichschenklige und gleichseitige Kugeldreiecke*
   a. In einem Kugeldreieck gilt genau wie in der Ebene der Basiswinkelsatz:

$$a = b \quad \Leftrightarrow \quad \alpha = \beta$$

   Wie kann man ihn *trigonometrisch* begründen?
   b. In einem gleichschenkligen Kugeldreieck ist die Höhe auf der Basis gleichzeitig Seitenhalbierende der Basis und Winkelhalbierende des Gegenwinkels. Warum? (Hier auch trigonometrische Begründung angeben.)
   c. Ist das Polardreieck eines gleichschenkligen Dreiecks wieder gleichschenklig?
2. *Gleichseitige Kugeldreiecke*
   Ein gleichseitiges Dreieck hat auch gleiche Winkel (vgl. Aufg. 1). Die Seite bezeichnen wir mit a, den Winkel mit α.
   a. Ein gleichseitiges Dreieck habe Seiten von 30° (bzw. 60°). Berechnen Sie seine Winkel!

b. Der Winkel α ist eine Funktion der Seite a. Bezeichnung $\alpha = f(a)$
Beschreiben Sie diese Funktion! Anleitung: Welchen Definitionsbereich hat sie, welche Werte kann sie annehmen? Skizzieren Sie den Graphen! (Zwei Werte sind aus Aufg. 2a schon bekannt; berechnen Sie ggf. weitere, aber nicht mehr als nötig.) Wie lautet der Funktionsterm? Tipp zum Term: Es gibt viele mögliche Darstellungen, aber mithilfe der Neper'schen Formeln geht es besonders einfach; beachte dazu Aufg. 1b.

c. Kann man umgekehrt auch aus α die Seite a ausrechnen (Funktion $a = g(\alpha)$)? Wenn ja, wie? (Gleiche Fragen wie in Aufg. 2b.)
Tipp: Im Prinzip ist g die Umkehrfunktion der Funktion f aus Aufg. 2b, d. h., ihren Verlauf (Definitions- und Wertebereich, Tabelle, Graph) kann man sich schon mithilfe von Aufg. 2b. klarmachen. Schätzen Sie mithilfe des Graphen der Funktion $\alpha = f(a)$: Wie groß ist a für $\alpha = 72°$ bzw. $\alpha = 120°$ ungefähr? Berechnen Sie anschließend diese Werte! Wie oben erhält man einen einfachen Term mithilfe einer geeigneten Neper'schen Formel.

3. *Platonische Körper auf der Kugel*
Wie in Abschn. 2.4, Aufg. 4b gehen wir davon aus, dass die Platonischen Körper zu Ballons aufgeblasen werden, sodass ihre ebenen Flächen zu regelmäßigen n-Ecken auf der Kugel mutieren.

a. Tetraeder und Ikosaeder bestehen aus gleichseitigen Dreiecken. Wie groß sind deren Seiten?

b. Das Hexaeder besteht aus sechs regelmäßigen Vierecken mit Winkeln von 120° (warum?). Wie groß sind die Seite a und die Diagonale d dieser Vierecke?

c. Das Dodekaeder besteht aus zwölf regelmäßigen Fünfecken; seine Winkel betragen ebenfalls 120°. Wie groß sind die Seiten eines solchen Fünfecks? (Tipp: Wenn man den Mittelpunkt des Fünfecks mit den Eckpunkten verbindet, dann entstehen gleichschenklige Dreiecke mit bekannten Winkeln.) Wie groß sind die Diagonalen des Fünfecks?

4. *Kugelquadrat*
Das ist ein Kugelviereck mit vier gleichen Seiten und vier gleichen Winkeln; wir bezeichnen die Größe der Seiten bzw. Winkel mit a bzw. α. Ähnlich wie bei den gleichseitigen Dreiecken stehen a und α in einem funktionalen Zusammenhang. Bestimmen Sie die Funktionen $a = f(\alpha)$ bzw. $\alpha = g(a)$! Tipp: Die Diagonalen des Quadrats schneiden einander im rechten Winkel.

5. *Oktaeder*
Wie groß ist der Winkel zwischen den Seitenflächen eines regelmäßigen Oktaeders?

6. *Pyramide*
Ein Schreiner bekommt den Auftrag, für Dekozwecke eine Pyramide mit quadratischer Grundfläche herzustellen. Sie soll aus vier gleichschenkligen Dreiecken als Seitenflächen bestehen, eine Grundplatte ist nicht notwendig. Die Höhe soll 60 cm, die Seite des Grundfläche 40 cm betragen. In welchem Winkel muss er die Kanten der Dreiecke fräsen?

Anmerkung: Dieses Problem ist auch mit ebener Trigonometrie in angemessener Form lösbar, aber es sind zahlreiche Varianten vorstellbar, bei denen es nicht so einfach geht: rechteckige Grundflächen, ein regelmäßiges Fünfeck als Grundfläche o. Ä.

7. *Modelle rechtwinkliger Dreiecke (Fortsetzung)*

Wie in Abschn. 2.4 Aufg. 7 bereits erwähnt, ist es nicht leicht, ein rechtwinkliges Dreieck aus Pappe herzustellen, weil bei diesem Modell die *Seiten* vorzugeben sind. Nun ermöglicht die Neper'sche Formel (4), aus zwei Seiten die dritte auszurechnen, sodass das Dreieck rechtwinklig ist. Berechnen Sie einige Beispiele und begründen Sie:

a. Sind die Katheten *a, b* beliebig vorgegeben, dann gibt es immer eine passende Hypotenuse *c*, sodass das Dreieck rechtwinklig wird.

b. Wenn *a* und *b* spitz sind, dann ist *c* die größte Seite. (So ist man es von *ebenen* rechtwinkligen Dreiecken gewohnt.)

c. Wenn *a* und *b* stumpf sind, dann ist *c* spitz; wenn *a* spitz und *b* stumpf ist, dann ist *c* stumpf.

d. Wenn man die Hypotenuse *c* und die Kathete *a* vorgeben möchte, dann ist das nur innerhalb gewisser Beschränkungen möglich. Wie lautet die Bedingung, die *a* und *c* erfüllen müssen, damit ein rechtwinkliges Dreieck mit diesen Seiten existiert?

Erdkugel II: Kürzeste Wege

5

5.1 Grundaufgaben

Es seien A und B zwei Orte auf der Erde. Ihre geografischen Koordinaten φ_A, λ_A und φ_B, λ_B seien bekannt. Der kürzeste Weg von A nach B, der Großkreisbogen, wird auch die *Orthodrome* genannt (das stammt aus dem Griechischen und bedeutet nichts anderes als „gerader Weg").

5.1.1 Länge der Orthodrome, Abfahrts- und Ankunftswinkel

Beispiel: A = Düsseldorf $\varphi_A = 51{,}2°$, $\lambda_A = 6{,}8°$; B = San Francisco $\varphi_B = 37{,}8°$, $\lambda_B = -122{,}4°$

Wir betrachten das Kugeldreieck aus dem Nordpol N und den Start- und Zielorten A, B. Dann sind im $\triangle ANB$ die folgenden Größen bekannt (vgl. Abb. 5.1):

Abb. 5.1 Orthodrome im Kugeldreieck

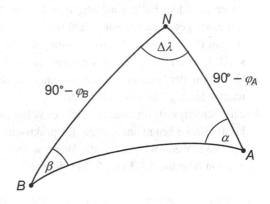

© Springer-Verlag Berlin Heidelberg 2017
B. Schuppar, *Geometrie auf der Kugel*, Mathematik Primarstufe und Sekundarstufe I + II,
DOI 10.1007/978-3-662-52942-3_5

- die Seiten $\widehat{NA}$ und $\widehat{NB}$, nämlich die Poldistanzen von A und B:

$$\widehat{NA} = 90° - \varphi_A = 38{,}8°; \quad \widehat{NB} = 90° - \varphi_B = 52{,}2°$$

- der Winkel bei N, nämlich die Längendifferenz $\Delta\lambda = |\lambda_B - \lambda_A| = 129{,}2°$.

Man berechnet die Länge der Orthodrome $\widehat{AB}$ mit dem Seitenkosinussatz (vgl. das Beispiel in Abschn. 4.1.1):

$$\cos\widehat{AB} = \cos\widehat{NA} \cdot \cos\widehat{NB} + \sin\widehat{NA} \cdot \sin\widehat{NB} \cdot \cos\Delta\lambda$$
$$= \cos 38{,}8° \cdot \cos 52{,}2° + \sin 38{,}8° \cdot \sin 52{,}2° \cdot \cos 129{,}2°$$
$$\widehat{AB} = 80{,}52° \triangleq 8946\,\text{km}$$

Die Richtungen der Orthodrome beim Start und Ziel werden vom *Abfahrtswinkel* α und *Ankunftswinkel* β bestimmt. Man berechnet sie ebenfalls mit dem SKS durch Auflösen nach den Winkeln:

$$\cos\alpha = \frac{\cos\widehat{NB} - \cos\widehat{NA} \cdot \cos\widehat{AB}}{\sin\widehat{NA} \cdot \sin\widehat{AB}} = \frac{\cos 52{,}2° - \cos 38{,}8° \cdot \cos 80{,}52°}{\sin 38{,}8° \cdot \sin 80{,}52°}$$
$$\alpha = 38{,}37°$$

Analog ergibt sich $\beta = 29{,}49°$.
Anmerkungen:

- α, β sind *Dreieckswinkel*, also nicht orientiert und kleiner als $180°$; um den rechtweisenden Kurs zu bestimmen, müssen sie entsprechend umgerechnet werden: Hier ergeben sich die Kurswinkel (gerundet) $322°$ bei A und $209°$ bei B.
- Wenn feststeht, dass α bzw. β ein spitzer oder ein stumpfer Winkel ist, dann kann man auch den (etwas einfacheren) Sinussatz verwenden. Sicherer ist aber der SKS, da er in jedem Falle *eindeutig* den Winkel liefert. Denn die Gleichung $\sin\alpha = c$ mit einer gegebenen reellen Zahl $0 < c < 1$ hat im Bereich der möglichen Dreieckswinkel $0° < \alpha < 180°$ *zwei* Lösungen, eine spitze und eine stumpfe (man beachte: $\sin(180° - \alpha) = \sin\alpha$; der TR zeigt *immer* den spitzen Winkel an!). Dagegen ist eine Gleichung der Form $\cos\alpha = c$ mit einer gegebenen reellen Zahl $-1 < c < 1$ *eindeutig* nach α im o. g. Intervall auflösbar.
- Zur Genauigkeit: Im Grunde reicht es völlig aus, die Gradmaße auf eine einzige Nachkommastelle genau anzugeben, für praktische Zwecke genügen sogar ganzzahlige Ergebnisse. Wenn wir jedoch die Werte weiter verwenden (wie in diesem Fall: Fortsetzung in Abschn. 5.1.3 und 5.1.4), dann geben wir ein bis zwei Stellen mehr an.

Es ist eine gute Gewohnheit, die TR-Ergebnisse auf dem Globus zu überprüfen: Mit einem Faden oder einem Folienstreifen kann man zumindest feststellen, ob die *Größenordnung* stimmt. Denn solche halbwegs komplexen TR-Rechnungen sind fehleranfällig, und grobe Fehler sind auf diese Art leicht vermeidbar. Im Laufe der Zeit entwickelt sich dann (hoffentlich) ein Gefühl für falsche Größenordnungen. Wenn in unserem Beispiel eine Entfernung von 1837,15 km herauskommt, dann muss im Kopf die rote Warnlampe aufleuchten: Da stimmt etwas nicht!

Eine andere Art der Validierung bietet die Internetseite www.luftlinie.org. Nach der Eingabe von Start und Ziel (mit Ortsnamen) wird die Entfernung berechnet, hier wie folgt:

$$\text{Düsseldorf – San Francisco Luftlinie: } 8952,82\,\text{km}$$

Wir fragen jetzt nicht danach, ob die zwei Nachkommastellen wirklich nötig sind (das würde einem Maximalfehler von ± 50 m entsprechen) – der Unterschied zu unserer Berechnung beträgt ca. 7 km, was in dieser Situation sicher zu tolerieren ist. Der Grund für die Differenz wird schnell klar, denn man bekommt als Streckeninfo die Koordinaten von Start und Ziel auf sechs Nachkommastellen genau, hier die Originaldaten:

$$\text{Düsseldorf } (51,224941, 6,775652); \text{ San Francisco } (37,774929, -122,419418)$$

Welche Punkte innerhalb der Städte damit bezeichnet sind, sei dahingestellt – man beachte nur, dass bei den Breiten der Unterschied von 0,025° zu unseren gerundeten Werten einer Nord-Süd-Entfernung von ca. 2,8 km entspricht; damit wird die geringe Differenz der berechneten Orthodromenlängen plausibel.

Ein weiteres schönes Detail der Internetseite: Die Orthodrome wird auf einer Karte dargestellt, sodass man ihren qualitativen Verlauf gut erkennen kann (hier über Island, Grönland und Kanada; vgl. den Screenshot in Abb. 5.2). Diese Karte trägt kein Gradnetz, aber es ist deutlich erkennbar, dass es sich um einen Kartentyp mit interessanten Eigenschaften handelt, nämlich um die *Mercator-Projektion* (mehr dazu in Abschn. 6.3; und in Abschn. 9.1 wird auch verraten, *woran* man das erkennt).

5.1.2 Richtungen

Nachdem wir die ersten Rechnungen mit sphärischer Trigonometrie durchgeführt haben, lohnt es sich, über die Resultate nachzudenken. Wir werden jetzt das Problem der *Richtung von A nach B* hervorheben, denn gewisse Phänomene, die uns bei kurzen Distanzen selbstverständlich erscheinen, sind bei großen Entfernungen auf der Kugel nicht mehr zu beobachten.

Bielefeld liegt nordöstlich von Aachen, also liegt Aachen südwestlich von Bielefeld. Denn die Richtung von A nach B wird ermittelt, indem man die Abweichung der *Strecke* $\overline{AB}$ von der Nordrichtung misst (klar, wie sonst?), und die Richtung von B nach A ist die entgegengesetzte (logisch!). Aber wie ist es auf der Kugel, etwa im obigen Beispiel? Die Rolle der Strecke $\overline{AB}$ muss dann von der *Orthodrome* $\overparen{AB}$ übernommen werden.

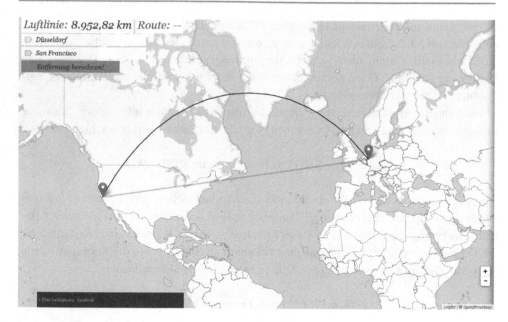

Abb. 5.2 Orthodrome auf einer Karte (© Stephan Georg, www.luftlinie.org)

(Wir haben bereits in Abschn. 4.1.1 beobachtet, dass die obige, von der ebenen Geometrie motivierte Überlegung auch bei relativ kurzen Distanzen nicht mehr ganz stimmt.)

B = San Francisco liegt westlich von A = Düsseldorf, sogar etwas südlicher, aber die Richtung von A nach B zeigt nach *Nordwest*, sogar einen halben Strich nördlicher; die Richtung von B nach A ist nicht etwa die Gegenrichtung Südost, sondern liegt zwischen NO und NNO (sie ist in diesem Fall gleich dem Ankunftswinkel β in Abschn. 5.1.1, also 29°).

Ein weiteres Beispiel: Singapur (1° N, 104° O) liegt fast auf dem Äquator. Wenn man in Berlin (52,5° N, 13,5° O) einen Wegweiser nach Singapur aufstellen möchte, in welche Richtung sollte er zeigen? Würde man dazu eine Umfrage starten, dann wäre vermutlich „ungefähr Südost" die häufigste Antwort. Aber mit einem kleinen Experiment auf dem Globus erkennt man sofort, dass der Wegweiser ziemlich genau nach *Osten* gerichtet sein muss!

Berechnet man die fehlenden Größen im Kugeldreieck analog zu Abschn. 5.1.1, dann ergeben sich eine Entfernung von 89,51° sowie ein Abfahrtswinkel von 89°; die Richtung der Orthodrome weicht also tatsächlich nur um 1° von Ost ab. Der Ankunftswinkel beträgt 37,5°, das entspricht einer Richtung zwischen NW und NNW; immerhin erscheint dies etwas plausibler. (Kleiner Denkanstoß: Der Ankunftswinkel ist genauso groß wie die Poldistanz von Berlin! Ist das Zufall?)

Der Unterscheid zwischen der „gefühlten" und der tatsächlichen Richtung von A nach B kann noch eklatanter ausfallen, wenn die Entfernung noch größer ist (siehe unten). Ganz schlimm wird es, wenn die Entfernung 20.000 km $\stackrel{\wedge}{=}$ 180° beträgt, dann ist B der Gegenpunkt von A und die Orthodrome $\stackrel{\frown}{AB}$ ist nicht mehr eindeutig bestimmt. Alle Großkreise durch A enthalten auch B, und *jeder* Kurswinkel kommt als Richtung von A nach B infrage.

Qibla Für Muslime ist die *Richtung nach Mekka* interessant, da sie sich beim Gebet in diese Richtung wenden sollen. Damit ist in der Regel die Richtung des *Großkreises* gemeint, der vom Standpunkt aus nach Mekka führt.

Mekka hat die geografischen Koordinaten 21° 25′ Nord, 39° 50′ Ost. Beispiel Standort Dortmund: Im Kugeldreieck NDM (Nordpol – Dortmund – Mekka) ist

$$\stackrel{\frown}{ND} = 38{,}5°; \quad \stackrel{\frown}{NM} = 68{,}6°; \quad \angle DNM = \Delta\lambda = 32{,}3°.$$

Gesucht ist der Winkel α bei D. Das wird gelöst wie bei der Grundaufgabe in Abschn. 5.1.1: Berechne $\stackrel{\frown}{DM}$ mit dem SKS, dann α ebenfalls mit dem SKS. Es ergibt sich $\alpha = 128°$. In diesem Fall ist der Winkel im Dreieck gleichzeitig der rechtweisende Kurs, da Mekka östlich von Dortmund liegt.

Merkwürdiger wird die Situation, wenn wir uns auf dem gleichen Breitenkreis wie Mekka befinden, z. B. in Westafrika auf der Länge 16° W. Die Richtung nach Mekka ist nicht etwa Ost, wie man wegen der gleichen Breite vermuten könnte, sondern weicht etwas nach Norden ab. Um wie viel? Das erfordert wiederum eine Rechnung, aber man muss nicht das volle Programm abrufen wie im obigen Beispiel; weil das zugehörige Kugeldreieck *gleichschenklig* ist, genügt eine einzige Neper'sche Formel! (Tipp: Erzeuge rechtwinklige Dreiecke durch eine geeignete Hilfslinie und nutze die Symmetrie. Aufgabe: Welche Neper'sche Formel wird gebraucht? Was kommt heraus?)

Noch verwirrender ist es für die Muslime im westlichen Amerika, etwa in San Francisco: Dort ist die Gebetsrichtung rechtweisend 19°, also noch etwas nördlicher als NNO. Das steht der üblichen Vorstellung, dass Mekka im Orient, also im Osten liegt, ziemlich im Wege; deshalb bevorzugen manche Muslime eine andere Methode zur Berechnung der Gebetsrichtung, und zwar die *loxodromische*; was das bedeutet und wie das geht, werden wir in Kap. 6 diskutieren.

Historische Anmerkung: Nach dem Niedergang der griechischen Antike haben die Araber das astronomische Wissen der Griechen übernommen und wesentlich weiterentwickelt, und man darf mit Recht annehmen, dass dieses religiöse Moment dazu den entscheidenden Anstoß gegeben hat. „Die Ermittlung dieser Richtung führte schon früh zu maßgeblichen Verbesserungen in Astronomie und Himmelsmechanik durch die Araber." (Wikipedia → Qibla)

Eine weitere Möglichkeit, die Richtung nach Mekka zu bestimmen (allerdings nur zu bestimmten Zeitpunkten und nicht überall), ergibt sich aus der Sonnenbeobachtung; vgl. dazu Abschn. 8.3.

Abb. 5.3 Nördlichster Punkt
einer Orthodromen

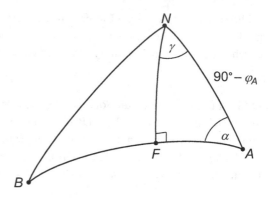

5.1.3 Nördlichster Punkt der Orthodrome

Fällt man das Lot vom Nordpol N auf die Orthodrome, dann ist der Fußpunkt F der nördlichste Punkt (vgl. Abb. 5.3). Denn die Orthodrome steht dann senkrecht auf dem Meridian
NF, somit verläuft sie in Ost-West-Richtung, und die geografische Breite ändert sich bei
F nicht; also muss F der nördlichste Punkt sein.

Welche geografischen Koordinaten hat F?

Zu bestimmen sind $\widehat{NF}$ (die Poldistanz von F) und $\gamma = \angle ANF$ (die Längendifferenz
zu A); dann ist $\varphi_F = 90° - \widehat{NF}$ und $\lambda_F = \lambda_A - \gamma$ (man beachte, dass F in diesem Fall
westlich von A liegt). Man berechnet $\widehat{NF}$ mit der Neper'schen Formel (1):

$$\sin\alpha = \frac{\sin\widehat{NF}}{\sin\widehat{NA}} \quad\Rightarrow\quad \sin\widehat{NF} = \sin\alpha \cdot \sin\widehat{NA} = \sin 38{,}37° \cdot \sin 38{,}8°$$

Daraus ergibt sich $\widehat{NF} = 22{,}89°$ und $\varphi_F = 90° - 22{,}89° = 67{,}1°$. Weiterhin wird γ mit
der Neper'schen Formel (2) ermittelt (hier wären auch andere möglich):

$$\cos\gamma = \frac{\tan\widehat{NF}}{\tan\widehat{NA}} = \frac{\tan 22{,}89°}{\tan 38{,}8°} \quad\Rightarrow\quad \gamma = 85{,}32°$$

Also ist $\lambda_F = \lambda_A - \gamma = 6{,}8° - 58{,}32° = -51{,}5°$. F hat somit die Koordinaten $67{,}1°$ N
und $51{,}5°$ W; er liegt an der Küste von Westgrönland.

Zusatzfrage: Wie weit ist es vom Startpunkt A bis zum nördlichsten Punkt F?

Anmerkung: Der nördlichste Punkt eines Großkreises AB muss nicht unbedingt zwi-
schen A und B liegen, d. h., der Lotfußpunkt F kann *außerhalb* der Dreiecksseite $\widehat{AB}$ sein.
Das ist genau dann der Fall, wenn entweder α oder β ein *stumpfer* Winkel ist.

Wenn A auf der Nordhalbkugel, B auf der Südhalbkugel liegt (oder umgekehrt), dann
gibt es ein anderes Problem, das mit der Bestimmung des nördlichsten Punktes eng verwandt ist: Auf welcher geografischen Länge und unter welchem Winkel schneidet die
Orthodrome den Äquator (vgl. Abb. 5.4)?

Abb. 5.4 Schnittpunkt Orthodrome – Äquator

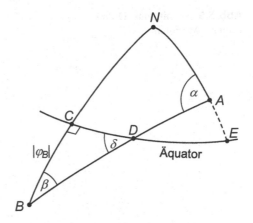

Idee: Es sei C der Schnittpunkt des Meridians NB mit dem Äquator; die Orthodrome $\widehat{AB}$ schneide den Äquator in D. Dann ist $\triangle BCD$ rechtwinklig, mit den gegebenen Größen $\widehat{BC} = |\varphi_B|$ und dem Ankunftswinkel β. Gesucht sind die Seite $\widehat{CD}$, das ist die Längen-differenz zu B, und der Schnittwinkel $\delta = \angle BDC$; beide Größen sind mit geeigneten Neper'schen Formeln berechenbar.

Eine andere, gleichwertige Lösungsidee: Man kann hier auch von A aus auf dem Meridian nach Süden bis zum Äquator weitergehen (zum Punkt E) und im rechtwinkligen Dreieck AED rechnen; man beachte: $\angle EAD = 180° - \alpha$.

Aufgabe: Wenn man die Länge von D und den Schnittwinkel δ berechnet hat, wo liegt dann der nördlichste Punkt des Großkreises AB? Das ist ganz leicht (ohne weitere trigonometrische Rechnungen) zu beantworten!

5.1.4 Weitere Berechnungsprobleme

Zurück zum Beispiel A = Düsseldorf, B = San Francisco (vgl. Abschn. 5.1.1, 5.1.3).

Schnittpunkt Orthodrome – Meridian Auf welcher geografischen Breite erreicht die Orthodrome die Länge 50° W (Abb. 5.5)?

Der Schnittpunkt dieses Meridians mit der Orthodromen sei C. Im $\triangle NAC$ sind bekannt:

$$\widehat{NA}, \ \alpha \text{ wie oben}; \ \angle ANC = \lambda_A - \lambda_C = 6{,}8° - (-50°) = 56{,}8°$$

Gesucht ist $\widehat{NC}$, die Poldistanz von C. Lösungsskizze: Berechne $\angle NCA$ mit dem Winkelkosinussatz und daraus $\widehat{NC}$ ebenfalls mit dem WKS. (Die Seite $\widehat{NC}$ geht auch mit dem Sinussatz, wenn man weiß, ob sie spitz oder stumpf ist; im obigen Beispiel verläuft der Weg ganz auf der Nordhalbkugel, deshalb ist mit Sicherheit $\widehat{NC} < 90°$.)

Abb. 5.5 Schnittpunkt Orthodrome – Meridian

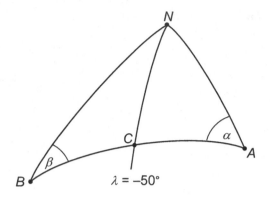

Schnittpunkte Orthodrome – Breitenkreis Auf welchen geografischen Längen schneidet die Orthodrome den Breitenkreis 60° N (Abb. 5.6)?

Es gibt *zwei* Schnittpunkte, genannt D und D'. Wir betrachten zunächst das Dreieck
NAD: Bekannt sind $\widehat{NA}$, α sowie $\widehat{ND} = 90° - \varphi_D = 30°$; gesucht ist $\angle AND$, die
Längendifferenz zu A. Dann ist $\angle NDA$ mit dem Sinussatz berechenbar, aber mehr geht
nicht! Das ist der problematische Fall SSW.

Jedoch haben wir ja schon den nördlichsten Punkt F der Orthodrome berechnet (siehe
Abschn. 5.1.3). Im rechtwinkligen $\triangle NFD$ sind die Seiten $\widehat{NF}$, $\widehat{ND}$ bekannt, und $\angle FND$
ist gesucht (die Längendifferenz von F und D). Das ist mit der Neper'schen Formel (2)
leicht zu berechnen:

$$\cos \angle FND = \frac{\tan \widehat{NF}}{\tan \widehat{ND}} = \frac{\tan 22{,}89°}{\tan 30°} \quad \Rightarrow \quad \angle FND = 43{,}0°$$

Es ist $\lambda_F = -51{,}5°$ und D liegt östlich von F, also muss man den Längenunterschied
addieren:

$$\lambda_D = \lambda_F + 43{,}0° = -8{,}5°$$

Abb. 5.6 Schnittpunkte Orthodrome – Breitenkreis

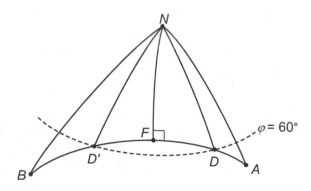

Abb. 5.7 Position nach gegebener Strecke

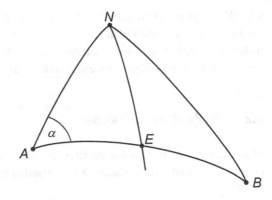

Der zweite Schnittpunkt D' liegt westlich von F, und zwar „spiegelsymmetrisch" zum
Meridian NF, denn das Dreieck NFD' hat die gleichen Seiten und Winkel wie NFD;
also braucht man nur die errechnete Längendifferenz von λ_F zu *subtrahieren*, um $\lambda_{D'}$ zu
erhalten:

$$\lambda_{D'} = \lambda_F - 43{,}0° = -94{,}5°$$

Position und Kurs nach einer bestimmten Strecke Wir beschränken uns hier auf Lö-
sungsskizzen zu den Problemen, ohne auf bestimmte Start- und Zielorte Bezug zu nehmen.

Welche Position hat ein Flugzeug erreicht, das auf der Orthodromen von A nach B
fliegt, nachdem es 3000 km zurückgelegt hat?

Es sei E der gesuchte Punkt; dann sind im $\triangle NAE$ (Abb. 5.7) bekannt: $\widehat{NA}, \alpha$ wie oben,
$\widehat{AE} = 3000\,\text{km} \triangleq 27°$.

Man berechnet die Poldistanz $\widehat{NE}$ mit dem Seitenkosinussatz und die Längendifferenz
zu A, den Winkel ANE, mit dem SKS oder dem Sinussatz (der Winkel ist sicherlich
spitz!). Die Koordinaten φ_E und λ_E kann man dann wie üblich ermitteln. Anschließend
berechnet man den Winkel NEA mit dem SKS oder dem Winkelkosinussatz; daraus wird
dann der Kurswinkel in der üblichen Normierung bestimmt.

Wenn man den nördlichsten Punkt der Orthodrome kennt, dann kann man auch die
Position und den Kurs recht einfach mithilfe der Neper'schen Formeln ausrechnen; das
ist besonders vorteilhaft, wenn diese Größen nicht nur einmal, sondern für mehrere Zwi-
schenstationen ermittelt werden sollen (vgl. Abschn. 5.4, Aufg. 10).

Ausblick Schon qualitativ ist leicht einzusehen, dass man auf dem kürzesten Wege von A
nach B ständig den Kurs wechseln muss, denn die Schnittwinkel der Orthodrome mit den
Meridianen ändern sich laufend. Das ist für Navigatoren ein großes Problem. Ein praktikable Lösung: Man berechnet eine Reihe von Zwischenpunkten auf der Orthodromen
(z. B. als Schnittpunkte mit gewissen Meridianen) und steuert diese Zwischenpunkte *mit
konstantem Kurs* an. Daraus entstehen neue Probleme: Wie bestimmt man die Kurswin-

kel? Was sind das überhaupt für Linien, die man mit einem konstanten Kurs zurücklegt? Großkreisbögen können es nicht sein, und die Kurswinkel sind demnach keine Winkel in Kugeldreiecken, also kommt man hier mit diesen trigonometrischen Methoden nicht weiter. Im Kap. 6 werden wir diese Probleme ausführlich diskutieren.

5.2 Die Zentralprojektion

Man kann die Aufgaben aus Abschn. 5.1 teilweise grafisch lösen (ohne sphärische Trigonometrie), und zwar mithilfe einer speziellen Karte, der *Zentralprojektion*. Sie entsteht wie folgt:

Im Mittelpunkt M des Globus wird quasi eine Projektionslampe installiert; damit wird die Oberfläche der Erde auf eine Tangentialebene projiziert, die die Kugel im Nordpol berührt (vgl. Abb. 5.8). Ist P ein Punkt auf der Nordhalbkugel der Erde, dann schneidet der Strahl MP die Projektionsebene im Bildpunkt P'.

Einige qualitative Eigenschaften, die man unmittelbar erkennt:

- Die Südhalbkugel wird auf einer solchen Karte nicht abgebildet.
- Alle Punkte mit gleicher geografischer Breite haben den gleichen Abstand vom Mittelpunkt der Karte (das ist der Nordpol N), mit anderen Worten: Alle Breitenkreise werden auf Kreise mit Zentrum N abgebildet.
- Alle Meridiane werden auf Geraden durch N abgebildet, und der Winkel zwischen zwei solchen Geraden entspricht genau der Längendifferenz der Meridiane.
- In Äquatornähe wird das Kartenbild sehr stark vergrößert im Vergleich zur Polarzone, d. h., die Konturen auf der Erdoberfläche werden stark verzerrt, sodass ein ungewohntes Bild der Länder und Kontinente entsteht.

Abb. 5.8 Zentralprojektion

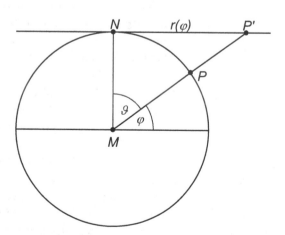

Diese Karte ist also nicht geeignet, um ein ausgewogenes Bild der Erde zu erzeugen; sie ist eher als Spezialkarte anzusehen, denn sie hat eine fundamental wichtige Eigenschaft:

▶   Die Zentralprojektion bildet alle Großkreise auf Geraden ab.

Begründung: Wenn der Punkt P auf einem Großkreis läuft, dann liegen alle Projektionsstrahlen MP in der Großkreisebene, denn jede solche Ebene geht durch M. Alle Bildpunkte P' liegen also einerseits in der Projektionsebene, andererseits in der Großkreisebene. Das Bild des Großkreises ist somit die Schnittfigur der Großkreis- und der Projektionsebene, und das ist eine Gerade.

Folgerung: Sind zwei Punkte A, B auf der Nordhalbkugel gegeben, dann kann man den Verlauf der Orthodrome von A nach B zeichnerisch bestimmen, indem man die Bildpunkte A' und B' auf der Karte durch eine Strecke verbindet. (Die Beschränkung auf die Nordhalbkugel ist zunächst sinnvoll, aber nicht unvermeidlich; vgl. die Anmerkung am Schluss dieses Abschnitts.)

Das Gradnetz einer solchen Karte ist recht einfach zu zeichnen. Die Meridiane werden als Geraden durch den Nordpol N dargestellt; bei einer Handzeichnung muss das Gradnetz nicht sehr feinmaschig sein, es genügen z. B. die Meridiane in Abständen von 30° (also $\lambda = 0°, 30°, 60°, \ldots$). Die Breitenkreise sind konzentrische Kreise mit Mittelpunkt N; ihre Radien können berechnet oder konstruiert werden. Die Konstruktion wird der Definition entsprechend ausgeführt (vgl. Abb. 5.8): Für eine gegebene Breite φ trage man die Poldistanz $\vartheta := 90° - \varphi$ an $\overline{MN}$ in M ab, dann ist $\overline{NP'}$ der gesuchte Radius. Zur Berechnung: Wenn man den Kugelradius auf 1 normiert, dann ist $\overline{MN} = 1$ und somit $\overline{NP'} = \tan \vartheta$. Zeichnet man derart einige Breitenkreise mit gleichen Winkelabständen, etwa $\varphi = 30°, 45°, 60°, 75°$, dann ergibt sich zusammen mit den Meridianen ein spinnennetzartiges Bild des Gradnetzes, wobei die Abstände der Breitenkreise nach außen hin stark wachsen. Mit DGS kann man natürlich feinmaschiger und präziser zeichnen, aber qualitativ ändert sich nichts.

Als Beispiel für die Konstruktion einer Orthodromen mit Zirkel und Lineal bzw. mit DGS wählen wir Start und Ziel wie in Abschn. 5.1.1; hier noch einmal die Koordinaten:

$A = \text{Düsseldorf} \; \varphi_A = 51{,}2°, \; \lambda_A = 6{,}8°; \; B = \text{San Francisco} \; \varphi_B = 37{,}8°, \; \lambda_B = -122{,}4°$

Es genügt, die Hälfte der Nordhalbkugel zu zeichnen, in diesem Fall begrenzt durch die Meridiane 30° O und 150° W. Damit die Karte nicht zu groß wird, werden nur die Breitenkreise $\varphi \geq 30°$ gezeichnet. Um die Größe der Karte festzulegen, muss man den Radius $R = \overline{MN}$ des Kreises in Abb. 5.9 geschickt wählen: Mit $R = 7\,\text{cm}$ passt die Karte auf ein DIN-A4-Blatt (auch $R = 8\,\text{cm}$ geht noch). Wer lieber rein geometrisch arbeitet, konstruiert nun die Radien der Breitenkreise gemäß Abb. 5.8 mit Zirkel, Lineal und

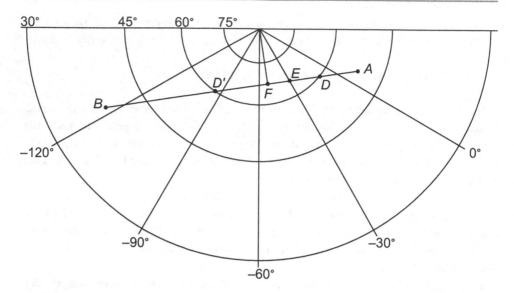

Abb. 5.9 Konstruktion einer Orthodromen

Tab. 5.1 Radien der Breitenkreise

φ	$r(\varphi)$
30°	12,1
45°	7,0
60°	4,0
75°	1,9
51,2°	5,6
37,8°	9,0

Winkelmesser. Mit TR erhält man die Radien aus der Formel

$$r(\varphi) = \tan(90° - \varphi) \cdot 7\,\text{cm}$$

wie in Tab. 5.1 angegeben.

Man trägt dann die Punkte A und B in die Karte ein (die Breitenkreisradien müssen wieder konstruiert bzw. berechnet werden; vgl. die letzten beiden Zeilen von Tab. 5.1) und verbindet sie durch eine Strecke.

Die Punkte auf der Orthodromen mit gegebener Länge bzw. Breite können nun leicht von der Karte abgelesen werden:

- Die geografischen Längen der Schnittpunkte mit dem Breitenkreis φ sind ganz einfach durch Winkelmessung zu ermitteln. Die rechnerische Lösung dieses Problems ist dagegen erheblich schwieriger, vgl. Abschn. 5.1.4. Beispiel $\varphi = 60°$ (Punkte D, D' in Abb. 5.9): Mit DGS wurden die Längen 8,5° und 94,5° W gemessen.

- Um die geografische Breite φ des Schnittpunkts mit einem Meridian der Länge λ zu
  bestimmen, muss man auf der Karte den zugehörigen Radius $r(\varphi)$ messen und daraus
  auf die Breite φ zurückschließen (konstruktiv oder rechnerisch). Beispiel $\lambda = -30°$
  (Punkt E in Abb. 5.9): Der Schnittpunkt hat die Breite $\varphi = 65{,}4°$.

Bei händischer Zeichnung erzielt man, wenn man sorgfältig vorgeht, eine Genauigkeit von
$\pm0{,}5°$ für die gesuchten Koordinaten. Bei DGS-Konstruktionen sind die Ergebnisse natürlich ebenso genau wie die rein rechnerisch mit TR ermittelten Werte. Eine praktikable
und flexibel nutzbare Methode ist auch, das Gradnetz der Karte mit DGS zu erstellen und
die Orthodrome per Hand einzutragen.

Leider gibt die Karte keinerlei Aufschluss darüber, wie lang der Weg von A nach B
ist oder welche Kurse zu steuern sind. Aber der nördlichste Punkt F der Orthodrome ist
wiederum ablesbar: F ist der Punkt auf $\overset{\frown}{AB}$ mit der kleinsten Poldistanz, also kann der
zugehörige Bildpunkt F' auch auf der Karte konstruiert werden, indem man (jetzt in der
Kartenebene!) von N aus das Lot auf die Strecke $\overline{A'B'}$ fällt. Beispielsweise wurde bei
der obigen Orthodrome für den nördlichsten Punkt mit DGS die Position $\varphi = 67{,}1°$ N,
$\lambda = 51{,}5°$ W ermittelt, in Übereinstimmung mit den berechneten Ergebnissen aus Abschn. 5.1.3.

An dieser Stelle ist eine interessante Verbindung mit den Neper'schen Formeln erwäh-
nenswert. Zur Berechnung der Koordinaten von F wird zunächst mit der Neper'schen
Formel (1) die Poldistanz $\overset{\frown}{NF}$ ermittelt, dann ist $\gamma = \angle ANF$, die Längendifferenz von F
zu A, zu berechnen (vgl. Abb. 5.10a). Wenn man nun das ebene rechtwinklige(!) Dreieck
auf der Karte betrachtet (Abb. 5.10b; man beachte, dass γ als Winkel zwischen zwei Meridianen auf der Karte nicht verzerrt wird), dann gilt nach Definition der Zentralprojektion
mit dem Kugelradius 1:

$$\cos\gamma = \frac{\overline{NF'}}{\overline{NA'}} = \frac{\tan\overset{\frown}{NF}}{\tan\overset{\frown}{NA}}$$

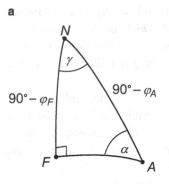

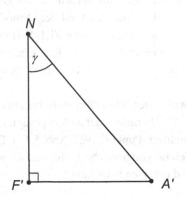

Abb. 5.10 Rechtwinkliges Dreieck auf der Kugel (a) und auf der Karte (b)

Das ist genau die Neper'sche Formel (2). Das bedeutet: Man könnte diese Formel auch mithilfe der Zentralprojektion *beweisen*.

Ein gewisser Nachteil dieser grafischen Methode zur Ermittlung der Orthodrome besteht darin, dass Start und Ziel auf der gleichen Hemisphäre liegen müssen (klarerweise ist dasselbe auch auf der Südhalbkugel machbar). Im Prinzip kann man jedoch Karten in Zentralprojektion für *beliebige* Tangentialebenen entwerfen, nur sieht dann das Gradnetz wesentlich komplizierter aus: Meridiane werden zwar immer noch als Geraden dargestellt, da sie Großkreise sind, aber Breitenkreise werden im Allgemeinen auf Kegelschnitte abgebildet. Am einfachsten geht es noch, wenn der Berührpunkt der Tangentialebene auf dem Äquator liegt (*äquatorständige* Zentralprojektion), aber auch dann sind einige der o. g. grafischen Lösungswege nicht mehr gangbar.

5.3 Weitere Probleme

5.3.1 Kürzester Weg mit Nebenbedingung

Ein Schiff soll über den Pazifik fahren, und zwar von A = Kap Nojima (Japan) mit $\varphi_A = 35°$ N, $\lambda_A = 140°$ O nach B = Kap Flattery (Kanada) mit $\varphi_B = 49°$ N, $\lambda_B = 125°$ W.

Im Kugeldreieck NAB mit $\widehat{NA} = 55°$, $\widehat{NB} = 41°$, $\Delta\lambda = 95°$ ergeben sich wie bei den Grundaufgaben in Abschn. 5.1.1 und 5.1.3 die folgenden Werte:

$$\widehat{AB} = 67{,}29° \cong 7477\,\text{km}; \ \alpha = 45{,}11° \cong \text{Kurs NO}$$

$$\text{Breite des nördlichsten Punktes } F\colon \ \varphi_F = 54{,}5°$$

Diese Route verläuft im Pazifik sehr weit nördlich, daher besteht Treibeisgefahr. (Der nördlichste Punkt hat zwar ungefähr die geografische Breite von Kiel, aber im Pazifik gibt es keinen Golfstrom, dort kann es auf dieser Breite sehr kalt werden!) Deswegen soll ein anderer Weg gewählt werden, der die Breite des Zielortes nicht überschreitet.

Erste Idee: Man fährt auf der Orthodrome bis zum 49. Breitengrad und dann auf dem Breitenkreis weiter bis zum Ziel. Vermutlich ist das aber *nicht* der kürzestmögliche Weg, weil er an einer Stelle einen Knick hat: Beim Schnittpunkt der Orthodrome mit dem Breitenkreis muss man den Kurs sprunghaft ändern. Einen Weg mit Knick kann man immer abkürzen.

Zweite Idee: Man fährt zunächst auf einem Großkreis, der den Breitenkreis des Zielorts ($\varphi = 49°$) *berührt*, oder anders gesagt: Dieser Großkreis erreicht auf der Breite 49° seinen nördlichsten Punkt G (vgl. Abb. 5.11). Dann fährt man auf dem Breitenkreis weiter.

Welche geografische Länge hat G, welchen Anfangskurs muss man steuern und wie lang ist der Weg insgesamt?

Das Dreieck ANG ist rechtwinklig und es sind zwei Seiten bekannt:

$$\widehat{NA} = 90° - \varphi_A = 55°; \ \widehat{NG} = 90° - \varphi_G = 41°$$

Abb. 5.11 Orthodrome tangential zum Breitenkreis

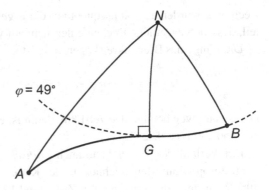

Gesucht sind die anderen drei Größen:

a. $\angle ANG$, die Längendifferenz zum Startpunkt A,
b. der Anfangskurs $\angle NAG$,
c. die Weglänge $\widehat{AG}$.

Zu a: Aus der Neper'schen Formel (2) folgt

$$\cos \angle ANG = \frac{\tan 41°}{\tan 55°} \quad \Rightarrow \quad \angle ANG = 52{,}5°.$$

G liegt östlich von A, also wird die Längendifferenz addiert:

$$\lambda_G = \lambda_A + 52{,}5° = 192{,}5° = -167{,}5°$$

Man beachte: Der Wert 192,5° ist für die geografische Länge nicht üblich, daher wird der Vollwinkel 360° subtrahiert. G befindet sich also auf dem Meridian 167,5° West.

Zu b: Die Neper'sche Formel (1) ergibt

$$\sin \angle NAG = \frac{\sin 41°}{\sin 55°} \quad \Rightarrow \quad \angle NAG = 53{,}2°;$$

das ist in diesem Fall auch der rechtweisende Anfangskurs.

Zu c: Mit der Neper'schen Formel (4) erhält man

$$\cos \widehat{NA} = \cos \widehat{NG} \cdot \cos \widehat{AG} \quad \Rightarrow \quad \cos \widehat{AG} = \frac{\cos \widehat{NA}}{\cos \widehat{NG}} = \frac{\cos 55°}{\cos 41°};$$

daraus folgt $\widehat{AG} = 40{,}54° \,\hat{=}\, 4503{,}6$ km.

Anmerkung zu b und c: Hier wären auch andere Neper'sche Formeln möglich, denn je mehr Größen bekannt sind, desto mehr Formeln hat man zur Auswahl; in der obigen

Rechnung wurden aber konsequent nur die *gegebenen* Größen benutzt. Das hat den Vorteil, dass sich eventuelle Rechenfehler nicht auf weitere Rechnungen auswirken.

Die Länge des Breitenkreisbogens GB ist wie in Abschn. 3.2.2 zu berechnen:

$$|\lambda_B - \lambda_G| \cdot \cos \varphi = 42{,}5° \cdot \cos 49° = 27{,}88° \,\hat{=}\, 3097{,}7\,\text{km}$$

Der Gesamtweg beträgt also 7601 km; damit ist er nur 124 km länger als die Orthodrome, das sind weniger als 2 %.

Der Verlauf des Weges kann auch *grafisch* ermittelt werden, und zwar mithilfe der Zentralprojektion: Man zeichnet auf der Karte eine Tangente von A an den Breitenkreis 49°. Wenn man die Tangente mit Zirkel und Lineal konstruiert, kann man sogar relativ genau den Zwischenpunkt G, d. h. den Berührpunkt der Tangente, von der Karte ablesen.

Aufgabe: Zum Vergleich berechne man die Länge des Weges gemäß der ersten Idee! (Nicht nur ist der Weg länger, auch der Rechenaufwand ist größer!)

5.3.2 Fremdpeilung

Funksignale, die große Distanzen auf der Erdkugel überbrücken, laufen auf Großkreisen, und mit Peilantennen kann man die Richtung, aus der sie kommen, recht genau messen. Wenn man jetzt von zwei Funkstationen aus (deren Positionen seien bekannt) ein Funksignal anpeilt, dann kann man berechnen, von welchem Punkt aus das Signal gesendet wurde.

Überlegen Sie zunächst: Wie würde man das Problem in der Ebene, d. h. bei kurzen Entfernungen der Peilstationen und des Senders lösen?

Bei weit entfernten Punkten muss man wieder kugelgeometrische Methoden anwenden, und wie das geht, soll jetzt an einem Beispiel gezeigt werden.

Die Seenotrufe eines Schiffes werden auf den Azoren und in Casablanca empfangen. Hier sind die Koordinaten der Peilstationen und die gemessenen Peilwinkel:

- Azoren $A\varphi_A = 38{,}5°$ N; $\lambda_A = 28°$ W; Peilwinkel 220,8°
- Casablanca $C\varphi_C = 33{,}6°$ N; $\lambda_C = 7{,}6°$ W; Peilwinkel 256,6°.

Auf welcher Position befindet sich das Schiff?

Vorbemerkung: Im Zeitalter der Satellitennavigation ist das natürlich ein alter Hut, da jeder Fischerkahn ein GPS-Gerät an Bord hat, um seine Position selbst zu bestimmen, und zwar sehr genau. Trotzdem bleibt die Fremdpeilung ein schönes Beispiel für eine etwas komplexere trigonometrische Berechnung auf der Kugel.

Nun zur Lösung: Es ist empfehlenswert, zunächst eine Skizze anzufertigen, die die Lage der Orte zueinander qualitativ möglichst gut wiedergibt (vgl. Abb. 5.12).

Gesucht sind die Koordinaten des Schiffes S, also die Poldistanz $\widehat{NS}$ und die Längendifferenz zu A (oder zu C).

Abb. 5.12 Fremdpeilung

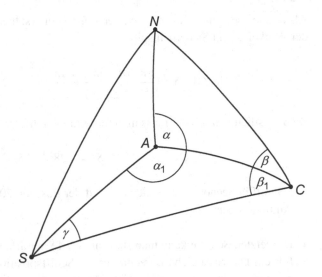

Aus den Koordinaten von A und C kann man zuerst die fehlenden Größen im $\triangle ANC$ berechnen. Ergebnis:

$$\widehat{AC} = 17{,}16°; \; \alpha = 100{,}33°; \; \beta = 67{,}57°$$

Aus den Peilwinkeln erhält man dann im Dreieck SAC die Winkel bei A und C wie folgt:

$$\alpha_1 = 220{,}8° - \alpha = 120{,}47°$$
$$\beta + \beta_1 = 360° - 256{,}6° = 103{,}4° \quad \Rightarrow \quad \beta_1 = 103{,}4° - \beta = 35{,}83°$$

Aus $\widehat{AC}$, α_1, β_1 berechnet man mit dem Winkelkosinussatz den dritten Winkel $\gamma = \angle ASC$:

$$\cos \gamma = -\cos \alpha_1 \cdot \cos \beta_1 + \sin \alpha_1 \cdot \sin \beta_1 \cdot \cos \widehat{AC} \quad \Rightarrow \quad \gamma = 26{,}72°$$

Dann ermittelt man $\widehat{SA}$ auch mit dem WKS (hier würde aber der Sinussatz reichen, da $\widehat{SA}$ sicherlich spitz ist):

$$\cos \widehat{SA} = \frac{\cos \beta_1 + \cos \alpha_1 \cdot \cos \gamma}{\sin \alpha_1 \cdot \sin \gamma} \quad \Rightarrow \quad \widehat{SA} = 22{,}58°$$

Im $\triangle NSA$ ist $\angle NAS = 360° -$ (Peilwinkel von A) $= 139{,}2°$; außerdem sind $\widehat{SA}$ und $\widehat{NA}$ bekannt, also kann man $\widehat{NS}$ mit dem Seitenkosinussatz ausrechnen. Es ergibt sich:

$$\widehat{NS} = 69{,}7° \quad \Rightarrow \quad \varphi_S = 20{,}3°$$

Als Letztes berechnen wir $\angle ANS$, den Längenunterschied zu A, mit dem Sinussatz, denn der Winkel ist mit Sicherheit spitz:

$$\sin \angle ANS = \frac{\sin \widehat{SA} \cdot \sin \angle NAS}{\sin \widehat{NS}} \quad \Rightarrow \quad \angle ANS = 15{,}5°$$

Da S westlich von A liegt, muss man diese Längendifferenz von λ_A subtrahieren:

$$\lambda_S = \lambda_A - \angle ANS = -28° - 15{,}5° = -43{,}5°$$

Das Schiff in Seenot befindet sich also auf der Position 20,3° Nord, 43,5° West. Anmerkungen:

- Die letzten Schritte kann man statt im $\triangle NAS$ natürlich ebenso gut im $\triangle NCS$ durchführen. Die zusätzliche Berechnung der Schiffsposition über dieses Dreieck ist zwar nicht notwendig, aber zur Kontrolle durchaus sinnvoll.
- Wie man die Winkel α_1, β_1 im $\triangle SAC$ aus α, β und den Peilwinkeln berechnet, hängt stark davon ab, wie die Orte A, C, S zueinander liegen; deswegen ist eine gute (lagerichtige!) Skizze nicht nur empfehlenswert, sondern unbedingt notwendig.

Nicht alle derartigen Probleme sind durch Dreiecksberechnungen lösbar. Ein Beispiel dafür ist die *Eigenpeilung*: Angenommen, die Stationen A und C senden Signale aus, und von dem Schiff S aus werden die Peilrichtungen zu A und C gemessen. In der Abb. 5.12 sind das die Winkel $\angle NSA$ und $\angle NSC$. Damit ist auch $\angle ASC$ bekannt. In den Dreiecken NAS, NCS und ACS sind aber nur je zwei Größen bekannt, nämlich je ein Paar von Seite und Gegenwinkel, und das reicht für eine trigonometrische Berechnung weiterer Größen nicht aus. Gleichwohl ist das Problem lösbar, jedoch sind dafür andere Methoden erforderlich.

5.4 Aufgaben

1. *Von Acapulco nach Manila, 2. Teil*
   a. Wie lang wäre der Weg von Acapulco nach Manila gewesen (vgl. Abschn. 3.7, Aufg. 7), wenn die Spanier Hawaii ($\varphi = 19{,}5°$ N, $\lambda = 156°$ W) als Zwischenstation gewählt hätten? Von Acapulco nach Hawaii sowie von Hawaii nach Manila soll jeweils auf dem kürzesten Weg gefahren werden. Vergleichen Sie mit den Längen des Breitenkreisbogens und der Orthodrome.
   b. Wo liegt der nördlichste Punkt der Orthodrome von Acapulco nach Manila? Beachten Sie bitte, dass Start und Ziel auf dem gleichen Breitenkreis liegen! (Sie brauchen nicht unbedingt den Abfahrtswinkel zu berechnen.)

2. *Entfernungen*

   Der nördlichste Punkt des europäischen Festlandes ist das Nordkap $K(71,2°$ N; $25,8°$ O). Der südlichste Punkt ist die Stadt Tarifa an der Südspitze Spaniens $T(36,0°$ N; $5,6°$ W).

   Berechnen Sie die folgenden Entfernungen, und zwar näherungsweise in der Ebene (sowohl mit der Rechteck- als auch mit der Trapezformel) und exakt im Kugeldreieck. Vergleichen Sie die Werte.

   a. Von Dortmund zum Nordkap,

   b. von Dortmund nach Tarifa,

   c. von Tarifa zum Nordkap.

3. *Auf dem Weg nach Japan*

   a. Bestimmen Sie die Länge der Orthodrome sowie den Abfahrtswinkel für den Flug von Frankfurt $F(\varphi_1 = 50,1°$ N, $\lambda_1 = 8,7°$ O) nach Tokio $T(\varphi_2 = 35,7°$ N, $\lambda_2 = 139,8°$ O).

      Wie lang ist der Weg, wenn das Flugzeug über den *Nordpol* fliegt? Vergleichen Sie mit dem kürzesten Weg!

   b. Auf welcher Position erreicht das Flugzeug auf der Orthodromen seinen nördlichsten Punkt? Welche Strecke hat es bis dorthin zurückgelegt?

   c. Auf welchen geografischen Längen und mit welchem Winkel schneidet der Großkreis FT den Äquator? Hinweis: Mit den Ergebnissen aus b. kann man diese Größen praktisch ohne weitere Rechnung angeben!

   d. Auf welchen geografischen Längen kreuzt die Orthodrome den Breitenkreis von Moskau ($\psi = 55,75°$ N)? Tipp: Benutzen Sie Aufg. 3b.

   e. Auf welcher geografischen Breite schneidet die Orthodrome den Meridian von Moskau ($\lambda = 37,6°$ O)?

4. *Romeo und Julia*

   Vorbemerkung: Dieses Problem ist das ebene Analogon zum „kürzesten Weg mit Nebenbedingung" (vgl. Abschn. 5.3.1). Es ist mit ebener Geometrie lösbar.

   Romeo wohnt 1,5 km von einem kreisrunden See entfernt, der einen Durchmesser von 1 km hat. Julia wohnt am gegenüberliegenden Ufer des Sees; die kürzeste Entfernung von R zu J beträgt also 2,5 km. Romeo hat aber kein Boot und kann auch nicht schwimmen. Wie kommt er auf dem kürzesten Weg zu Julia? Wie kann man a) diesen Weg konstruieren und b) seine Länge berechnen? (Vgl. Abb. 5.13)

5. *Positionsbestimmung – diesmal ohne Trigonometrie*

   a. Ein Flugzeug fliegt von Berlin aus (52,5° N, 13,5° O) mit Anfangskurs Ost 10.000 km weit auf einem Großkreis. Welchen Ort (φ, λ) hat es dann erreicht? (Übrigens: Singapur hat die Koordinaten 1° N, 104° O.)

   b. Ein anderes Flugzeug startet in Quito, Ecuador (auf dem Äquator, $\lambda = 78,5°$ W) mit Anfangskurs $\kappa = 38°$ (rechtweisend) und fliegt auf einem Großkreis. Auf welcher Position erreicht dieser Großkreis seinen nördlichsten Punkt? Welche Großstadt liegt nicht weit davon entfernt? Wie weit ist das Flugzeug bis dorthin geflogen?

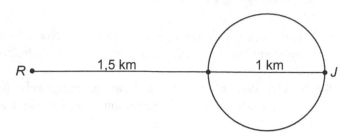

Abb. 5.13   Romeo und Julia

6. *Kürzester Weg mit Nebenbedingung*
   a. Berechnen Sie die Länge der Orthodrome vom Kap der Guten Hoffnung
      $K(34{,}5°$ S, $18{,}5°$ O) nach Melbourne $M(39{,}5°$ S, $143{,}5°$ O) sowie die geo-
      grafische Breite ihres südlichsten Punktes.
   b. Ein Schiff soll auf dem kürzesten Wege von M nach M fahren, der nicht südlicher
      als $45°$ S verläuft. Dazu soll es von K aus auf einem Großkreis fahren, der den
      Breitenkreis $45°$ S berührt (in einem gewissen Punkt C), dann weiter auf diesem
      Breitenkreis, schließlich wieder auf einem Großkreis nach M, der ebenfalls den
      Breitenkreis berührt (in einem Punkt D).
      Berechnen Sie zunächst die geografischen Längen der Punkte C und D. Berechnen
      Sie dann die Gesamtlänge des Streckenzuges (beachten Sie: CD ist ein Breiten-
      kreisbogen!); vergleichen Sie die Länge dieses Weges mit der Länge der Ortho-
      drome.
   c. Konstruieren Sie diesen Weg auf einer Karte in Zentralprojektion und messen Sie
      die geografischen Längen der Punkte C und D.
7. *Orthodrome zeichnen*
   Zeichnen Sie die Orthodrome von A = Frankfurt nach B = Tokio auf einer Karte in Zentralprojektion. Koordinaten, leicht gerundet: $\varphi_A = 50°$ N, $\lambda_A = 9°$ O;
   $\varphi_B = 36°$ N, $\lambda_B = 140°$ O. Bestimmen Sie anhand der Zeichnung die Koordinaten
   des nördlichsten Punktes, die Längen der Schnittpunkte mit dem Breitenkreis $60°$ N
   sowie die Breite des Schnittpunkts mit dem Meridian $60°$ O.
8. *Südamerika als Dreieck*
   Wenn man die Punkte $A(5°$ N, $80°$ W), $B(55°$ S, $70°$ W), $C(5°$ S, $35°$ W) durch
   Großkreisbögen verbindet, dann bildet dieses Dreieck einen groben Umriss von Südamerika. Berechnen Sie in diesem Dreieck alle Seiten und Winkel; ermitteln Sie
   aus den Winkeln den Flächeninhalt des Dreiecks auf der Erdkugel in km^2. (Vgl.
   Abschn. 2.4, Aufg. 2c: Wie dort angegeben, beträgt die Fläche von Südamerika
   17,843 Mio. km^2.)
9. *Weitere Berechnungen auf der Erdkugel*
   Wir fahren mit dem Schiff auf dem kürzesten Weg von New York nach Kapstadt. Sie
   brauchen jetzt keine Berechnungen durchzuführen (die Koordinaten von Start und

Abb. 5.14 Wegweiser in Kaiserslautern

Ziel sind absichtlich nicht gegeben). Erstellen Sie zunächst eine lagerichtige Skizze und beschreiben Sie jeweils den Rechenweg, *wie* man die gesuchten Größen finden kann!

a. Auf welcher geografischen Länge und unter welchem Winkel kreuzen wir den Äquator? Welche Wegstrecke haben wir bis dahin zurückgelegt?

b. Auf welcher Position liegt der südlichste Punkt des Großkreises?
Anmerkung: Er liegt zwar nicht auf dem Bogen zwischen Start und Ziel, mit aller Wahrscheinlichkeit jenseits von Kapstadt, aber ein Großkreis hat fast immer einen südlichsten Punkt (mit einer einzigen Ausnahme; welche?). Tipp: Man kann die gesuchte Position ohne weitere Rechnungen aus Aufg. 9a erschließen!

c. Auf welcher geografischen Breite und nach welcher Strecke erreichen wir den Nullmeridian?

d. Auf welcher geografischen Länge kreuzt die Orthodrome den Wendekreis des Krebses (Breite 23,5° N) bzw. den Wendekreis des Steinbocks (Breite 23,5° S)?

10. *Parametrisierung eines Großkreises*
Wenn man auf einer Orthodrome mit gegebenem Start und Ziel viele Zwischenpunkte und die zugehörigen Kurswinkel berechnen möchte, dann lohnt es sich, den

Abb. 5.15 Wegweiser an einem unbekannten Ort (© Katarina S./Fotolia)

nördlichsten Punkt F zu Hilfe zu nehmen (am Ende von Abschn. 5.1.4 wurde es schon angedeutet). Wir nehmen an, die Koordinaten φ_0, λ_0 von F sind bekannt. C sei ein beliebiger Punkt der Orthodrome, und wir untersuchen das rechtwinklige Dreieck NFC. Die Koordinaten φ, λ von C sind dann voneinander abhängig, aber wie? Um das zu beschreiben, gibt es verschiedene Wege. In jedem Fall sind die Neper'schen Formeln die wichtigsten Werkzeuge. Naheliegende Vereinfachungen: Statt der Länge λ von C betrachten wir den Dreieckswinkel $\Delta\lambda = \angle FNC$, damit ergibt sich $\lambda = \lambda_0 \pm \Delta\lambda$; statt des Kurswinkels berechnen wir $\gamma = \angle FCN$, d. h. den Schnittwinkel der Orthodrome mit dem Meridian von C, und wir ersparen uns die Fallunterscheidungen bei der Umrechnung in den Kurswinkel.

a. Stellen Sie φ als Funktion von $\Delta\lambda$ dar (das entspricht der Aufgabe, den Schnittpunkt der Orthodrome mit einem gegebenen *Längenkreis* zu berechnen). Tipp: Ein möglicher Funktionsterm ist $\varphi = \tan^{-1}(\tan\varphi_0 \cdot \cos\Delta\lambda)$. Berechnen Sie ebenso γ als Funktion von $\Delta\lambda$.

b. Stellen Sie $\Delta\lambda$ als Funktion von φ dar (das entspricht der Aufgabe, den Schnittpunkt der Orthodrome mit einem gegebenen *Breitenkreis* zu berechnen), ebenso γ als Funktion von φ.

c. Es sei $x := \widehat{FC}$, d. h., wenn man F als Startpunkt auffasst, dann ist x der zurückgelegte Weg. Stellen Sie φ, $\Delta\lambda$ und γ als Funktionen von x dar!

11. *Wegweiser zu Fernzielen I*

    Der Wegweiser in Abb. 5.14 steht auf dem Schillerplatz in Kaiserslautern (Koordinaten 49° 27′ N, 7° 46′ O). Stimmen die angegebenen Distanzen? Ermitteln Sie die Koordinaten der Zielorte und berechnen Sie die Orthodromenlängen! In welche Richtungen sollten die Schilder zeigen? (Leider kann man anhand des Fotos nicht überprüfen, ob sie richtig justiert sind.)

12. *Wegweiser zu Fernzielen II*

    a. Wo steht der Wegweiser in Abb. 5.15? Bestimmen Sie seine Koordinaten! (Die Koordinaten der Zielorte sind als bekannt vorauszusetzen; sie können, soweit erforderlich, bei Wikipedia nachgeschlagen werden.)

    b. In diesem Fall ist die geografische *Breite* des Standorts leicht zu ermitteln. Was wäre aber, wenn die Entfernungen zum Nord- und Südpol *nicht* angegeben wären? Könnte man aus den Entfernungen zu *zwei* Orten die Koordinaten des Standorts berechnen? Wenn nicht, geht es vielleicht mit *drei* Orten?

Erdkugel III: Konstanter Kurs

Wenn man auf der Erdkugel den kürzesten Weg von *A* nach *B* nehmen will, dann muss man ständig den Kurs wechseln, und das ist sehr unpraktisch für die Navigation.

Beispielsweise startet man auf dem Weg von Düsseldorf nach San Francisco mit einem rechtweisenden Kurs von 322°, bei der Ankunft beträgt er 209° (vgl. Abschn. 5.1.1). Der Kurswinkel ändert sich auch nicht gleichmäßig im Verlauf des Weges, die Änderungsrate ist besonders groß in der Nähe des nördlichsten Punktes.

Verzeihen Sie bitte, dass das Beispiel etwas unrealistisch klingt, weil ein Flugzeug fast nie auf dem kürzesten Weg fliegt, sondern auf vorgegebenen Flugstraßen; gerade auf der Nordatlantikroute herrscht ein so dichter Verkehr, dass die Flugzeuge auf einen breiten Streifen verteilt werden müssen. Besser wäre ein Beispiel mit einem Schiff „auf großer Fahrt", das würde zudem eher der historischen Entwicklung dieses Problems entsprechen. Gleichwohl passen sich auch die Flugstraßen bei großen Distanzen so weit wie möglich den kürzesten Wegen an. Außerdem geht es hier ums Prinzip.

Aus dem o. g. Problem ergeben sich die folgenden Fragen:

- Welchen *konstanten Kurs* muss man steuern, um von *A* nach *B* zu gelangen? Wie bestimmt man ihn?
- Dieser Weg ist zwar nicht der kürzeste, aber wie lang ist er denn? Lohnt es sich, den längeren Weg zu nehmen, um einfacher navigieren zu können?
- Auf welcher Kurve bewegt man sich überhaupt, wenn man von *A* ausgehend einen konstanten Kurs steuert?
- Wie kann man die Navigation optimieren, sodass man mit möglichst wenigen Kurskorrekturen einen möglichst kurzen Weg einschlägt?

Eine Linie mit konstantem Kurs auf der Erdoberfläche heißt *Loxodrome*. Eine Loxodrome schneidet somit jeden Meridian unter dem gleichen Kurswinkel κ.

© Springer-Verlag Berlin Heidelberg 2017
B. Schuppar, *Geometrie auf der Kugel*, Mathematik Primarstufe und Sekundarstufe I + II,
DOI 10.1007/978-3-662-52942-3_6

6.1 Erste Erkundungen

Man kann die Loxodrome mit Startpunkt A und Kurswinkel κ auf dem Globus *stückweise* konstruieren, indem man von A aus ein kleines Stück mit dem Winkel κ zum Meridian von A zeichnet, dann von dessen Endpunkt A_1 aus ein weiteres kleines Stück mit Winkel κ zum Meridian von A_1 usw.; so erhält man einen „Streckenzug" $\overline{AA_1A_2A_3\ldots}$, der eine Näherung für die Loxodrome darstellt. Auf dem Foto (Abb. 6.1) sieht man zwei Beispiele, und zwar mit Kurs NO ($\kappa = 45°$) und mit Kurs 60°; der Startpunkt liegt jeweils auf dem Äquator. Daran erkennt man schon eine wichtige qualitative Eigenschaft: Die Loxodromen nähern sich *spiralförmig* dem Pol.

Die einfachsten Fälle Mit Kurs Nord oder Süd ($\kappa = 0°$ oder $180°$) bewegt man sich auf einem *Meridian*, mit Kurs Ost oder West ($\kappa = 90°$ oder $270°$) auf einem *Breitenkreis*. Mit anderen Worten: Längen- und Breitenkreise sind spezielle Loxodromen.

Kleine Entfernungen Es seien jetzt ein Startpunkt A und ein Zielpunkt B gegeben, die nicht sehr weit auseinanderliegen. Die Masche des Gradnetzes aus den Längen- und Breitenkreisen von A und B wird durch das ebene Rechteck mit den Seiten $\Delta\varphi$ und $\Delta\lambda \cdot \cos\varphi_m$ approximiert, wobei $\varphi_m = \frac{\varphi_A + \varphi_B}{2}$ die mittlere Breite ist (vgl. Abb. 6.2). Dann ist die Diagonale des Rechtecks *näherungsweise* gleich der Loxodromen von A nach B. Wie in Abschn. 3.5.2 bereits erwähnt, berechnet man ihren Kurswinkel κ und ihre Länge s am besten wie folgt:

$$\tan\kappa = \frac{\Delta\lambda \cdot \cos\varphi_m}{\Delta\varphi}; \; s = \frac{\Delta\varphi}{\cos\kappa}$$

Dabei sind $\Delta\varphi = \varphi_B - \varphi_A$ und $\Delta\lambda = \lambda_B - \lambda_A$ *mit Vorzeichen* einzusetzen; aus den zwei möglichen Werten für κ im Intervall $0° \leq \kappa < 360°$ (mit dem gleichen tan-Wert) muss

Abb. 6.1 Loxodromen auf
dem Globus

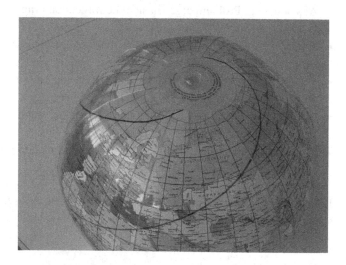

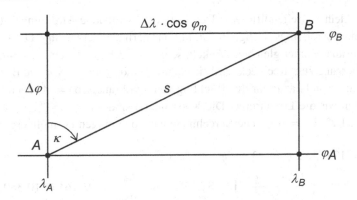

Abb. 6.2 Kleine Masche des Gradnetzes als ebenes Rechteck

man gemäß der Lage von A und B den richtigen Winkel auswählen. Dann erhält man für s automatisch einen *positiven* Wert.

Kleine Breiten- oder Längendifferenzen Diese Näherungen funktionieren selbst bei größeren Distanzen immer noch recht gut, wenn *entweder* $\Delta\lambda$ *oder* $\Delta\varphi$ nicht sehr groß sind (die Kurswinkel weichen dann nur wenig von den Hauptrichtungen Nord/Süd bzw. Ost/West ab). Denn die Maschen des Gradnetzes sind in diesen Fällen schmal, somit lassen sie sich ohne starke Verzerrung der Kurswinkel und der Distanzen als ebene Rechtecke behandeln (vgl. Abb. 6.3).

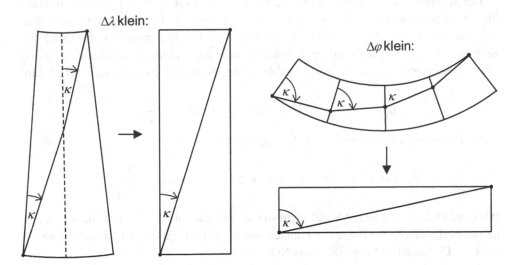

Abb. 6.3 Loxodromen bei kleinen Längen- oder Breitendifferenzen

Zum Fall kleiner Breitendifferenz: Der Teil der Kugelfläche wird zunächst zu einem Ausschnitt eines Kreisrings flachgedrückt, mit nur geringer Verzerrung. Die Loxodrome, die ja die Meridiane unter gleichen Winkeln schneidet, schmiegt sich der Krümmung an, und beim Übergang zum Rechteck wird sie ebenso gerade gebogen wie die Breitenkreise.

Ein Zahlenbeispiel dazu: Für den Rückflug von San Francisco ($= A$) nach Düsseldorf ($= B$) wählen wir die Loxodrome. Die Koordinaten sind $\varphi_A = 37{,}8°$, $\lambda_A = -122{,}4°$ sowie $\varphi_B = 51{,}2°$, $\lambda_B = 6{,}8°$. Die Berechnung nach den obigen Formeln ergibt:

$$\Delta\lambda = 129{,}2°; \quad \Delta\varphi = 13{,}4°; \quad \varphi_m = 44{,}5°;$$

$$\kappa = \tan^{-1}\left(\frac{\Delta\lambda \cdot \cos\varphi_m}{\Delta\varphi}\right) = 81{,}73°; \quad s = \frac{\Delta\varphi}{\cos\kappa} = 93{,}16° \;\hat{=}\; 10.350\,\text{km}$$

Anmerkungen

- zu κ: Der vom TR angezeigte Winkel ist hier „zufällig" auch der rechtweisende Kurs. Das ist aber nicht immer so (siehe unten).
- zu s: Die Orthodrome hat nach Abschn. 5.1.1 eine Länge von ca. 8950 km; hier wird schon deutlich, dass die Loxodrome wesentlich länger ist, nämlich um 1400 km, das sind ca. 15 %.

Allgemeiner Fall mit stückweiser Berechnung Es seien jetzt ein Startpunkt A und ein Kurswinkel κ beliebig gegeben; gesucht ist die zugehörige Loxodrome. Analog zur stückweisen Konstruktion auf dem Globus (siehe oben) kann man sie auch stückweise *berechnen*, indem man in kleinen Schritten vorwärts geht.

Der Startpunkt $A = A_0$ habe die Koordinaten φ_0, λ_0. Es sei $\Delta\varphi$ eine *feste Schrittweite* für die Breitendifferenz, z. B. $\Delta\varphi = 1°$. Ausgehend von A_0 berechnen wir eine Folge von Punkten $A_1, A_2, A_3, \ldots$, und zwar rekursiv nach dem folgenden Schema: Sind die Koordinaten φ_i und λ_i des Punktes A_i bekannt, dann betrachten wir das ebene Rechteck mit der waagerechten Seite $\Delta\lambda \cdot \cos\varphi_i$ und der senkrechten Seite $\Delta\varphi$ (vgl. Abb. 6.4). Dann ist

$$\tan\kappa = \frac{\Delta\lambda \cdot \cos\varphi_i}{\Delta\varphi} \quad \Rightarrow \quad \Delta\lambda = \tan\kappa \cdot \frac{\Delta\varphi}{\cos\varphi_i},$$

und wir können die Koordinaten von A_{i+1} ausrechnen:

$$\varphi_{i+1} = \varphi_i + \Delta\varphi; \quad \lambda_{i+1} = \lambda_i + \Delta\lambda = \lambda_i + \tan\kappa \cdot \frac{\Delta\varphi}{\cos\varphi_i}$$

Wir erhalten dadurch eine mit Excel leicht zu realisierende Tabelle, die die Loxodrome näherungsweise durch eine Folge von Punkten beschreibt (vgl. Tab. 6.1). In diesem Beispiel ist $A_0 =$ Dortmund und $\kappa = 45°$ (Kurs NO).

Anmerkungen:

Je kleiner $\Delta\varphi$ ist, desto genauer wird die Tabelle die „richtige" Loxodrome wiedergeben. Aber abgesehen von der Genauigkeit der Zahlenwerte ergibt sich aus der Tabelle

Abb. 6.4 Zur stückweisen
Berechnung einer Loxodrome

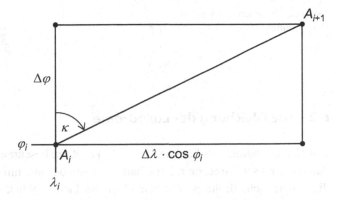

ein theoretisch wichtiger Aspekt: Man kann sie als Darstellung einer *Funktion* $\lambda = \lambda(\varphi)$ interpretieren, die jeder Breite φ die Länge λ zuordnet, auf der die Loxodrome den Breitenkreis φ schneidet. (Machen Sie sich klar, dass das tatsächlich eine Funktion ist, d. h., eine Loxodrome schneidet jeden Breitenkreis *genau einmal!*) Im Folgenden werden wir diese Funktion durch einen Term darstellen.

Gleichwohl kann man auch mit einer Tabelle relativ genaue Ergebnisse erzielen, wenn man im obigen Rechteck die „waagerechte" Seite mithilfe der mittleren Breite $\varphi_i + \frac{\Delta\varphi}{2}$ berechnet; d. h., der Term für $\Delta\lambda$ wird wie folgt modifiziert:

$$\Delta\lambda = \tan\kappa \cdot \frac{\Delta\varphi}{\cos\left(\varphi_i + \frac{\Delta\varphi}{2}\right)}$$

Für das obige Beispiel (Start Dortmund, $\kappa = 45°$) erzielt man mit $\Delta\varphi = 1°$ die in Tab. 6.2 zusammengefassten Näherungswerte; wie sich später im Vergleich mit den exakten Werten herausstellt, sind sie sehr genau.

Tab. 6.1 Stückweise Berechnung einer Loxodrome

i	φ_i	λ_i
0	51,5°	7,5°
1	52,5°	9,11°
2	53,5°	10,75°
3	54,5°	12,43°
4	55,5°	14,15°
5	56,5°	15,92°
6	57,5°	17,73°
7	58,5°	19,59°
8	59,5°	21,50°
9	60,5°	23,47°
10	61,5°	25,51°

Tab. 6.2 Genauere stückweise	φ	λ
Berechnung	61,5°	25,75°
	71,5°	51,20°
	81,5°	96,13°

6.2   Die Gleichung der Loxodrome

Um eine Loxodrome als Funktion $\lambda = \lambda(\varphi)$ *exakt* zu beschreiben, brauchen wir ein wenig Analysis. Es sei P irgendein Punkt auf einer Loxodrome mit dem Kurswinkel κ; P habe die geografische Breite φ. Wir betrachten ein kleines Stück der Loxodrome (Abb. 6.5). Dann gilt wie oben:

$$\Delta\lambda = \tan\kappa \cdot \frac{\Delta\varphi}{\cos\varphi} \quad \Rightarrow \quad \frac{\Delta\lambda}{\Delta\varphi} = \tan\kappa \cdot \frac{1}{\cos\varphi}$$

Wir setzen dabei $\Delta\varphi \neq 0$ voraus; das ist aber offenbar keine wesentliche Einschränkung, denn andernfalls wäre die Loxodrome ein Breitenkreis ($\kappa = 90°$ oder $\kappa = 270°$).

Aus diesem Differenzenquotienten erhält man durch Grenzübergang $\Delta\varphi \to 0°$ die *Ableitung* der Funktion $\lambda(\varphi)$:

$$\lambda'(\varphi) = \tan\kappa \cdot \frac{1}{\cos\varphi}$$

Diese Ableitung ist elementar integrierbar. $\tan\kappa$ ist eine Konstante, und aus der Formelsammlung übernehmen wir das unbestimmte Integral (x im Bogenmaß):

$$\int \frac{dx}{\cos x} = \ln\tan\left(\frac{\pi}{4} + \frac{x}{2}\right)$$

Daraus ergibt sich der Funktionsterm für die Loxodrome mit dem Kurswinkel κ und dem Startpunkt A wie folgt (wir verzichten hier auf weitere Details der Integralrechnung, u. a.

Abb. 6.5 Kleines Loxodromenstück

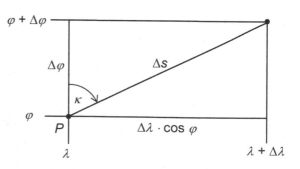

sind die Winkel vom Bogenmaß ins Gradmaß zu transformieren):

$$\lambda = \lambda_A + \tan\kappa \cdot \frac{180°}{\pi} \cdot \left[\ln\tan\left(45° + \frac{\varphi}{2}\right) - \ln\tan\left(45° + \frac{\varphi_A}{2}\right)\right] \qquad (6.1)$$

Damit kann man nun Loxodromen exakt berechnen; z. B. löst man die wichtigste Grundaufgabe „Bestimme den Kurswinkel der Loxodrome von A nach B" durch Einsetzen der Koordinaten φ_B, λ_B in den obigen Funktionsterm und Auflösen nach $\tan\kappa$ (wir müssen dazu $\varphi_A = \varphi_B$ ausschließen, aber dieser Ausnahmefall ist sowieso ganz einfach zu lösen):

$$\tan\kappa = \frac{\frac{\pi}{180°} \cdot (\lambda_B - \lambda_A)}{\ln\tan\left(45° + \frac{\varphi_B}{2}\right) - \ln\tan\left(45° + \frac{\varphi_A}{2}\right)} \qquad (6.2)$$

Wenn man daraus κ durch Anwenden von $\tan^{-1}$ berechnet, ist zu beachten, dass es *immer* zwei mögliche Kurswinkel gibt, die sich um 180° unterscheiden; sie beschreiben die gleiche Loxodrome, aber verschiedene Richtungen. Welcher der zutreffende ist, richtet sich nach der Lage von Start A und Ziel B zueinander. Man beachte auch: Der TR liefert einen Winkel zwischen $-90°$ und $+90°$; der gesuchte rechtweisende Kurs liegt aber zwischen 0° und 360°.

Wie lang ist die Loxodrome von A nach B?

Wir gehen davon aus, dass wir κ bereits kennen. Betrachtet man ein kleines Stück der Loxodrome mit der Länge Δs, dann gilt (vgl. Abb. 6.5; hier ist wieder $\varphi_A \neq \varphi_B$, also $\kappa \neq 90°$ und $\kappa \neq 270°$ vorauszusetzen):

$$\cos\kappa = \frac{\Delta\varphi}{\Delta s} \quad \Rightarrow \quad \Delta s = \frac{\Delta\varphi}{\cos\kappa}$$

Das heißt aber: Δs ist proportional zur Breitendifferenz $\Delta\varphi$, und zwar auf der *gesamten* Loxodrome; denn $\frac{1}{\cos\kappa}$ ist ein konstanter Faktor, unabhängig von der Position des kleinen Stücks, das wir betrachtet haben. Daher gilt diese Proportionalität nicht nur lokal in kleinen Bereichen, sondern auch *global*, und zwar mit dem gleichen Faktor. Fazit:

▶ Die Länge der Loxodrome von A nach B beträgt

$$s = \frac{\varphi_B - \varphi_A}{\cos\kappa}. \qquad (6.3)$$

Als Beispiel berechnen wir den Kurswinkel und die Länge der Loxodrome von $A =$ San Francisco nach $B =$ Düsseldorf, die wir in Abschn. 6.1 näherungsweise bestimmt haben, jetzt *exakt* (Koordinaten von Start und Ziel siehe oben):

$$\tan\kappa = \frac{\frac{\pi}{180°} \cdot (6{,}8° - (-122{,}4°))}{\ln\tan\left(45° + \frac{51{,}2°}{2}\right) - \ln\tan\left(45° + \frac{37{,}8°}{2}\right)} \quad \Rightarrow \quad \kappa = 83{,}67°$$

$$s = \frac{51{,}2° - 37{,}8°}{\cos 81{,}67°} = 92{,}51° \stackrel{\wedge}{=} 10.278\,\text{km}$$

Man sieht, dass die Näherungswerte sehr gut waren: Die Kurswinkel sind fast identisch, und der Fehler bei der Loxodromenlänge liegt sogar bei dieser großen Entfernung unter 1 %.

Der kürzeste Weg ist jedoch nur 8946 km lang (vgl. Abschn. 5.1.1); die Loxodrome ist also um 1332 km länger, das bedeutet eine Verlängerung des Weges um ca. 15 %. Ein Flugzeug würde dazu bei einer Geschwindigkeit von 900 km/h $1\frac{1}{2}$ Stunden mehr Zeit brauchen.

6.3 Die Mercator-Karte

Orthodromen werden bei der Zentralprojektion auf Geraden abgebildet; das ermöglicht die grafische Lösung einiger Probleme mithilfe ebener Figuren (Abschn. 5.2). Auch für Loxodromen gibt es einen entsprechenden Kartentyp, nämlich die *Mercator-Karte*. Sie wurde erstmals im Jahr 1569 von Gerhard Mercator (einem in Flandern geborenen und in Duisburg ansässigen Gelehrten, 1512–1594) entworfen, und zwar für Navigationszwecke: Sie bildet Loxodromen auf Geraden ab und man kann sogar den Kurswinkel der Loxodrome von A nach B auf der Karte ablesen.

Die Mercator-Karte gehört zur Klasse der *Zylinderentwürfe*. Solche Karten entstehen dadurch, dass man die Erdoberfläche auf einen Zylindermantel projiziert, der die Erde im Äquator berührt; anschließend wird der Zylindermantel aufgeschnitten und in die Ebene ausgebreitet. Alle diese Karten bekommen dadurch ein typisches Gradnetz: Die Meridiane werden auf gleichabständige vertikale Geraden abgebildet. Die Breitenkreise werden als horizontale Geraden (parallel zum Äquator) dargestellt, aber nicht unbedingt gleichabständig; der Abstand des Breitenkreises φ vom Äquator wird durch eine Funktion $y = f(\varphi)$ beschrieben, und zu jedem speziellen Zylinderentwurf gehört eine passende Funktion f. Mit rechtwinkligen Koordinaten (x, y) in der Ebene wird also die Abbildung $(\varphi, \lambda) \mapsto (x, y)$ wie folgt dargestellt:

$$x = \lambda, \; y = f(\varphi)$$

Mehr dazu in Abschn. 9.1.

Das Besondere an der Mercator-Karte ist ihre *Winkeltreue*, d. h., alle Winkel auf der Kugel werden als gleich große Winkel auf der Karte abgebildet. Aus dieser definierenden Eigenschaft werden wir nun die Abstandsfunktion $y = f(\varphi)$ herleiten.

Aus der Winkeltreue folgt: Kleine Figuren auf dem Globus werden auf *ähnliche* Figuren abgebildet. Das bedeutet: Eine kleine Masche des Gradnetzes, ein nahezu ebenes Rechteck, begrenzt durch die Längenkreise λ und $\lambda + \Delta\lambda$ sowie die Breitenkreise φ und $\varphi + \Delta\varphi$, wird auf ein *ähnliches* Kartenrechteck abgebildet (vgl. Abb. 6.6).

Die Seitenlängen des Kugelrechtecks betragen vertikal $\Delta\varphi$ und horizontal $\Delta\lambda \cdot \cos\varphi$, denn die Breitendifferenz wird auf einem Großkreis gemessen, während die Längendifferenz auf einem Kleinkreis gemessen wird; und die Weglänge zwischen zwei Punkten mit

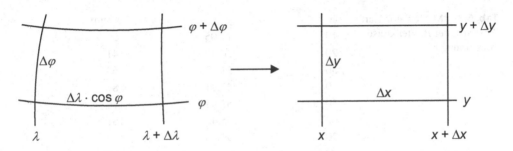

Abb. 6.6 Masche des Gradnetzes auf der Kugel und auf der Karte

Längendifferenz $\Delta\lambda$ auf dem Breitenkreis φ beträgt $\Delta\lambda \cdot \cos\varphi$. Das Kartenrechteck mit den Seiten Δy und Δx soll ähnlich dazu sein, und daraus folgt die notwendige Bedingung:

$$\frac{\Delta y}{\Delta x} = \frac{\Delta\varphi}{\Delta\lambda \cdot \cos\varphi}$$

Da für Zylinderprojektionen allgemein $x = \lambda$ gelten soll, also auch $\Delta x = \Delta\lambda$, vereinfacht sich die Bedingung wie folgt:

$$\Delta y = \frac{\Delta\varphi}{\cos\varphi}$$

Das heißt: Der Abstand der Breitenkreise φ und $\varphi + \Delta\varphi$ wird auf der Karte um den Faktor $\frac{1}{\cos\varphi}$ vergrößert, und dieser Faktor ist umso größer, je weiter nördlich die Breitenkreise liegen. Die Mercator-Karte heißt daher auch die *Karte der vergrößerten Breiten*. Das hat zur Folge, dass die polnahen Gebiete gegenüber den äquatornahen Gebieten stark vergrößert werden, und die Pole selbst werden nicht abgebildet.

Aus der obigen Bedingung kann man jetzt die Abstandsfunktion $y = f(\varphi)$ herleiten:

$$\frac{\Delta y}{\Delta\varphi} = \frac{1}{\cos\varphi} \xrightarrow[\Delta\varphi\to 0]{} y' = f'(\varphi) = \frac{1}{\cos\varphi}$$

Diese Ableitung ist uns schon bei der Loxodromengleichung begegnet (vgl. Abschn. 6.2), ähnlich wie dort ergibt sich hier durch Integration:

$$y = \frac{180°}{\pi} \ln\tan\left(45° + \frac{\varphi}{2}\right)$$

Mithilfe einer Wertetabelle dieser Funktion kann man nun eine Mercator-Karte zeichnen (siehe unten).

Die Loxodromen werden als Geraden abgebildet. Denn eine Loxodrome schneidet auf der Kugel alle Meridiane unter dem gleichen (Kurs-)Winkel; auf der Karte sind die

Tab. 6.3 #M Mercator-Karte:
Abstände der Breitenkreise
vom Äquator

φ	y	y(mm)
10	10,05	20
20	20,42	41
30	31,47	63
40	43,71	87
50	57,91	116
60	75,46	151
70	99,43	199
37,8	40,88	82
51,2	59,80	120

Meridiane parallele Geraden, und da die Karte winkeltreu ist, schneidet das Bild der Loxodromen alle diese Parallelen unter demselben Winkel, also muss das Bild eine Gerade
sein.

   Nun zur Bestimmung des Kurswinkels einer Loxodrome von *A* nach *B*: Wenn man eine großformatige Weltkarte in Mercator-Projektion zur Verfügung hat (mit etwas Glück
findet man so eine im Buchhandel), dann verbindet man einfach *A* und *B* auf der Karte mit
einer Strecke und misst den Winkel dieser Strecke zu einem beliebigen Meridian (Nor-

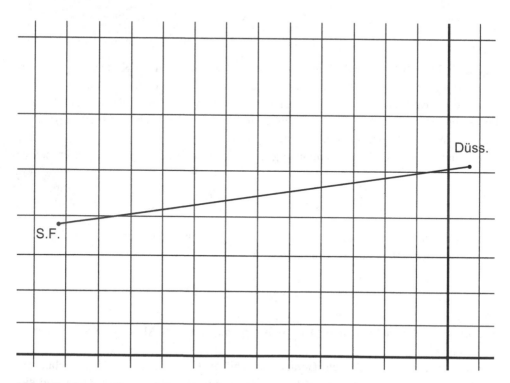

Abb. 6.7 Mercator-Karte mit Loxodrome

mierung der Kurswinkel beachten!). Man kann aber auch mit wenig Aufwand eine Karte selbst herstellen. Beispiel mit A = San Francisco und B = Düsseldorf: Es genügt der Ausschnitt mit $-130° \leq \lambda \leq 10°$ und $0° \leq \varphi \leq 70°$; mit der Skalierung $1° \triangleq 2\,\text{mm}$ passt dieser Ausschnitt auf ein DIN-A4-Blatt im Querformat. Die Abstände der Breitenkreise vom Äquator werden nun aus der obigen Abstandsfunktion unter Beachtung der Skalierung berechnet, vgl. Tab. 6.3.

Trägt man A und B auf der Karte ein, dann kann man wie oben den Kurswinkel ablesen.

Abb. 6.7 zeigt den o. g. Ausschnitt einer Mercator-Karte sowie die Loxodrome (mit DGS erstellt), der Äquator und der Nullmeridian sind hervorgehoben. Die Messung des Kurswinkels ergab $81{,}67°$.

Über die Länge der Loxodrome gibt die Karte keine Auskunft, aber bei bekanntem Kurswinkel ist das ja kein großes Problem mehr (siehe Abschn. 6.2).

6.4   Weitere Probleme

Es ist zwar unpraktisch, ständig den Kurs zu wechseln, wie es auf der Orthodromen erforderlich wäre, aber es ist unwirtschaftlich, die *gesamte* Strecke mit konstantem Kurs zurückzulegen. Wir haben am Schluss von Abschn. 5.1.4 schon einen Ausweg aus diesem Dilemma formuliert, nämlich:

Bestimme einen möglichst kurzen Weg von A nach B mit stückweise konstanten Kursen!

Man geht dazu folgendermaßen vor:

1. Wähle Zwischenpunkte C, D, E, . . . auf der Orthodrome mit vorgegebenen geografischen Längen, berechne deren geografische Breiten wie in Abschn. 5.1.4;
2. berechne Kurswinkel und Längen der Loxodromen von A nach C, von C nach D usw. bis zum Ziel B.

Die Orthodrome wird somit durch Loxodromenstücke approximiert.

Die Rechnung ist mit einem TR etwas aufwändig, kann aber mit Excel leichter realisiert werden; denn es sind zwar viele Rechenschritte notwendig, die aber gleichartig sind, d. h. mit verschiedenen Daten immer wiederkehren.

Für das Beispiel San Francisco – Düsseldorf werden drei Zwischenpunkte gewählt, und zwar die Schnittpunkte der Orthodromen mit den Meridianen $\lambda = -90°$, $-60°$ und $-30°$. Die Ergebnisse sind in der Tab. 6.4 zusammengefasst.

Es zeigt sich, dass selbst diese geringe Anzahl von Zwischenpunkten ausreicht, um *fast* auf dem kürzesten Weg zu reisen: Man muss nur dreimal den Kurs wechseln und nimmt dafür eine Verlängerung des Weges um ca. 1 % in Kauf. (Vielleicht wäre sogar eine andere Wahl der Zwischenpunkte noch günstiger; mit Excel könnte man das experimentell leicht herausfinden.)

Tab. 6.4 Approximation einer Orthodromen durch Loxodromenstücke

Punkte auf der Orthodromen			Loxodromen		
	Geogr. Länge	Geogr. Breite		Kursw. κ	Länge s in km
Start A	−122,4	37,8	A–C	40,5°	3484,2
C	−90	61,7	C–D	68,1°	1554,6
D	−60	66,9	D–E	96,1°	1350,6
E	−30	65,6	E–B	127,2°	2644,5
Ziel B	6,8	51,2	Summe der Längen:		9034

Es gibt auch eine praktikable *zeichnerische* Lösung des Problems:

1. Bestimme auf einer Karte in Zentralprojektion einige Zwischenpunkte der Orthodromen (z. B. wie oben skizziert die Schnittpunkte mit gegebenen Meridianen);
2. übertrage die Zwischenpunkte auf eine Mercator-Karte und lies die Kurswinkel ab.

Weitere Aufgaben, demonstriert am Beispiel der Loxodromen von San Francisco nach Düsseldorf:

a. Auf welcher geografischen Länge schneidet die Loxodrome einen bestimmten Breitenkreis, etwa $\varphi = 40°$? Hier braucht man nur den gegebenen Wert von φ in die Loxodromengleichung einzusetzen. Ergebnis: $\lambda = -103,1°$

b. Auf welcher geografischen Länge schneidet die Loxodrome einen bestimmten Meridian, etwa $\lambda = -60°$?
   Setzt man den gegebenen Wert λ in die Loxodromengleichung ein, dann muss man nach φ auflösen, und das ist hier etwas schwieriger als gewöhnlich; man benötigt nicht nur algebraische Umformungen, sondern auch die Umkehrfunktionen von ln und tan (erstere ist die Exponentialfunktion e^x). Ergebnis für das obige Beispiel: $\varphi = 44,7°$

c. Auf welcher Position befindet man sich, nachdem man eine gewisse Strecke zurückgelegt hat, etwa 3000 km $\hat{=}$ 27°?
   Man setze die Weglänge $s = 27°$ in die Formel für die Loxodromenlänge ein, bestimme daraus φ, und damit erhält man λ wie in a. Ergebnis: $\varphi = 41,7°$; $\lambda = -87,65°$

d. Auf welcher Position hat man die Hälfte des Weges zurückgelegt?
   Zur Bestimmung der Breite ist hier nicht viel zu tun, denn die Loxodromenlänge ist proportional zur Breitendifferenz, also muss die halbe Strecke genau auf der mittleren Breite erreicht sein, mithin bei $\varphi = \frac{\varphi_A + \varphi_B}{2} = 44,5°$. Die geografische Länge λ wird dann wie in a. berechnet. Ergebnis: $\lambda = -61,54°$

e. Der normale Weg von San Francisco nach Düsseldorf verläuft natürlich über die USA und den Nordatlantik. Aber man kann ja auch „andersherum" fliegen, erst über den Pazifik und dann über Asien. Für diesen Weg kann man den konstanten Kurs und die Länge der Loxodrome genau wie vorher ausrechnen; man muss nur darauf achten, dass man bei der Berechnung von κ die *tatsächlich zurückgelegte Längendifferenz* einsetzt,

Abb. 6.8 Loxodrome in der
Nähe des Nordpols

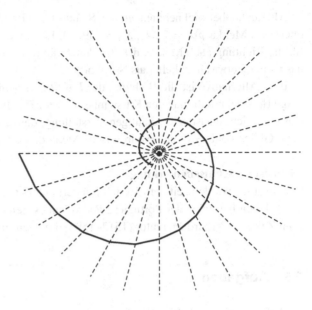

in diesem Fall nicht $\Delta\lambda = 6{,}8° - (-122{,}4°) = 129{,}2°$, sondern $\Delta\lambda - 360° = -230{,}8°$ (man beachte, dass der Weg in *westlicher* Richtung verläuft, also muss die Längendifferenz *negativ* sein). Ergebnis: $\kappa = 274{,}7°$; $s = 164{,}1° \;\hat{=}\; 18.230\,\text{km}$

Noch zwei reizvolle Probleme als Ergänzung:

Flug zum Nordpol Ein Flugzeug startet in Dortmund und fliegt mit konstantem Kurs Nordost ($\kappa = 45°$). Nach welcher Strecke ist es am Nordpol angelangt? Theoretisch erreicht die Loxodrome den Nordpol überhaupt nicht, sie läuft spiralförmig in unendlich vielen Windungen um den Pol herum, die immer enger werden (Abb. 6.8 zeigt ein Stück der Loxodrome mit $\kappa = 65°$ in der Nähe des Pols, und zwar mit DGS *stückweise* konstruiert). Aber faktisch ist der Abstand irgendwann so gering, dass der Pilot sagt: „Jetzt bin ich da." Das Verblüffende ist: Trotz der unendlich vielen Schleifen kann man die *Länge* der Loxodrome *bis zum Pol* ganz einfach ausrechnen, indem man die Breite des Nordpols in die entsprechende Formel einsetzt:

$$s = \frac{90° - 51{,}5°}{\cos 45°} = 54{,}45° \;\hat{=}\; 6049\,\text{km}$$

Zum Vergleich: Wie lang ist der *kürzeste* Weg von Dortmund bis zum Nordpol?

Qibla Die Gebetsrichtung nach Mekka wird normalerweise als Richtung des Großkreises vom Standort nach Mekka festgelegt. Das ist aber manchmal etwas ungewohnt, z. B. im westlichen Amerika, weil der Großkreis dann ziemlich nah am Nordpol vorbei verläuft, sodass man sich fast nach Norden richten muss (vgl. Abschn. 5.1.2).

Als Rechenbeispiel nehmen wir den Standort San Francisco S (Koordinaten von S siehe oben, von Mekka $\varphi_M = 21{,}4°$, $\lambda_M = 39{,}8°$): Im Kugeldreieck NSM ergibt sich daraus für die Richtung nach Mekka, d. h. für den Abfahrtswinkel $\alpha = \angle NSM$ der Wert $18{,}9°$, das ist noch etwas nördlicher als Nordnordost.

Eine Alternative ist die Richtung der *Loxodrome* vom Standort nach Mekka; für das obige Beispiel erhält man den Kurswinkel $\kappa = 96{,}7°$, also „Ost einen halben Strich Süd". Das entspricht eher der landläufigen Vorstellung, dass Mekka im Orient (also im Osten) liegt. Gleichwohl wird die loxodromische Methode nur selten angewendet.

Historische Schlussbemerkung

Loxodromen wurden seit dem 16. Jahrhundert untersucht; als Erster, der sie systematisch beschrieben hat, wird der Portugiese Pedro Nunes genannt (1502–1578). Etwa zur gleichen Zeit hat Gerhard Mercator (1512–1594) die nach ihm benannten Karten entwickelt.

6.5   Aufgaben

1. *Auf dem Weg nach Japan, 2. Teil*
   Das Flugzeug von Frankfurt nach Tokio (s. Abschn. 5.4, Aufg. 3) soll jetzt auf einer Loxodrome fliegen. Koordinaten von Start F und Ziel T:

   $$F(\varphi_1 = 50{,}1° \text{ N}, \ \lambda_1 = 8{,}7° \text{ O}); \ T(\varphi_2 = 35{,}7° \text{ N}, \ \lambda_2 = 139{,}8° \text{ O})$$

   a. Berechnen Sie den Kurswinkel mit der exakten Loxodromengleichung und die Länge der Loxodrome! Um wie viel Prozent ist die Loxodrome länger als die Orthodrome? Vergleichen Sie die Loxodromenlänge auch mit der Länge des Weges über den Nordpol!

   b. Auf welcher Position hat das Flugzeug die Hälfte des Weges zurückgelegt?

   c. Auf welcher Länge schneidet die Loxodrome den Breitenkreis von Peking, $\varphi = 39{,}9°$ N?

   d. Auf welcher Breite schneidet die Loxodrome den Meridian von Peking, $\lambda = 116{,}4°$ O?

2. *Orthodromen und Loxodromen*

   a. Else wohnt in Dortmund. Ihr Freund Fritz wohnt 2000 km von Dortmund entfernt, und zwar von Dortmund aus gesehen genau nordöstlich im Punkt F. In welcher Richtung liegt Dortmund, von Fritz aus gesehen? Ist es Südwest? Wenn ja, warum? Wenn nein, welche Richtung (rechtweisender Kurs) ist es dann ungefähr? Schätzen Sie den Winkel!

   b. Else reist nun 2000 km mit konstantem Kurs Nordost, sie kommt aber nicht bei Fritz in F an, sondern in einem anderen Punkt E. Wie liegt E relativ zu F? (Qualitative Beschreibung!)

c. Berechnen Sie die Koordinaten von E und F sowie die Richtung von F nach Dortmund (d. h. den rechtweisenden Kurs), um Ihre qualitative Überlegung zu bestätigen.

3. *Von Acapulco nach Manila, 3. Teil*
   Wie lang ist der Weg von Acapulco $A(14°$ N, $100°$ W) nach Manila $B(14°$ N, $120°$ O), wenn man mit konstantem Kurs den nördlichsten Punkt F der Orthodrome ansteuert (F hat die Koordinaten $36{,}1°$ N, $170°$ W; vgl. Abschn. 3.7, Aufg. 7) und von F aus wiederum mit konstantem Kurs nach Manila weiterfährt? (Vgl. auch Abschn. 5.4, Aufg. 1.)

Himmelskugel I: Koordinaten

Wir stellen uns den Himmel als Kugel mit sehr großem Radius vor; die Erde ist fast punktförmig und befindet sich im Mittelpunkt der Kugel.

Dieses *geozentrische Modell der Himmelskugel* ist eine Projektion des (Welt-)Raums auf eine gedachte Kugelfläche. Die Himmelskörper haben natürlich sehr unterschiedliche Abstände von der Erde, aber diese Unterschiede sind kaum direkt messbar, weil die Entfernungen sehr groß sind. Schon in der Antike bildete das Sphärenmodell die Grundlage des astronomischen Weltbilds: Sonne, Mond, Planeten und Fixsterne liefen auf verschiedenen Sphären, um die unterschiedlichen Bewegungen der Himmelskörper zu erklären. Aber auch in der modernen Astronomie wird dieses Modell weiterhin benutzt, um die *Beobachtungen zu beschreiben*. Genau das ist nämlich sein großer Vorteil, auch und besonders für „normale Menschen": Viele Phänomene im Zusammenhang mit alltäglichen Dingen wie Tag und Nacht, Jahreszeiten, Lauf des Mondes und der Sterne lassen sich auf der Kugel recht einfach beschreiben und erklären. Eine schöne Simulation des Sternenhimmels bieten auch die *Planetarien*, in denen die Himmelskörper auf eine (Halb-)Kugel projiziert werden; sie bilden also eine Konkretisierung des Modells, die erfahrungsgemäß einen sehr realistischen Eindruck der sichtbaren astronomischen Phänomene vermittelt.

Bemerkenswert ist der Unterschied der beiden Modelle *Erdkugel* und *Himmelskugel*, und zwar in zweierlei Hinsicht:

- Die Erde ist nicht exakt kugelförmig; eine bessere Näherung ist das an den Polen abgeflachte Rotationsellipsoid, aber auch das stimmt nicht genau. Immerhin kann man sagen: Das Kugelmodell der Erde ist eine Idealisierung des realen Objektes. Dagegen existiert die Himmelskugel ausschließlich in unserer Vorstellung, sie hat nichts mit irgendwelchen realen Objekten zu tun.

- Bezüglich der Erdkugel sind wir auf die *Oberfläche* fixiert, das Innere ist nur indirekt erfahrbar. Dagegen befinden wir uns im *Zentrum* der Himmelskugel und wir beobachten die Phänomene aus dieser Perspektive. Gleichwohl werden wir demnächst, um die Phänomene zu analysieren, die Himmelskugel häufig *von außen* betrachten; es ist

© Springer-Verlag Berlin Heidelberg 2017
B. Schuppar, *Geometrie auf der Kugel*, Mathematik Primarstufe und Sekundarstufe I + II,
DOI 10.1007/978-3-662-52942-3_7

zuweilen notwendig, sich diesen Perspektivwechsel explizit klarzumachen. Denn der Transfer von der direkten Beobachtung zur Darstellung im Modell und zurück gelingt nicht automatisch. (Bei der Erdkugel fällt uns das wesentlich leichter: Der *Globus* ist ein bekanntes und bewährtes Anschauungsmaterial.)

Wir werden zunächst die Himmelskugel durch Koordinaten beschreiben (analog zu den geografischen Koordinaten auf der Erdkugel), und zwar auf zwei verschiedene Arten. Grundlage ist auch hier jeweils ein ausgezeichneter Großkreis und sein Pol.

7.1 Das Horizontsystem

Der *Horizont* ist die Grenze der sichtbaren Himmelskugel für einen festen Beobachterstandort. Die *Horizontebene* geht durch den Mittelpunkt der Kugel und schneidet diese in einem Großkreis, eben dem Horizont.

Da die Erde nicht ganz punktförmig ist, muss man genau genommen Folgendes unterscheiden: Wenn B (= Beobachter) ein beliebiger Punkt auf der Erdkugel ist, dann nennt man die Tangentialebene der Kugel in B die *scheinbare* Horizontebene; die dazu parallele Ebene durch den Erdmittelpunkt M heißt *wahre* Horizontebene (Abb. 7.1). Diese Unterscheidung ist für präzise Messungen wichtig, aber für uns nicht so sehr. Wenn wir allgemein von der Horizontebene sprechen, dann ist die wahre (durch M) gemeint.

Der Punkt senkrecht über dem Beobachter heißt *Zenit Z*, der Gegenpunkt $\overline{Z}$ heißt *Nadir* (dieser ist natürlich nicht sichtbar).

Auf dem Horizontkreis sind die Himmelsrichtungen markiert, nämlich vier Punkte N, O, S, W jeweils im Abstand von 90° (wie sie zustande kommen, wird erst später klar). Man kann jetzt die Position eines Gestirns G, etwa der Sonne, wie folgt beschreiben (vgl. Abb. 7.2; E = Erde):

Die erste Koordinate, die *Höhe h* von G, ist der Abstand vom Horizont. Wenn man einen Großkreis durch Z und G legt (senkrecht zum Horizont, daher auch *Vertikalkreis*

Abb. 7.1 Wahre und scheinbare Horizontebene

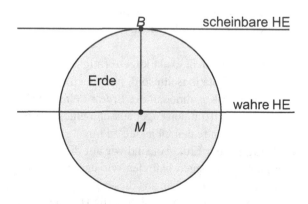

Abb. 7.2 Horizontkoordinaten

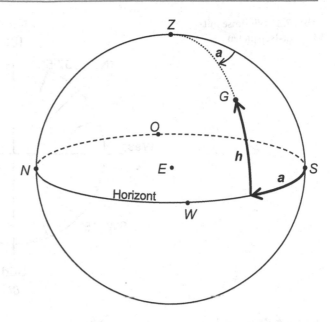

von G genannt), dann ist

$$h = \widehat{G_0 G} = 90° - \widehat{ZG}.$$

Es ist $-90° \leq h \leq 90°$; $h < 0°$ bedeutet, dass der Stern G für den Beobachter nicht sichtbar ist.

Die zweite Koordinate ist das *Azimut*:

$$a = \angle SZG = \widehat{SG_0}$$

Das Azimut stellt also die *genaue* Himmelsrichtung dar, man kann es auf einer Windrose mit Gradeinteilung (Kompassrose) ablesen, allerdings ist das Azimut nicht mit dem Kurswinkel identisch: Definitionsgemäß ist $a = 0°$ im *Süden*, und der Bereich für das Azimut ist $-180° < a \leq 180°$. Beispiele: Für den Ostpunkt O ist $a = -90°$, im NW ist $a = 135°$, für SSO gilt $a = -22{,}5°$ (vgl. auch Abb. 7.3).

Vorsicht: Diese Normierung des Azimuts ist nicht einheitlich, manchmal wird wie beim Kurswinkel $a = 0°$ für die Nordrichtung definiert. Wir bleiben jedoch bei der obigen Konvention.

Anmerkung Die Wörter Azimut, Zenit, Nadir sind arabischen Ursprungs; das illustriert die große historische Bedeutung der arabischen Astronomie, die vor allem im Mittelalter eine hervorragende Rolle spielte.

Die Horizontkoordinaten eines Gestirns hängen natürlich stark vom Standort des Beobachters ab, aber sie sind *messbar*. Zum Beispiel kann man die Sonnenhöhe recht einfach

Abb. 7.3 Windrose mit
Azimut-Beispielen

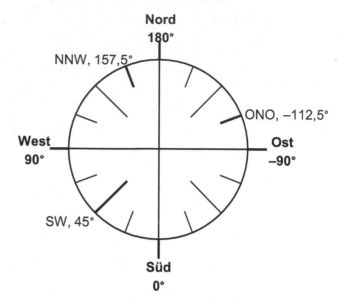

Abb. 7.4 Messung der Sonnenhöhe

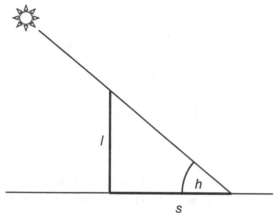

mithilfe des Schattens bestimmen (vgl. Abb. 7.4): Ein Stab wird senkrecht auf eine waagerechte Ebene gestellt, die Länge l des Stabes und die Schattenlänge s werden gemessen.
Dann ist:

$$\tan h = \frac{l}{s}$$

Tipp zur praktischen Durchführung
DIN-A4-Blatt zur Hälfte falten (*lange* Seite halbieren), halb aufgeklappt auf einem *waagerechten* Tisch in die Sonne stellen, den Fußpunkt der Faltkante und die Schattenspitze
markieren, deren Abstand s messen. Die Länge des „Schattenstabes" ist die Breite des
DIN-A4-Blattes, also $l = 210$ mm.

Abb. 7.5 Sextant
(© pichitchai/Fotolia)

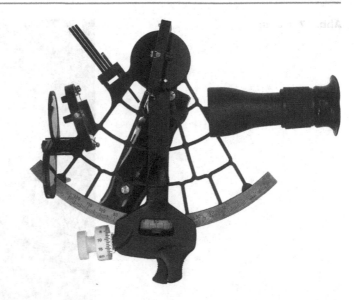

Abb. 7.6 Jakobsstab (© akg-images/picture alliance)

Abb. 7.7 Quadrant

Auch das Azimut der Sonne kann am Schatten abgelesen werden, dazu muss aber die Südrichtung bekannt sein.

Präzise Messungen der Sonnen- und Sternhöhen werden z. B. mit Sextanten durchgeführt (Abb. 7.5). Auf der Rückseite des 10-DM-Scheins von 1990 ist ein älterer Sextant abgebildet, zur Erinnerung an Carl Friedrich Gauß (1777–1855), der sich u. a. um die Vermessungslehre verdient gemacht hat; die Vorderseite der Banknote trägt ein Porträt von Gauß.

Einfachere Höhenmessgeräte wie der Quadrant oder der Jakobsstab waren schon im Altertum in Gebrauch. Abb. 7.6 zeigt ein altes Bild aus dem 16. Jahrhundert, auf dem zahlreiche Verwendungsmöglichkeiten des Jakobsstabs für terrestrische und astronomische Winkelmessungen zu erkennen sind. Es ist nicht schwer, ein solches Gerät aus Holz oder Pappe zu basteln (vgl. auch Aufg. 4 in Abschn. 7.5); aber es erfordert sicherlich ein bisschen Übung, damit umzugehen.

Ein einfaches Modell eines Quadranten lässt sich ebenfalls leicht aus Pappe selbst herstellen und eignet sich gut zur Messung der Sonnenhöhe: Das Foto in Abb. 7.7 entstand am 4. Mai um 15:21 MESZ in Dortmund (Breite 51,5° N), die gemessene Höhe betrug 48,5°. Die Sonnenhöhe misst man am besten mithilfe eines im Zentrum angebrachten Nagels, sein Schatten muss dabei in Richtung der 90°-Marke fallen (bitte die Sonne nicht direkt anpeilen!). Früher hat man zuweilen fest montierte Quadranten mit mehreren Metern Radius gebaut, um die Messgenauigkeit zu steigern.

Ähnlich wie mit dem Jakobsstab kann man mit einem Quadranten auch den Höhen-
winkel einer Turm- oder Baumspitze messen, um aus der Entfernung und dem Winkel die
Höhe des Turms oder Baumes (in Metern!) zu berechnen.

7.2 Das Äquatorsystem

Die Himmelskugel dreht sich, und alle Gestirne beschreiben im Laufe eines Tages einen
Kreis.

Diese Behauptung ist heutzutage beinahe ebenso ketzerisch wie seinerzeit die *umge-
kehrte* These von Kopernikus, Kepler und anderen. Wir wissen natürlich: Eigentlich dreht
sich die Erde um ihre eigene Achse. Wir befinden uns aber im *geozentrischen* Modell und
wir beschreiben die Phänomene so, wie wir sie beobachten.

Bei dieser Drehung der Kugel gibt es einen Fixpunkt, den *Himmelsnordpol*, kurz *Pol*;
wir bezeichnen diesen wichtigen Punkt mit P. Man kann ihn lokalisieren, wenn man län-
gere Zeit die Sternbewegungen beobachtet (Abb. 7.8): Die Kreisbahnen der Sterne sind
deutlich zu erkennen und P ist der „ruhende Pol" der Sternbewegung.

Zur Rotation der Kugel gehört eine feste Achse, die durch P und seinen Gegenpunkt,
den *Himmelssüdpol* $\overline{P}$, gebildet wird, genannt *Himmelsachse*. Der zu P gehörende Großkreis heißt (Himmels-)*Äquator*, und seine Ebene ist natürlich die *Äquatorebene*.

Abb. 7.8 Nordhimmel (© Wolfgang Bischof, www.magicviews.de)

Abb. 7.9 Äquatorkoordinaten

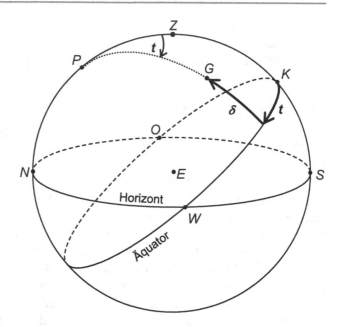

Wenn man sich die Erde als winzige Kugel im Zentrum der Himmelskugel vorstellt, dann ist die Himmelsachse nichts anderes als die Verlängerung der Erdachse, und entsprechend geht der Himmelsäquator aus dem Erdäquator hervor.

Es sei wieder G ein Gestirn, d. h. ein Punkt auf der Himmelskugel (Abb. 7.9). Der Abstand von G zum Äquator heißt *Deklination* δ von G. Legt man einen Großkreis durch P und G, senkrecht zum Äquator mit Fußpunkt G_1 (solche Großkreise werden auch *Stundenkreise* genannt), dann gilt:

$$\delta = \widehat{GG_1} = 90° - \widehat{PG}$$

Es ist $-90° \leq \delta \leq 90°$. Man beachte die Analogie zur Höhe h im Horizontsystem und zur Breite φ im geografischen Koordinatensystem.

Alle Fixsterne haben eine konstante Deklination, sie beschreiben daher im Laufe eines Tages Parallelkreise zum Äquator (Kleinkreise!). Diese Kreise mit fester Deklination werden auch *Deklinationskreise* genannt, analog zu den Breitenkreisen auf der Erdkugel. Die Deklination der Sonne variiert im Laufe eines Jahres zwischen $-23{,}5°$ und $+23{,}5°$, wobei $\delta > 0°$ im Sommerhalbjahr und $\delta < 0°$ im Winterhalbjahr ist (die Jahreszeiten beziehen sich hier und im Folgenden auf die Nordhalbkugel). $\delta = 0°$ bezeichnet die Tagundnachtgleichen (Frühlings- und Herbstanfang), und die maximale bzw. minimale Deklination markieren die Sommer- und Wintersonnenwende (Sommer- bzw. Winteranfang). Im Laufe eines Tages ändert sich die Sonnendeklination nur wenig; wir können sie daher für einen festen Tag als konstant annehmen (vgl. Tab. 7.1; mehr dazu in Abschn. 8.1), sodass auch die Sonne einen Kleinkreis parallel zum Äquator beschreibt. Sonne und Sterne

Tab. 7.1 Deklination der Sonne

Tag	Jan.	Feb.	März	April	Mai	Juni	Juli	Aug.	Sept.	Okt.	Nov.	Dez.
1.	−23,1	−17,3	−7,9	+4,3	+14,9	+22,0	+23,2	+18,2	+8,6	−2,9	−14,2	−21,7
5.	−22,7	−16,1	−6,3	+5,8	+16,0	+22,5	+22,9	+17,2	+7,1	−4,4	−15,4	−22,3
10.	−22,1	−14,6	−4,4	+7,7	+17,4	+23,0	+22,3	+15,8	+5,2	−6,4	−16,9	−22,8
15.	−21,3	−12,9	−2,4	+9,5	+18,7	+23,3	+21,6	+14,3	+3,3	−8,2	−18,3	−23,2
20.	−20,3	−11,2	−0,5	+11,3	+19,8	+23,4	+20,8	+12,7	+1,4	−10,1	−19,5	−23,4
25.	−19,1	−9,4	+1,5	+12,9	+20,8	+23,4	+19,8	+11,0	−0,6	−11,8	−20,6	−23,4
30.	−17,6		+3,9	+14,5	+21,8	+23,2	+18,4	+8,9	−2,5	−13,9	−21,5	−23,2

Abb. 7.10 Drei fundamentale Kreise

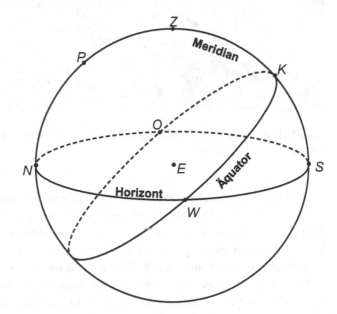

laufen *gleichmäßig* auf ihren Kreisbahnen, und zwar mit einem vollen Umlauf in einem Tag. (Das muss noch präzisiert werden; vgl. dazu Abschn. 8.5. Für den Anfang ist diese Vorstellung jedoch ausreichend.)

Für die zweite Koordinate (analog zur geografischen Länge) sind verschiedene Definitionen im Gebrauch, je nachdem, welchem Zweck das Koordinatensystem dienen soll, d. h. welche Phänomene man damit darstellen will. Wir werden zunächst eine Definition wählen, die den Lauf der *Sonne* gut beschreibt, und dabei wird auch die Zeit eine wichtige Rolle spielen.

Der Großkreis durch den Pol P und den Zenit Z heißt *Meridian*. Der Schnittpunkt des Meridians mit dem Äquator sei K. Wie alle Großkreise durch P steht der Meridian senkrecht auf dem Äquator, und daher markiert $\overparen{ZK}$ den kürzesten Abstand von Z zum Äquator. Andersherum bedeutet das: K ist der *höchste Punkt* auf dem Äquator, der sog. *Kulminationspunkt* (Abb. 7.10).

Abb. 7.11 Horizontobservatorium, Halde Hoheward (© Thomas Morawe, Initiativkreis Horizont-astronomie im Ruhrgebiet e. V.)

Alle Gestirne erreichen demzufolge auf ihren Kreisbahnen parallel zum Äquator die größte Höhe („sie kulminieren") auf dem Meridian. Insbesondere gilt das für die Sonne: Wenn sie am höchsten steht, ist Mittag, und das erklärt den Namen Meridian (lat.) = Mittagslinie. Sein Schnittpunkt mit dem Horizont wird als Südpunkt S festgelegt, sodass per definitionem die Sonne und alle Sterne *im Süden kulminieren*.

Daraus ergeben sich die anderen Himmelsrichtungen: Nordpunkt N als Gegenpunkt von S; Ostpunkt O und Westpunkt W jeweils in der Mitte dazwischen. Gleichzeitig sind O, W die Schnittpunkte von Horizont und Äquator.

Eine schöne Visualisierung der drei wichtigen Kreise an der Himmelskugel (Horizont, Äquator, Ortsmeridian) mit einem Durchmesser von ca. 80 m ist das weithin sichtbare *Horizontobservatorium* auf der Halde Hoheward in der Nähe von Recklinghausen (Koordinaten 51° 33′ 59″ N, 7° 10′ 12″ O; siehe Abb. 7.11).

Die Zeitspanne zwischen zwei aufeinanderfolgenden Sonnenkulminationen wird nun als *Tag* definiert (genauer: wahrer Sonnentag). Da die Sonne G gleichmäßig umläuft, ist der *Stundenwinkel* $t = \angle ZPG$ ein Zeitmesser: 1 Tag = 24 Stunden $\hat{=}$ 360°, d. h., t ändert sich in einer Stunde um 15°, in vier Minuten um 1°. Zum Mittag ist $t = 0°$, und t ist im Uhrzeigersinn orientiert (wie auch sonst ...): $t < 0°$ am Vormittag, $t > 0°$ am Nachmittag. Azimut und Stundenwinkel von G haben also immer das gleiche Vorzeichen. Es gilt $-180° < t \leq 180°$.

Wir benutzen jetzt den Stundenwinkel als zweite Koordinate für das Äquatorsystem. Damit sind die Äquatorkoordinaten nicht ganz ortsunabhängig, denn bekanntlich verschiebt sich der Mittagszeitpunkt, wenn man nach Osten oder nach Westen reist (auf einem

Abb. 7.12 Schnitt durch den
Meridian

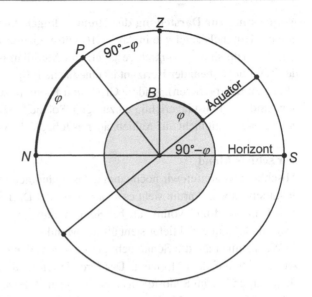

festen Längenkreis = Erdmeridian ist überall gleichzeitig Mittag!). Aber die Änderung
von t bei Ortswechsel ist leicht durchführbar (mehr dazu im Abschn. 7.3).

Die Lage des Äquators auf der Himmelskugel relativ zum Horizont wird von der geografischen Breite des Standortes bestimmt. Um das genauer zu untersuchen, müssen wir
das Modell der *punktförmigen* Erde vorübergehend modifizieren: Wir stellen uns die Erde
als *kleine Kugel* im Zentrum der Himmelskugel vor (Abb. 7.12).

Der Abstand des Beobachterstandorts B vom Erdäquator ist die geografische Breite φ
von B. Somit schneiden sich Äquator- und Horizontebene unter dem Winkel $90° - \varphi$.

Der Abstand der zu den beiden Großkreisen gehörenden Pole auf der Himmelskugel,
nämlich P und Z, ist daher genauso groß: $\widehat{PZ} = 90° - \varphi$. Daraus folgt $\widehat{PN} = 90° -
\widehat{PZ} = \varphi$; mit anderen Worten:

▶   Die Höhe des Himmelspols, kurz *Polhöhe*, ist gleich der geografischen Breite des
    Beobachters B.

Extremlagen:

- Für $\varphi = 90°$ ($B =$ Nordpol) ist $P = Z$, also ist die Polhöhe $90°$; Äquator und Horizont
  fallen zusammen, und alle Bahnen der Gestirne verlaufen parallel zum Horizont.
- Für $\varphi = 0°$ (B auf dem Erdäquator) ist $P = N$, der Pol fällt im Nordpunkt auf den
  Horizont. Der Äquator wie auch alle Parallelkreise stehen senkrecht auf dem Horizont.
- Für $\varphi < 0°$ (B auf der Südhalbkugel) liegt P unterhalb des Horizonts, ist also nicht
  sichtbar; dafür erscheint der Himmelssüdpol über dem Horizont.

Was das insbesondere für den T auf der Sonne bedeutet, werden wir im Kap. 8 ausführlich
diskutieren.

Anmerkung zur Darstellung der Himmelskugel Es ist oftmals notwendig, Zeichnungen der Himmelskugel wie in Abb. 7.10 selbst anzufertigen, um die Vorstellung zu festigen. Deshalb sind sie *einfach* gestaltet: Der Meridian ist ein Kreis in der Zeichenebene, der Zenit liegt oben; der Horizont ist eine flache Ellipse (als Schnitt mit der waagerechten Ebene zu interpretieren). Andere Groß- und Kleinkreise, ebenfalls als Ellipsen zu zeichnen, sind möglichst lagerichtig einzufügen. Solche Skizzen mit dem Bleistift zu erstellen, gelingt vielleicht nicht auf Anhieb, aber es lohnt sich. Versuchen Sie es!

Der schiefe Mond

Abschließend greifen wir noch einmal das Phänomen auf, das wir bereits in Abschn. 1.5 diskutiert haben: Warum sieht es so aus, dass der Dreiviertelmond (zwischen zunehmendem Halbmond und Vollmond) bei Sonnenuntergang schräg von *oben* beleuchtet wird, obwohl die Sonne viel tiefer steht als der Mond?

Wir nehmen an, die Sonne geht gerade unter, dann befindet sie sich in der Nähe des Westpunkts auf dem Horizont. Der Dreiviertelmond steht dann, seiner Phase entsprechend, irgendwo im Südosten in einer gewissen Höhe *über* dem Horizont. Ein Lichtstrahl von der Sonne zum Mond verläuft im Raum natürlich geradlinig, die Projektion des Strahls auf die Himmelskugel ist jedoch ein *Großkreis*. Anders gesagt: Der Lichtstrahl läuft in der durch Sonne, Mond und Erde definierten Ebene (die drei Punkte liegen nur bei Voll- oder Neumond auf einer Geraden!), und diese Ebene schneidet die Himmelskugel in einem Großkreis. Wenn wir die Spur des Strahls verfolgen könnten, dann würden wir einen Großkreisbogen beobachten. (Bitte versuchen Sie, sich dessen Verlauf direkt an der Himmelskugel klarzumachen, oder skizzieren Sie eine Himmelskugel in dieser Situation!) Im Kugeldreieck ZMS aus Zenit Z, Mond M und Sonne S ist dann $\overset{\frown}{ZS} = 90°$ (Sonnenuntergang, die Sonne hat die Höhe 0°); bei dieser Mondposition ist $\overset{\frown}{MZ} < 90°$ und $\overset{\frown}{SM} > 90°$. Die Seite $\overset{\frown}{SM}$ beschreibt den Sonnenstrahl, die Seite $\overset{\frown}{MZ}$ ist vom Mond aus nach oben gerichtet. In diesem Dreieck ist der Winkel $\angle SMZ$, den die beiden Seiten bilden, deutlich kleiner als 90°, d. h., der Lichtstrahl fällt schräg von oben auf den Mond.

7.3 Ortszeit, Weltzeit, Zonenzeit

Innerhalb eines Tages läuft die Sonne *gleichmäßig* auf ihrer Kreisbahn, die parallel zum Himmelsäquator ist. Die *wahre Ortszeit WOZ* wird demnach durch den Stundenwinkel t der Sonne definiert:

Sonnenhöchststand (Kulmination, *wahrer Mittag*): $t = 0° \;\hat{=}\; 12\,\text{Uhr WOZ}$

$$360° \;\hat{=}\; 24\,\text{h},\ 15° \;\hat{=}\; 1\,\text{h}$$

Somit gilt:

$$\text{WOZ} = \frac{t}{15} + 12$$

Tab. 7.2 Zeitgleichung in Minuten

Tag	Jan.	Feb.	März	April	Mai	Juni	Juli	Aug.	Sept.	Okt.	Nov.	Dez.
1.	−3	−14	−12	−4	+3	+2	−4	−6	0	+10	+16	+11
5.	−5	−14	−12	−3	+3	+2	−5	−6	+1	+11	+16	+9
10.	−7	−14	−10	−1	+4	+1	−5	−5	+3	+13	+16	+7
15.	−9	−14	−9	0	+4	0	−6	−5	+5	+14	+15	+5
20.	−11	−14	−8	+1	+3	−2	−6	−4	+6	+15	+14	+3
25.	−12	−13	−6	+2	+3	−3	−7	−2	+8	+16	+13	0
30.	−13		−4	+3	+2	−4	−6	0	+10	+16	+11	−3

Die Zeitspanne zwischen zwei aufeinanderfolgenden Sonnenkulminationen ist nicht immer exakt gleich lang, sie unterscheidet sich von einem *mittleren Tag* (= Zeitspanne von 24 Stunden, wie sie von einer normalen Uhr angezeigt wird) um bis zu einer halben Minute. Diese kleinen Unterschiede summieren sich aber, sodass es bei den Mittagszeitpunkten gegenüber einer gleichmäßig gehenden Uhr im Laufe eines Jahres zu größeren Differenzen kommt. Daher definiert man eine *mittlere Ortszeit MOZ* so, dass die Tage immer gleich lang sind; die Sonne soll aber wenigstens *ungefähr* um 12 Uhr ihren Höchststand erreichen.

Der Unterschied zur WOZ heißt *Zeitgleichung z*:

$$\text{WOZ} = \text{MOZ} + z$$

z ist also ein Korrekturglied, das zur MOZ addiert wird (mit Vorzeichen!), um die WOZ zu erzeugen. Es gibt dafür zwei Ursachen. Die erste ist physikalischer Natur: Die Erde läuft auf einer elliptischen Bahn um die Sonne, sie bewegt sich in Sonnennähe schneller als in Sonnenferne (mehr dazu in Abschn. 10.1.3). Zweitens ändert sich die Deklination der Sonne im Laufe eines Jahres; wie sich das auf die Tageslängen auswirkt, werden wir in Abschn. 8.5 genauer diskutieren (vgl. auch [2]).

Die Zeitgleichung ist ortsunabhängig, sie hängt nur vom Datum ab. Zur Größenordnung: Es ist $-14\,\text{min} \leq z \leq +17\,\text{min}$. Die exakten Werte sind aus Tabellen zu entnehmen.

Tab. 7.2 gibt z in Minuten an (Quelle: [1]). Die Werte beziehen sich zwar auf das Jahr 2015, sie ändern sich aber im Laufe der Jahre nur sehr wenig, sodass man die Tabelle auch in den Folgejahren gebrauchen kann (wir stellen keine hohen Ansprüche an die Genauigkeit, Abweichungen von $\pm 1\,\text{min}$ sind zu tolerieren).

Der Stundenwinkel der Sonne ist ortsabhängig, er ändert sich mit der geografischen Länge, aber in sehr einfacher Weise:

▶ Unterschied der Ortsstundenwinkel = Längendifferenz

Entsprechend ändert sich die WOZ (ebenso die MOZ) bei Ortswechsel:

$$\Delta\lambda = 15° \cong 1\,\text{h}, \ \Delta\lambda = 1° \cong 4\,\text{min}$$

Auch das Vorzeichen der Ortszeitänderung ist gleich dem Vorzeichen der Längendifferenz:

▶ $\Delta\lambda$ positiv (man geht nach *Osten*) $\Rightarrow$ WOZ später;
   $\Delta\lambda$ negativ (man geht nach *Westen*) $\Rightarrow$ WOZ früher.

Innerhalb von Deutschland ($\Delta\lambda \approx 9°$ zwischen Ost- und Westgrenze) ändern sich also die Ortszeiten bereits um ca. 36 Minuten.

Daher definiert man eine völlig ortsunabhängige *Weltzeit UTC* (Universal Time Coordinated) sowie die *Zonenzeiten*, bei uns *MEZ* bzw. *MESZ* (Mitteleuropäische Zeit bzw. Sommerzeit). UTC ist die MOZ für $\lambda = 0°$ (Meridian von Greenwich), sie hieß daher früher auch *GMT* (Greenwich Mean Time).

Für unsere Zeitzone gilt:

$$\text{MEZ} = \text{UTC} + 1\,\text{h}, \quad \text{MESZ} = \text{UTC} + 2\,\text{h}$$

Umrechnung von UTC in MOZ für einen Ort mit geografischer Länge λ:

$$\text{MOZ} = \text{UTC} + \frac{\lambda}{15}$$

Für unsere Zonenzeit gilt somit:

$$\text{MOZ} = \text{MEZ} - 1 + \frac{\lambda}{15} = \text{MESZ} - 2 + \frac{\lambda}{15}$$

Für die mittlere Ortszeit in Dortmund mit $\lambda = 7{,}5°$ ergibt sich daraus die einfache Regel:

$$\text{MOZ} = \text{MEZ} - \frac{1}{2}\,\text{h} = \text{MESZ} - 1\frac{1}{2}\,\text{h}$$

Das heißt z. B.: Im Sommer wird in Dortmund der Sonnenhöchststand erst um ca. 13:30 Uhr MESZ erreicht (geringe Abweichungen durch die Zeitgleichung sind normal).

Wie UTC hat jede Zonenzeit ihren Bezugsmeridian; so ist MEZ gleich der MOZ für $\lambda = 15°$ (Ostgrenze von Deutschland), und MESZ ist die MOZ für $\lambda = 30°$ (Türkei, Ukraine, Weißrussland).

Weitere Zonenzeiten ergeben sich durch die folgende Faustregel: Pro 15° Längenunterschied Ost oder West eine Stunde vor oder zurück. Das ist aber wirklich nur eine grobe Faustregel. Beispielsweise liegt China ungefähr zwischen den Längengraden 74° und 122° Ost, die Differenz der Ortszeiten zwischen West- und Ostchina beträgt also ca. $48°/15° = 3\,\text{h}\,12\,\text{min}$, dennoch gibt es in diesem großen Land nur eine einzige Zeitzone (UTC $+ 8\,\text{h} = $ MOZ für $\lambda = 120°$, Ostküste von China).

Weitere Informationen findet man z. B. bei Wikipedia unter dem Stichwort *Zeitzone*.

Zusammenfassung der Zeitumrechnungen

$$\text{WOZ} = \frac{t}{15°} + 12\,\text{h}$$

$$\text{WOZ} = \text{MOZ} + z$$

$$\text{MOZ} = \text{UTC} + \frac{\lambda}{15°}$$

$$\text{MEZ} = \text{UTC} + 1\,\text{h}; \ \text{MESZ} = \text{UTC} + 2\,\text{h}$$

Historische Anmerkungen   Die heute üblichen Zeitzonen wurden erst am Ende des 19. Jahrhunderts eingeführt. Bis dahin hatte jeder Ort seine eigene Uhrzeit; erst der zunehmende Eisenbahnverkehr machte eine überregionale Standardisierung notwendig, die sich zunächst an der Ortszeit von Großstädten orientierte (Berliner, Kölner, Münchner Zeit etc.). Auf der Internationalen Meridiankonferenz 1884 in Washington wurde der Greenwich-Meridian als Nullmarke für die geografische Länge vereinbart und dessen MOZ als Weltzeit definiert; die Zonenzeiten wurden davon abgeleitet. In Deutschland wurde dann 1893 die MEZ gesetzlich als Standard festgelegt.

Möglicherweise wäre zu früheren Zeiten eine Synchronisierung der Uhren auch als Verstoß gegen die naturgegebene, „göttliche" Zeitordnung aufgefasst worden. Gleichwohl war es natürlich seit Jahrtausenden bekannt, dass sich die Ortszeiten bei Ost-West-Reisen verschieben. Die Astronomen im antiken Griechenland haben dieses Phänomen als Beweis für die Erdkrümmung in dieser Richtung gewertet, wie die folgenden Zitate belegen (Quelle: vgl. Abschn. 1.7). Der erste Text stammt von Claudius Ptolemäus (ca. 100–170 n. Chr.).

Zu der Erkenntnis, dass auch die Erde, als Ganzes betrachtet, für die sinnliche Wahrnehmung kugelförmig sei, dürfte man am besten auf folgendem Wege gelangen. Nicht für alle Bewohner der Erde ist Aufgang und Untergang der Sonne, des Mondes und der anderen Gestirne gleichzeitig zu sehen, sondern früher stets für die nach Osten zu, später für die nach Westen zu wohnenden. Wir finden nämlich, dass der momentan gleichzeitig stattfindende Eintritt der Finsterniserscheinungen, und besonders der Mondfinsternisse, nicht zu denselben Stunden, d. h. zu solchen, welche gleich weit von der Mittagsstunde entfernt liegen, bei allen Beobachtern aufgezeichnet wird, sondern dass jedes Mal die Stunden, welche bei den weiter östlich wohnenden Beobachtern aufgezeichnet stehen, spätere sind als die bei den weiter westlich wohnenden.

Da nun auch der Zeitunterschied in entsprechendem Verhältnis zu der räumlichen Entfernung der Orte gefunden wird, so dürfte man mit gutem Grunde annehmen, dass die Erdoberfläche kugelförmig sei, weil eben die hinsichtlich der Krümmung (der Oberfläche) im großen Ganzen als gleichartig zu betrachtende Beschaffenheit (der Erde) die Bedeckungserscheinungen zu der Aufeinanderfolge der Beobachtungsorte stets in ein entsprechendes (Zeit-)Verhältnis setzt. Wäre die Gestalt der Erde eine andere, so würde dies nicht der Fall sein.

Es folgt ein Zitat von Kleomedes, ebenfalls aus dem 2. Jahrhundert nach Christus:

> Alsdann werden wir beweisen, dass sie notwendigerweise kugelförmig sein muss. Dass die
> Erdoberfläche nicht eben sein kann, können wir so erkennen: Wenn sie eben wäre, so hätten
> alle Menschen den gleichen Horizont. Es ist nämlich gar nicht einzusehen, wie es kommen
> könnte, dass sich in solchem Falle der Horizont verändern könnte. Wenn es aber nur einen
> Horizont gäbe, so würden die Aufgänge und Untergänge der Gestirne für alle Orte zu glei-
> cher Zeit erfolgen, ebenso wie die Anfänge der Tage und Nächte. Nun findet alles dies aber
> in Wahrheit nicht statt, vielmehr zeigt sich in den erwähnten Erscheinungen größte Verschie-
> denheit in den verschiedenen Gegenden der Erde. Hier geht die Sonne zu der, dort zu jener
> Zeit unter und auf.
>
> Bei den im Osten wohnenden Persern soll die Sonne vier Stunden früher aufgehen als bei
> den im Westen wohnenden Spaniern. Dies geht auch aus anderen Erscheinungen hervor, so
> vor allem aus den Verfinsterungen der Gestirne, die zwar für alle Orte, aber nicht zu glei-
> cher Zeit stattfinden. Denn wenn eine Gestirnsverfinsterung in Spanien in der ersten Stunde
> des Tages geschieht, so wird sie in Persien in der fünften Stunde des Tages beobachtet, und
> Entsprechendes gilt von anderen Ländern.

In beiden Texten wird klar, dass man ein *ortsunabhängiges Zeitsignal* braucht, um den
Unterschied der Ortszeiten festzustellen und zu *messen*. Hierzu eignen sich die Mondfinsternisse hervorragend, denn sie sind zwar nicht sehr häufig, aber überall zu beobachten;
außerdem sind sie so spektakulär, dass sie gut dokumentiert werden, die Astronomen
konnten also auf ein reiches Datenmaterial zurückgreifen. Bemerkenswert ist, dass die
Differenz der Ortszeiten schon damals als Indiz für die Entfernung in Ost-West-Richtung,
also für die Längendifferenz gewertet wurde.

7.4 Das Nautische Dreieck

Es sei G ein beliebiger Punkt an der Himmelskugel. Das Dreieck PZG heißt *Nautisches
Dreieck* (Abb. 7.13).

Die Horizontkoordinaten a, h, die Äquatorkoordinaten t, δ sowie die geografische Breite φ des Standorts finden sich in den Seiten und Winkeln des Dreiecks wieder:

$$\widehat{PZ} = 90° - \varphi, \ \widehat{ZG} = 90° - h, \ \widehat{PG} = 90° - \delta, \ \angle PZG = 180° - a, \ \angle ZPG = t$$

Daher kann man mit den Sätzen der sphärischen Trigonometrie Beziehungen zwischen
diesen Größen aufstellen.

Aus dem Seitenkosinussatz für $\widehat{PG}$ folgt:

$$\cos \widehat{PG} = \cos \widehat{PZ} \cdot \cos \widehat{ZG} + \sin \widehat{PZ} \cdot \sin \widehat{ZG} \cdot \cos \angle PZG$$

Mithilfe der obigen Gleichungen und der Umrechnungsformeln

$$\sin\left(90° - x\right) = \cos x, \ \cos\left(90° - x\right) = \sin x, \ \cos\left(180° - x\right) = -\cos x$$

Abb. 7.13 Nautisches Dreieck

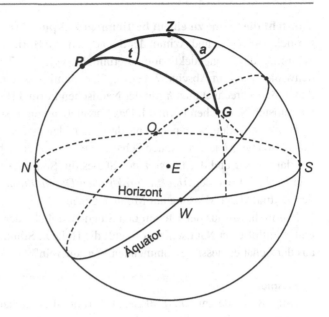

ergibt sich die *Nautische Formel I*:

$$\sin \delta = \sin \varphi \cdot \sin h - \cos \varphi \cdot \cos h \cdot \cos a$$

Der Seitenkosinussatz für $\widehat{ZG}$

$$\cos \widehat{ZG} = \cos \widehat{PZ} \cdot \cos \widehat{PG} + \sin \widehat{PZ} \cdot \sin \widehat{PG} \cdot \cos \angle ZPG$$

und entsprechende Ersetzungen liefern die *Nautische Formel II*:

$$\sin h = \sin \varphi \cdot \sin \delta + \cos \varphi \cdot \cos \delta \cdot \cos t$$

Aus dem Sinussatz

$$\frac{\sin t}{\sin \widehat{ZG}} = \frac{\sin (180° - a)}{\sin \widehat{PG}}$$

ergibt sich die *Nautische Formel III*:

$$\sin t \cdot \cos \delta = \cos h \cdot \sin a$$

Mit diesen drei Nautischen Formeln kann man verschiedene Probleme der Himmelsgeometrie rechnerisch lösen. Wir skizzieren im Folgenden ein paar kleine Beispiele, die im Wesentlichen die Umrechnung von Horizont- in Äquatorkoordinaten und umgekehrt betreffen. Wir gehen davon aus, dass die Breite φ des Standortes bekannt ist.

Wo steht die Sonne zu einem bestimmten Zeitpunkt (Datum, Uhrzeit)?

Gesucht sind Höhe und Azimut der Sonne. d. h. die Horizontkoordinaten. Aus dem Datum kann man die Sonnendeklination δ ermitteln (vgl. Tab. 7.1), aus der Uhrzeit ihren Stundenwinkel t wie in Abschn. 7.3 angegeben; damit sind die Äquatorkoordinaten bekannt. Aus t, δ, φ berechnet man h mit der Nautischen Formel II, dann a mithilfe der nach $\cos a$ aufgelösten Nautischen Formel I. Das Vorzeichen von a ist das gleiche wie von t.

Hierzu ein kleines Experiment, das relativ leicht durchzuführen ist: Messen Sie die Schattenlänge s eines vertikalen Schattenwerfers auf einer horizontalen Ebene; berechnen Sie dann aus s und der Länge l des Stabes die Sonnenhöhe h vermöge $\tan h = \frac{l}{s}$ (vgl. auch Abb. 7.4 und den *Tipp zur praktischen Durchführung* in Abschn. 7.1); notieren Sie den Zeitpunkt der Messung auf Minuten genau.

Ermitteln Sie aus der Uhrzeit den Stundenwinkel t der Sonne; berechnen Sie aus t, δ und φ mithilfe der Nautischen Formel II die Höhe h. Stimmt der berechnete Wert mit dem aus der Schattenmessung stammenden Wert überein?

Beispiel

Am 3.8. wurde um 10:20 MESZ in Dortmund die Schattenlänge eines 210 mm hohen Schattenwerfers gemessen zu 258 mm. Daraus erhält man $h = \arctan\left(\frac{258}{210}\right) = 39{,}1°$.

Zur Berechnung von h brauchen wir die folgenden Daten: Koordinaten des Standortes $\varphi = 51{,}5°$ N, $\lambda = 7{,}5°$ O; aus Tab. 7.1 liest man $\delta = 17{,}7°$ ab (interpoliert) sowie aus Tab. 7.2 die Zeitgleichung $z = -6$ min. Zunächst wird der Stundenwinkel ermittelt:

$$\text{UTC} = \text{MESZ} - 2 = 10:20 - 2 = 8:20$$

$$\text{MOZ} = \text{UTC} + \frac{\lambda}{15°} = 8:20 + 0:30 = 8:50$$

$$\text{WOZ} = \text{MOZ} + z = 8:50 - 0:06 = 8:44$$

$$t = (\text{WOZ} - 12) \cdot 15° = -49{,}0°$$

Einsetzen der Werte in die Nautische Formel II ergibt:

$$\sin h = \sin 51{,}5° \cdot \sin 17{,}7° + \cos 51{,}5° \cdot \cos 17{,}7° \cdot \cos(-49°) \quad \Rightarrow \quad h = 38{,}8°$$

Ergebnis: Die beiden Werte für h unterscheiden sich nur minimal!

Wenn man sorgfältig vorgeht, dann sind Abweichungen von maximal 0,5° keine Seltenheit. Das Modell der Himmelskugel und die daraus resultierende Berechnung im Nautischen Dreieck werden dadurch eindrucksvoll bestätigt.

Das Azimut der Sonne kann mithilfe der Nautischen Formel I berechnet werden (damit die Rechnung konsistent bleibt, legen wir den *berechneten* Wert von h zugrunde, nicht den gemessenen):

$$\cos a = \frac{\sin 51{,}5° \cdot \sin 38{,}8° - \sin 17{,}7°}{\cos 51{,}5° \cdot \cos 38{,}8°} \quad \Rightarrow \quad a = \pm 67{,}4°$$

Abb. 7.14 Sonnenuhr auf der
Halde Hoheward (© Thomas
Morawe, Initiativkreis Hori-
zontastronomie im Ruhrgebiet
e. V.)

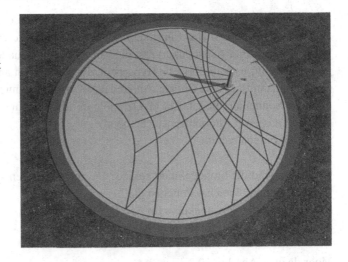

Da die Messung am Vormittag stattfand, trifft der negative Wert zu, somit ist $a = -67,4°$,
d. h., die Sonnenrichtung ist OSO. Wenn man einen genauen Kompass besitzt, dann kann
man bei der Messung auch das Azimut ermitteln und mit dem berechneten Wert vergleichen.

**Azimut und Höhe der Sonne werden gemessen. Wie spät ist es und welches Datum
liegt vor?**

Beispielsweise könnte man sich die folgende Situation vorstellen: Auf einem alten Foto
ist der Schatten eines Objektes so deutlich zu erkennen, dass man Höhe und Azimut der
Sonne daraus rekonstruieren kann. Dann ist es möglich, die Äquatorkoordinaten auszurechnen: δ ergibt sich direkt aus der Nautischen Formel I, und zur Berechnung von t wird
die Formel II nach $\cos t$ aufgelöst.

Aus t erhält man dann die Uhrzeit sowie aus δ das Datum; letzteres ist allerdings nicht
eindeutig möglich, denn jeder Wert von δ wird an *zwei* Tagen im Jahr angenommen (mit
Ausnahme von $\delta = \pm 23,5°$, Sommer- und Winteranfang). Man muss allerdings einräu-
men, dass sich δ zu den Zeiten maximaler und minimaler Deklination nur wenig ändert,
sodass eine *genaue* Bestimmung des Datums zu diesen Jahreszeiten zweifelhaft ist.

Eine schöne grafische Darstellung des Zusammenhangs zwischen Horizont- und Äquatorkoordinaten ist die *Sonnenuhr* auf der Halde Hoheward, die antiken Vorbildern nach-
empfunden ist (vgl. Abb. 7.14):

Ein senkrechter Obelisk wirft einen Schatten auf eine horizontale Fläche, die mit Linien
überzogen ist. Die Länge und die Richtung des Schattens ergeben sich direkt aus der Höhe
h und dem Azimut a der Sonne: a = Winkel des Schattens zur Nordrichtung, $\tan h = \frac{\text{Höhe des Obelisken}}{\text{Schattenlänge}}$.

Die geraden Linien, die auf einen bestimmten Punkt zulaufen, sind die *Stundenlinien*
der Sonnenuhr. Zu jeder vollen Stunde WOZ fällt der Schatten auf eine solche Linie, da-

durch wird der Stundenwinkel festgelegt. Die Kurven, die quer dazu verlaufen, sind die *Schattenkurven* jeweils zum Eintritt der Sonne in das nächste Tierkreiszeichen (um den 21. jedes Monats). Eine Schattenkurve ist die Kurve, die die Schattenspitze im Laufe eines Tages beschreibt; es sind übrigens Hyperbeln, ausgenommen an den Tagundnachtgleichen ($\delta = 0°$), dann ist es eine Gerade. Anhand des Schattens kann man also auf diesem Zifferblatt der Sonnenuhr die Uhrzeit (WOZ) ablesen und zudem das Datum bestimmen (i. A. Auswahl aus zwei Alternativen, siehe oben).

Einige Fragen hierzu:

- Warum sind die Stundenlinien gerade? Warum schneiden sich ihre Verlängerungen in einem Punkt? Welcher Punkt ist das?
- Warum ist die Schattenkurve für $\delta = 0°$ (Tagundnachtgleichen) eine Gerade? Welchen Abstand hat sie vom Fuß des Obelisken?

Mehr dazu in Abschn. 10.2.1.

Zusammenfassung der Nautischen Formeln

$$\text{I} \qquad \sin\delta = \sin\varphi \cdot \sin h - \cos\varphi \cdot \cos h \cdot \cos a$$

$$\text{II} \qquad \sin h = \sin\varphi \cdot \sin\delta + \cos\varphi \cdot \cos\delta \cdot \cos t$$

$$\text{III} \qquad \sin t \cdot \cos\delta = \cos h \cdot \sin a$$

7.5 Aufgaben

1. *Zonenzeiten*
   Schätzen Sie: Welche Zonenzeiten gelten in Sydney ($\lambda = 151°$ O), Neu-Delhi ($\lambda = 77°$ O), New Orleans ($\lambda = 90°$ W), Rio de Janeiro ($\lambda = 43°$ W), Kapstadt ($\lambda = 25°$ O)? Um wie viele Stunden müssen Sie also Ihre Uhr (MEZ) bei einer Reise zu diesen Zielen vor- oder zurückstellen? Angabe in UTC $\pm x$ genügt; eventuelle Sommerzeit-Regelungen sind zu vernachlässigen.
2. *Sonnenhöhe*
   Messen Sie die Sonnenhöhe und notieren Sie den Zeitpunkt der Messung. Ermitteln Sie den Stundenwinkel der Sonne und berechnen Sie die Höhe mithilfe einer geeigneten Nautischen Formel; vergleichen Sie den gemessenen mit dem berechneten Wert (vgl. das Beispiel in Abschn. 7.4).
3. *Sonnenhöhe als Uhr*
   a. Am 8. Mai wurde in Hamburg (53,5° N, 10,0° O) am Vormittag die Sonnenhöhe gemessen zu 35°. Wie spät war es zur Zeit der Messung (MESZ)?

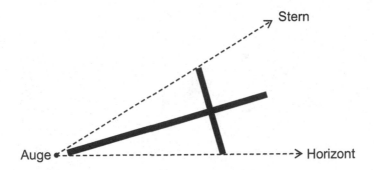

Abb. 7.15 Jakobsstab, Schema

  b. Wie genau kann man die Zeit auf diese Art bestimmen, wenn man davon ausgeht, dass die Sonnenhöhe nur auf ±0,5° genau gemessen wurde?

  c. Wie ist die Situation, wenn die Höhenmessung 53° ergab? (Gleiche Fragen wie in a und b.)

4. *Jakobsstab*

Dieses antike Gerät zur Höhenmessung besteht aus einem Längsstab und einem verschiebbaren Querstab. Um eine Sternhöhe zu bestimmen, peilt man den Horizont über das untere Ende des Querstabs an; dann wird der Querstab so verschoben, dass der Stern mit dem oberen Ende zur Deckung kommt (vgl. die Schemazeichnung in Abb. 7.15). Der Längsstab trägt eine Skala, auf der nun die Sternhöhe (als Winkel!) direkt abgelesen werden kann.

  a. Wie sieht eine solche Skala aus?

  b. Ein Jakobsstab hat in der Regel zwei oder sogar drei Querstäbe verschiedener Längen, obwohl für eine Höhenmessung nur ein einziger gebraucht wird. Warum wohl?

Literatur

1. Keller, H.U. (Hrsg.): Kosmos Himmelsjahr 2015. Kosmos Verlag, Stuttgart (2014)
2. Schuppar, B.: Mathematische Aspekte der Zeitgleichung. MNU **67**(3), 168–176 (2014)

Himmelskugel II: Der Sonnenlauf

- Wann und wo geht die Sonne auf bzw. unter? Wie lange dauert demnach der helle Tag?
- Um wie viel Uhr steht die Sonne am höchsten? Wie hoch steht sie dann?
- Wie ändern sich die Zeiten von Sonnenaufgang (SA) und Sonnenuntergang (SU), wenn wir verreisen?
- Wie ändert sich die Dauer des hellen Tages im Laufe eines Jahres?

Solche und ähnliche Fragen stehen im Zentrum dieses Kapitels. Wir beginnen unsere Untersuchung mit der Analyse von Daten: Die Zeiten von SA/SU sind für verschiedene Tage und Orte im Internet verfügbar und sie bergen eine Menge an Informationen. Wir werden anschließend das Modell der Himmelskugel benutzen, um Zeit und Richtung von SA/SU sowohl konstruktiv als auch rechnerisch zu bestimmen, letzteres mithilfe elementarer Methoden (ebene Trigonometrie). Ein weiteres inhaltsreiches Thema ist die maximale bzw. minimale Sonnenhöhe, hierfür genügen sogar rein geometrische Methoden. Die sphärische Trigonometrie wird in diesem Kapitel nur sparsam verwendet, aber für manche Probleme ist sie unverzichtbar (z. B. im Abschn. 8.4).

8.1 Sonnenaufgang und -untergang, Tageslänge, Mittag

8.1.1 Analyse von Daten

Es gibt zahlreiche (mehr oder weniger benutzerfreundliche) Internetseiten, mit deren Hilfe man die Zeiten von SA und SU für beliebige Orte und Tage ermitteln kann; manchmal werden auch noch viele andere Daten bereitgestellt, jedenfalls *zu viele* für unsere Zwecke, sodass die Datenfülle eher verwirrend wirkt. Die in diesem Abschnitt benutzten Daten stammen von sonne.apper.de, weil man hier den Wechsel von Ort und Datum recht einfach vollziehen kann; viele Orte in Deutschland, Österreich und der Schweiz sind abrufbar.

© Springer-Verlag Berlin Heidelberg 2017
B. Schuppar, *Geometrie auf der Kugel*, Mathematik Primarstufe und Sekundarstufe I + II,
DOI 10.1007/978-3-662-52942-3_8

Tab. 8.1 SA/SU, Tageslänge, Mittag jeweils am Monatsersten

Datum	SA	SU	TL	Mittag
1.1.	08:36	16:31	07:55	12:33:30
1.2.	08:09	17:19	09:10	12:44:00
1.3.	07:16	18:10	10:54	12:43:00
1.4.	07:06	20:03	12:57	13:34:30
1.5.	06:03	20:53	14:50	13:28:00
1.6.	05:19	21:37	16:18	13:28:00
1.7.	05:17	21:51	16:34	13:34:00
1.8.	05:53	21:19	15:26	13:36:00
1.9.	06:42	20:18	13:36	13:30:00
1.10.	07:30	19:09	11:39	13:19:30
1.11.	07:23	17:04	09:41	12:13:30
1.12.	08:13	16:25	08:12	12:19:00

Wir wählen zunächst einen festen Ort, hier Dortmund, und tabellieren die Zeiten für SA und SU im Laufe eines Jahres, etwa für jeden Monatsersten (die Zeiten beziehen sich auf das Jahr 2015, sie ändern sich in anderen Jahren jedoch nur geringfügig). Als *Tageslänge* (TL) bezeichnen wir die Zeitspanne von SA bis SU. Der *Mittag* sei die Mitte zwischen SA und SU, und das ist zugleich der Zeitpunkt des Sonnenhöchststandes (High Noon), denn die Sonnenbahn verläuft symmetrisch: Wie die Sonne vormittags aufgestiegen ist, wird sie nachmittags wieder absteigen.

Es ist eine leichte, aber wegen des ungewohnten Zahlsystems (Stunden, Minuten) reizvolle Rechenaufgabe, die Tageslänge und den Mittag per Hand zu ermitteln; mit geeigneten Taschenrechnern oder mit Tabellenprogrammen geht es auch automatisch. (Bei sonne.apper.de wird die Tageslänge gleich mitgeliefert.) Tab. 8.1 fasst die Ergebnisse zusammen. Erste Beobachtungen:

- Die Sonne geht im Winter spät auf und früh unter, im Sommer ist es umgekehrt. Diese qualitative Eigenschaft ist jedoch nicht sehr überraschend.
- Die Tageslänge variiert in einem Bereich zwischen ca. 8 h und ca. 16,5 h; damit hat man schon einen groben quantitativen Anhaltspunkt (auch nicht ganz unerwartet).
- Merkwürdiger verhält sich der Mittagszeitpunkt: Die beiden Sprünge von März zu April und von Oktober zu November lassen sich noch leicht erklären, nämlich durch die Umstellung von Normalzeit (MEZ) auf Sommerzeit (MESZ) und umgekehrt. Aber selbst wenn man in den Monaten April bis Oktober eine Stunde abzieht, fällt der Mittag nicht auf einen festen Zeitpunkt und schon gar nicht auf 12 Uhr, sondern er pendelt um die Marke 12:30 (geschätzt) mit Ausschlägen von ca. 15 min nach oben und unten.

Für weitere Analysen ist eine grafische Darstellung der Daten sinnvoll. Da die betrachteten Vorgänge sich periodisch wiederholen, sollte man den Graphen zwecks einer besseren

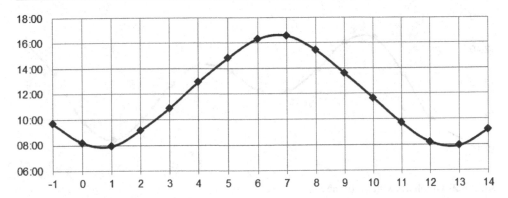

Abb. 8.1 Graph der Tageslänge aus Tab. 8.1

Gestaltung der Periode durch je zwei Monate des Vorjahres und des Folgejahres ergänzen; es reicht auch, die letzten beiden Datenpunkte (Nov., Dez.) *links* dem Graphen hinzuzufügen, ebenso die ersten beiden Datenpunkte (Jan., Feb.) an der *rechten* Seite (die Zeiten können sich zwar von Jahr zu Jahr ein wenig ändern, aber für eine Grafik brauchen wir keine hohe Genauigkeit). Die Datenpunkte werden dann durch eine glatte Kurve miteinander verbunden.

- SA, SU zeigen, grob gesagt, einen *sinusförmigen* Verlauf (ohne Abb.), ebenso die Tageslänge (Abb. 8.1). Das Maximum der Tageslänge liegt kurz vor dem 1.7., das Minimum kurz vor dem 1.1.; hierfür sind offenbar Sommer- und Winteranfang verantwortlich, auch bekannt als Sommer- und Wintersonnenwende (21.6. bzw. 21.12., das genaue Datum kann sich um einen Tag verschieben).
- Die stärkste *Änderung* der Tageslänge ist im März und September zu beobachten: sie ändert sich dann um mehr als 2 h pro Monat, das sind ca. 4 min pro Tag. Markante Tage in diesen Zeiträumen sind Frühlings- und Herbstanfang, auch bekannt als Tagundnachtgleichen (am 20.3. und am 22. oder 23.9.).
- Von Mitte Januar bis Mitte Mai ändert sich die Tageslänge fast linear, ebenso von Mitte Juli bis Mitte November; dazwischen (in der Nähe der Extrema) ändert sie sich nur wenig. Bezogen auf die o. g. markanten Tage des Jahreslaufs kann man sagen: je zwei Monate vor und nach den Tagundnachtgleichen starke, fast lineare Änderung; je einen Monat vor und nach den Sonnenwenden wenig Änderung.
- Ganz seltsam verläuft die Kurve der Mittagszeitpunkte (Abb. 8.2; die Sommerzeit ist herausgerechnet). Der Mittelwert von 12:30 scheint eine gute Schätzung zu sein, da die Flächen oberhalb bzw. unterhalb der waagerechten 12:30-Linie einander ungefähr ausgleichen. Aber was hat der ziemlich unregelmäßige Verlauf der Kurve zu bedeuten? Und was steckt hinter dem Mittelwert?

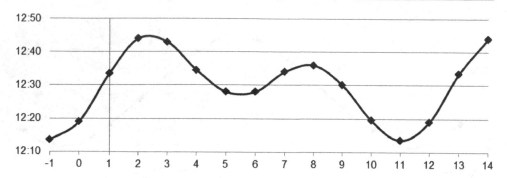

Abb. 8.2 Graph des Mittags (ohne Sommerzeit)

Tab. 8.2 SA/SU an speziellen Tagen

Datum	SA	SU	Tag	Nacht
20.3.	06:34	18:42	12:08	11:52
21.6.	05:12	21:51	16:39	07:21
23.9.	07:17	19:27	12:10	11:50
22.12.	08:34	16:23	07:49	16:11

Wenn man eine solche Datenanalyse als *Einführung* in den vorliegenden Themenkreis verwendet, dann erscheinen diese Phänomene ziemlich verblüffend. Mit den Informationen aus Abschn. 7.3 sind sie aber leicht zu erklären:

- 12:30 ist die MEZ für den *mittleren Mittag* in Dortmund (Länge 7,5° Ost): 12:00 MOZ = 12:30 MEZ.
- Die Kurve in Abb. 8.2 markiert die Zeitpunkte des *wahren Mittags* (12:00 Uhr WOZ), die Abweichung von der MOZ stammt von der Zeitgleichung z:

$$\text{MOZ} = \text{WOZ} - z; \ \text{MEZ} = \text{MOZ} + 0{:}30 = \text{WOZ} - z + 0{:}30$$

$$\Rightarrow 12{:}00\,\text{WOZ} = 12{:}30 - z\,\text{MEZ}$$

Die Kurve ist also nichts anderes als der verschobene und gespiegelte Graph der Zeitgleichung.

Noch eine merkwürdige Kleinigkeit: Tab. 8.2 ergänzt Tab. 8.1 um die entsprechenden Zeiten für die markanten Tage des astronomischen Kalenders (Sonnenwenden und Tagundnachtgleichen). Nach wie vor ist Dortmund der Bezugsort. Die Tabelle ist um die Spalte *Nacht* $= 24\,\text{h} - Tag$ ergänzt.

Offenbar ist mit den „Tagundnachtgleichen" irgendetwas nicht in Ordnung!? Und bei den Sonnenwenden würde man aus Symmetriegründen sicherlich erwarten, dass der längste Tag (21.6.) genauso lang ist wie die längste Nacht (22.12.); doch da besteht ein

Tab. 8.3 Deklination der Sonne

Tag	Jan.	Feb.	März	April	Mai	Juni	Juli	Aug.	Sept.	Okt.	Nov.	Dez.
1.	−23,1	−17,3	−7,9	+4,3	+14,9	+22,0	+23,2	+18,2	+8,5	−2,9	−14,2	−21,7
5.	−22,7	−16,1	−6,3	+5,8	+16,0	+22,5	+22,9	+17,2	+7,1	−4,4	−15,5	−22,3
10.	−22,1	−14,3	−4,4	+7,7	+17,4	+23,0	+22,3	+15,8	+5,2	−6,4	−16,9	−22,8
15.	−21,3	−12,9	−2,4	+9,5	+18,7	+23,3	+21,6	+14,3	+3,3	−8,2	−18,3	−23,2
20.	−20,3	−11,2	−0,4	+11,3	+19,8	+23,4	+20,8	+12,7	+1,4	−10,1	−19,5	−23,4
25.	−19,1	−9,4	+1,5	+13,0	+20,8	+23,4	+19,8	+11,0	−0,6	−11,8	−20,6	−23,4
30.	−17,6		+3,9	−14,5	+21,8	+23,2	+18,4	+8,9	−2,5	−13,9	−21,5	−23,2

Unterschied von 28 min, das kann man nicht auf Ungenauigkeiten bei der Berechnung schieben. Aber warum ist es so? (Die Auflösung folgt in Abschn. 8.1.3.)

8.1.2 Konstruktive Bestimmung

Wann und wo geht die Sonne am 8. Juli in Dortmund auf bzw. unter?

Allgemein lautet das Problem: Ein Ort mit geografischer Breite φ und ein Tag (Datum) seien gegeben; bestimme den Stundenwinkel und das Azimut der Sonne bei SA und SU.

Die Sonnendeklination an dem jeweiligen Tag kann aus Tab. 8.3 abgelesen werden (Quelle: [2]).

Einige Anmerkungen hierzu:

- Die Werte beziehen sich auf das Jahr 2015, aber sie ändern sich im Laufe der Jahre nur wenig, sodass sie auch in anderen Jahren benutzt werden können; wir benötigen auch keine hohe Genauigkeit. Für exakte Berechnungen gibt es Tabellen, die die Deklinationswerte für Sonne, Mond und Planeten im Stundenrhythmus angeben, und zwar auf 0,1 Winkelminuten genau (Nautische Jahrbücher, Ephemeriden).
- Die Deklinationen beziehen sich auf 1:00 Uhr MEZ am jeweiligen Tag. In manchen Zeiträumen ändern sich die Werte um bis zu 0,4° pro Tag; also kann die Deklination zu Mittag durchaus um 0,2° vom Tabellenwert abweichen. Allein deshalb sind numerische Ergebnisse, die wir in Zukunft erhalten werden, nicht zu genau zu nehmen. (Wer mag, kann die Werte auch entsprechend korrigieren.)
- Die maximale bzw. minimale Deklination der Sonne beträgt momentan ±23,44°; die Tabellenwerte sind also korrekt gerundet, d. h., die Zahl 23,5° ist eher ein Überschlagswert. Für Tage, die nicht in der Tabelle erfasst sind, kann man interpolieren; z. B. ergibt sich für den 8. Juli $\delta = 22{,}5°$.

Die Sonne geht auf bzw. unter, wenn ihre Bahn den Horizont schneidet (vgl. Abb. 8.3): *A* ist der Aufgangspunkt, *U* der Untergangspunkt. *A* und *U* teilen die Sonnenbahn in zwei Bögen. Der Teil *oberhalb* des Horizonts heißt *Tagbogen*, der andere heißt *Nachtbogen*.

Abb. 8.3 Sonnenbahn mit
Tagbogen

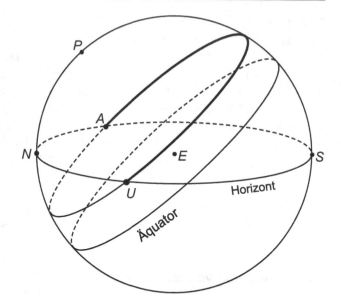

Offenbar liegen A und U symmetrisch zum Meridian, sodass sowohl die Stundenwinkel
als auch die Azimute von A und U gleiche Beträge, aber verschiedene Vorzeichen haben
(negativ für A, positiv für U).

Die Konstruktion vom Stundenwinkel t_0 und Azimut a_0 des Punktes U wird nun in drei
Schritten vorgenommen.

1. Schritt Projektion der Himmelskugel auf die Ebene des Meridians (Abb. 8.4): Man
zeichne dazu einen Kreis (nicht zu klein) sowie den waagerechten Durchmesser NS (das
ist der Horizont mit Nord- und Südpunkt), dann den Äquator als Durchmesser im Winkel
von $90° - \varphi$ zum Horizont. (Man kann auch den Pol einzeichnen, muss aber nicht.) Anschließend wird der Winkel δ im Mittelpunkt am Äquator abgetragen ($\delta > 0°$ oberhalb,
$\delta < 0°$ unterhalb des Äquators); der Schnittpunkt mit dem Meridian ist K_S, der Kulminationspunkt der Sonnenbahn. Die Parallele zum Äquator durch diesen Punkt ist die
Sonnenbahn, sie schneidet den Horizont im Punkt B (die beiden Punkte A und U auf der
Kugel fallen in dieser Projektion mit B zusammen).

2. Schritt Klappe die Sonnenbahn in die Zeichenebene (Abb. 8.5): Man zeichne einen
Kreis mit der Sonnenbahn aus dem vorigen Bild als Durchmesser, übertrage den Punkt B
auf diesen Durchmesser und zeichne die Senkrechte dazu durch diesen Punkt; sie schneidet den Kreis in den Punkten A und U. Der Stundenwinkel t_0 bei SU kann jetzt abgelesen
werden. Die Tageslänge beträgt dann $2t_0$, umgerechnet ins Zeitmaß ($15° = 1$ h) sind es
hier also ca. 16 Stunden.

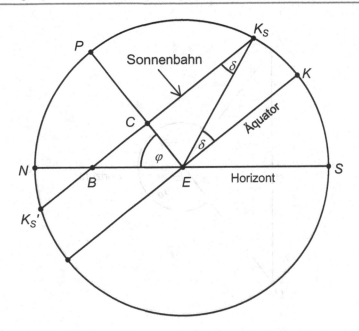

Abb. 8.4 Schnitt durch den Ortsmeridian

Abb. 8.5 Konstruktion des
Stundenwinkels bei SA/SU

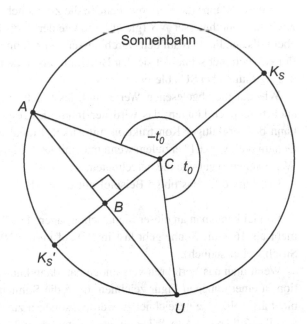

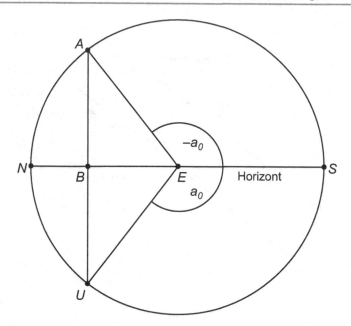

Abb. 8.6 Konstruktion des Azimuts bei SA/SU

3. Schritt Klappe die Horizontebene in die Zeichenebene (Abb. 8.6): Man zeichne einen Kreis mit Durchmesser NS (gleich groß wie der Kreis aus dem ersten Schritt), übertrage ebenfalls den Punkt B auf den Durchmesser und zeichne die Senkrechte dazu durch diesen Punkt; auch hier schneidet sie den Horizontkreis in den Punkten A und U, und man kann das Azimut a_0 bei SU ablesen.

Wie gut die abgelesenen Werte sind, lässt sich erst beurteilen, wenn wir die Werte auch berechnen können; das wird der Inhalt des folgenden Abschnitts sein. Aber man kann bei sorgfältiger Konstruktion mit Zirkel, Lineal und Winkelmesser sicherlich eine Genauigkeit von $\pm 1°$ erzielen; wenn man mit DGS konstruiert, dann sind die gemessenen Werte genauso gut wie die berechneten.

Ergebnisse für das obige Beispiel mit $\varphi = 51{,}5°$ und $\delta = 22{,}5°$: $t_0 \approx 121°$; $a_0 \approx 128°$.

So viel kann man an dieser Stelle schon sagen: Die Tageslänge beträgt demnach etwas mehr als 16 h, die Sonne geht fast in NO auf und in NW unter (jeweils ca. einen halben Strich weiter südlich).

Wenn man das Verfahren verstanden hat, dann kann man auch die gesamte Konstruktion in einer einzigen Figur zeichnen, denn die Sonnenbahn und der Horizont brauchen nicht als Vollkreise gezeichnet zu werden, sondern zur Bestimmung der Winkel genügen jeweils *Halbkreise*. Abb. 8.7 zeigt das Beispiel $\varphi = 28{,}4°$ und $\delta = 16{,}2°$ (Teneriffa am 8. August).

Abb. 8.7 Simultane Konstruktion von a_0 und t_0

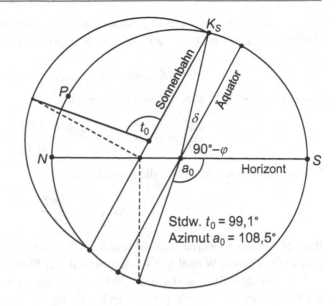

8.1.3 Berechnungen

Die Figuren, mit denen wir t_0 und a_0 konstruiert haben, werden nun als Grundlage für die trigonometrische Berechnung verwendet. Nach wie vor sei φ die geografische Breite des Standorts und δ die Sonnendeklination am betreffenden Tag.

In Abb. 8.4 ist $\delta = \angle K_S E K = \angle C E K_S$ (Wechselwinkel), also gilt im $\triangle C E K_S$, wenn wir den Radius des Kreises auf 1 normieren (d. h. $\overline{EK_S} = 1$):

$$\overline{CE} = \sin\delta; \quad \overline{CK_S} = \cos\delta \tag{8.1}$$

Außerdem gilt $\angle NEP = \varphi$, daraus folgt im $\triangle ECB$:

$$\tan\varphi = \frac{\overline{BC}}{\overline{EC}} \quad \Rightarrow \quad \overline{BC} = \overline{CE}\cdot\tan\varphi = \sin\delta\cdot\tan\varphi \tag{8.2}$$

Nun zur Figur des zweiten Konstruktionsschritts (Abb. 8.5): $t_0 = \angle K_S C U$ ist der gesuchte Stundenwinkel bei SU. Aus dem $\triangle BCU$ ergibt sich wegen $\angle BCU = 180° - t_0$:

$$\cos t_0 = -\cos(180° - t_0) = -\frac{\overline{BC}}{\overline{CU}}$$

Kombiniert man dies mit den obigen Formeln (Gl. 8.1 und 8.2; man beachte: $\overline{CU} = \overline{CK_S}$ ist der Radius der Sonnenbahn), dann erhält man sofort die gewünschte Formel für t_0:

$$\cos t_0 = -\frac{\sin\delta\cdot\tan\varphi}{\cos\delta}$$

$$\cos t_0 = -\tan\delta\cdot\tan\varphi \tag{8.3}$$

Das Azimut a_0 wird aus der Figur des dritten Konstruktionsschritts berechnet. Hier ist ähnlich wie oben $\angle BEU = 180° - a_0$; der Radius des Kreises wurde auf 1 gesetzt, daher gilt:

$$\overline{BE} = \cos(180° - a_0) = -\cos a_0$$

Aus der ersten Figur (Abb. 8.4) übernehmen wir:

$$\frac{\overline{CE}}{\overline{BE}} = \cos\varphi \quad \Rightarrow \quad \overline{BE} = \frac{\overline{CE}}{\cos\varphi} = \frac{\sin\delta}{\cos\varphi}$$

Durch Gleichsetzen ergibt sich die Formel für a_0:

$$\cos a_0 = -\frac{\sin\delta}{\cos\varphi} \tag{8.4}$$

Bei der Herleitung wurde $\varphi > 0°$ und $\delta > 0°$ angenommen, aber die Formeln gelten ebenso für negative Winkel; wir verzichten an dieser Stelle auf den Nachweis.

Test: Mit $\varphi = 51{,}5°$ und $\delta = 22{,}5°$ berechnet man $t_0 = 121{,}38°$ und $a_0 = 127{,}93°$; die Werte stimmen also sehr gut mit den konstruktiv ermittelten Winkeln überein.

Aus t_0 kann man jetzt ganz leicht die Tageslänge berechnen:

$$TL = \frac{2 \cdot t_0}{15°} = 16{,}184 = 16{:}11\,\text{h}$$

Es erscheint in jedem Fall angemessen, die Zeitspanne auf Minuten zu runden; alles andere wäre stark übertrieben. Ebenso erhält man die WOZ für SA und SU: Der SU ist 8:06 h *nach* dem wahren Mittag (12 Uhr WOZ), also um 20:06 WOZ; entsprechend ist der SA 8:06 h *vor* dem wahren Mittag, somit um 3:54 WOZ. Die Zeitpunkte wurden wieder auf Minuten gerundet.

Die Umrechnung von WOZ in MESZ geschieht nun ähnlich wie beim Beispiel in Abschn. 7.4, nur umgekehrt (dort wurde MESZ in WOZ umgerechnet). Aus der Zeit-gleichungstabelle (Tab. 7.2) liest man für den 8. Juli $z = -5\,\text{min}$ ab, und aus

$$\text{MESZ} = \text{UTC} + 2 = \text{MOZ} - \frac{\lambda}{15°} + 2 = \text{WOZ} - z - \frac{\lambda}{15°} + 2$$

folgt mit $\lambda = 7{,}5°$ und $z = -0{:}05\,\text{h}$: Zur WOZ muss man 1:35 h addieren, um die MESZ zu erhalten. Somit haben wir berechnet:

Am 8. Juli in Dortmund ist SA um 5:29 Uhr, SU um 21:41 Uhr MESZ.

Wenn man die sphärische Trigonometrie zur Verfügung hat, dann kann man die Be-rechnung von t_0 und a_0 auch aus dem Nautischen Dreieck herleiten, denn für $h = 0°$ vereinfachen sich die Nautischen Formeln wesentlich. Aus Formel II folgt:

$$\sin 0° = 0 = \sin\delta \cdot \sin\varphi + \cos\delta \cdot \cos\varphi \cdot \cos t_0 \quad \Rightarrow \quad \cos t_0 = -\frac{\sin\delta \cdot \sin\varphi}{\cos\delta \cdot \cos\varphi}$$

Wegen $\frac{\sin}{\cos} = \tan$ erhält man dieselbe Formel wie in Gl. 8.3.

Tab. 8.4 Berechnung von SA/SU und Vergleich

Datum	δ	z (min)	t_0	SA1	SU1	SA2	SU2
1.1.	$-23{,}1$	-3	57,57	08:43	16:23	08:36	16:31
1.4.	4,3	-4	95,42	07:12	19:56	07:06	20:03
1.7.	23,2	-4	122,60	05:24	21:44	06:17	21:51
1.10.	$-2{,}9$	$+10$	86,35	07:35	19:05	07:30	19:09

Das Azimut a_0 kann mit der Nautischen Formel I berechnet werden; wegen $h = 0°$ ist $\sin h = 0$ und $\cos h = 1$, und daraus ergibt sich sofort:

$$\sin \delta = -\cos \varphi \cdot \cos a_0 \quad \Rightarrow \quad \cos a_0 = -\frac{\sin \delta}{\cos \varphi}$$

Wir berechnen jetzt die Zeiten von SA und SU nach der oben beschriebenen Methode für einige ausgewählte Tage und vergleichen sie mit den aus dem Internet ermittelten Werten (das sind sozusagen die „offiziell gültigen" Zeiten; vgl. Tab. 8.1). Das Ergebnis ist in Tab. 8.4 zusammengefasst: Die berechneten Zeiten stehen in den Spalten SA1 und SU1, die extern ermittelten in den Spalten SA2 und SU2.

Es zeigt sich: Die berechneten Zeiten für den SA sind jeweils wenige Minuten *später*, für den SU um den gleichen Betrag *früher* als die „offiziellen" Werte; die Unterschiede betragen 5–7 Minuten. Der Mittagszeitpunkt, also 12:00 WOZ, ist in beiden Fällen derselbe (Abweichungen von einer Minute sind auf Rundung zurückzuführen, mithin vernachlässigbar). Warum ist das so?

Der Grund ist einfach, aber vielleicht nicht ganz offensichtlich: Die Differenzen beruhen auf verschiedenen Definitionen von SA/SU. Im Modell der Himmelskugel haben wir die Sonne als *punktförmig* angenommen, oder anders formuliert: Wir haben den Zeitpunkt berechnet, an dem der *Mittelpunkt der Sonnenscheibe* auf dem Horizont steht. Wir sehen nämlich die Sonne als Scheibe, mit einem Radius von ca. 0,25°. Die übliche Berechnung bezieht sich aber auf den Zeitpunkt, an dem die *Oberkante* der Sonnenscheibe gerade auftaucht bzw. verschwindet. Hinzu kommt, dass die Sonnenstrahlen in der Atmosphäre nicht geradlinig verlaufen, sondern gebrochen werden (*Refraktion*); dieser Effekt ist bei tief stehender Sonne besonders stark. Beides zusammen bewirkt, dass die Modell-Sonne (d. h. der Mittelpunkt der Sonnenscheibe) bereits ca. 0,8° unter dem Horizont steht, wenn die Oberkante der realen (sichtbaren) Sonne sich genau auf dem Horizont befindet.

Wie lange braucht die Sonne für diese Höhendifferenz von 0,8°? Zur Berechnung benötigt man eigentlich die sphärische Trigonometrie, aber wir vereinfachen die Situation, indem wir $\delta = 0°$ setzen (Sonne läuft auf dem Äquator) und ein kleines Kugeldreieck als nahezu eben betrachten (Abb. 8.8): S_1 bzw. S_2 sei der Sonnenmittelpunkt auf dem Horizont bzw. bei $h = -0{,}8°$; F sei der Fußpunkt des Lotes von S_2 auf den Horizont. Dann ist $\overline{FS_2} = 0{,}8°$ und $\angle FS_1S_2 = 90° - \varphi$ ($=$ Schnittwinkel Horizont – Äquator). Gesucht ist die Zeit, in der die Sonne von S_1 nach S_2 läuft (oder umgekehrt); wegen $\delta = 0°$ kann

Abb. 8.8 Sonne bei $h = -0,8°$

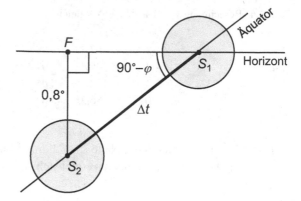

man die Zeit, also die Stundenwinkeldifferenz, als Bogen auf dem Äquator messen. Somit ist $\Delta t := \overline{S_1 S_2}$ die gesuchte Größe. (Wir messen die Seiten des ebenen Dreiecks in Grad, denn im Grunde ist es ja ein Kugeldreieck, wenn auch ein sehr kleines.) Dann gilt:

$$\sin(90° - \varphi) = \frac{\overline{S_2 F}}{\overline{S_1 S_2}} = \frac{0,8°}{\Delta t} \quad \Rightarrow \quad \Delta t = \frac{0,8°}{\sin(90° - \varphi)}$$

Mit $\varphi = 51,5°$ erhält man $\Delta t = 1,285°$. Die Umrechnung $1° \triangleq 4\,\text{min}$ ergibt eine Zeitdifferenz von ca. 5 min; damit ist immerhin die Größenordnung der beobachteten Unterschiede bei den SA/SU-Zeitpunkten bestätigt. Für $\delta \neq 0°$ wird die Rechnung aufwändiger (z. B. ändert sich der Schnittwinkel zwischen Horizont und Äquator), aber qualitativ ändert sich nicht viel; wir verzichten hier auf weitere Untersuchungen.

Damit ist auch klar, warum bei den Tagundnachtgleichen die Tageslänge etwas mehr als die Länge der Nacht beträgt (vgl. Tab. 8.2 am Schluss von Abschn. 8.1.1).

Fazit Unsere relativ einfache Berechnung von SA und SU ist nicht schlecht. Wenn man beim SA vom berechneten Zeitpunkt 5 min abzieht, beim SU 5 min hinzuaddiert, dann stimmen die Werte bis auf ganz geringe Abweichungen mit den extern ermittelten Werten überein. An dieser Stelle ist eine grundsätzliche Anmerkung zur Genauigkeit angebracht: Die Berechnung der Zeitpunkte bezieht sich, in welchem Modell auch immer, auf einen *idealen Horizont*. Ein solcher liegt an einem realen Standort praktisch nie vor, denn die Topografie der Umgebung lässt das in aller Regel nicht zu (extremes Beispiel: Man ist von Bergen umgeben). Selbst am Meer kann man Unterschiede von mehreren Minuten beobachten, je nachdem, ob man genau auf Meereshöhe oder auf einer Klippe steht. In diesem Sinne sind minutengenaue Zeitangaben für SA/SU sowieso mit großer Vorsicht zu gebrauchen.

Tab. 8.5 Daten für den 21.6.

Ort	SA	SU	TL	Mittag
Aachen	05:22	21:53	16:31	13:37:30
Berlin	04:43	21:33	16:50	13:08:00
Dresden	04:50	21:23	16:33	13:06:30
Flensburg	04:44	22:04	17:20	13:24:00
Kassel	05:05	21:42	16:37	13:23:30
Stuttgart	05:20	21:30	16:10	13:25:00
Zugspitze	05:19	21:16	15:57	13:17:30

8.1.4 SA/SU auf Reisen

Wir halten jetzt das Datum fest und fragen: Wie ändern sich die Zeiten von SA und SU, wenn man verreist? Wie verhalten sich die Tageslänge und der Mittagszeitpunkt?

Analog zu Abschn. 8.1.1 beginnen wir dieses Thema mit der Untersuchung von Daten, wie sie im Internet angegeben werden (sonne.apper.de). Als Datum wählen wir den 21.6. (Sommeranfang, längster Tag), weil sich gewisse Phänomene an diesem Tag besonders deutlich bemerkbar machen. Für unsere virtuelle Reise bleiben wir zunächst einmal in Deutschland: Tab. 8.5 enthält die Zeiten von SA/SU sowie die Tageslänge (TL) und den Mittag für sieben Orte; wie man sieht, sind sie bezüglich ihrer Lage z. T. extrem gewählt. (Kassel liegt relativ zentral, deswegen wählt man häufig Kassel als Bezugsort, wenn die Zeiten für SA/SU überregional gültig sein sollen.)

Der erste Eindruck ist sicherlich: Die Unterschiede sind erheblich. Die maximale Abweichung beim SA beträgt fast 40 min (Aachen – Flensburg), beim SU sogar fast 50 min (Flensburg – Zugspitze). Verantwortlich dafür ist natürlich die geografische Lage der Orte zueinander, aber wie und warum?

Bei den Zeiten für SA und SU kann man keinen direkten Zusammenhang mit der Lage der Orte entdecken, erst die Tageslänge und der Mittag zeigen ein klareres Bild:

1. Je nördlicher der Ort, desto länger ist der Tag;
2. je östlicher der Ort, desto früher ist der Mittag.

Wenn man in einem Diagramm zu Tab. 8.5 die Mittagszeitpunkte auf der waagerechten Achse abträgt, aber *absteigend*, sowie die Tageslängen auf der senkrechten Achse, dann erhält man eine grobe Deutschlandkarte! (Bitte selbst probieren.) Umgekehrt kann man anhand der Zeiten von SA/SU für zwei Orte ihre relative Lage bestimmen; wenn man die Daten eines Referenzortes bekannter Lage hinzuzieht, könnte man die Orte sogar ziemlich genau identifizieren (vgl. Abschn. 8.6, Aufg. 6).

Zunächst zu 2.: Für die Unterschiede beim Mittag sind die verschiedenen Ortszeiten verantwortlich; wie im Abschn. 7.3 erwähnt, ist der Unterschied der Ortsstundenwinkel der Sonne gleich der Längendifferenz. Beispiel: In Aachen ist der Mittag 31 min später als in Dresden; mit der Umrechnung 4 min $\widehat{=}$ 1° ergibt sich eine Längendifferenz von 7° 45′. Als geografische Längen werden 6° 5′ Ost für Aachen und 13° 44′ Ost für Dresden angegeben, die Differenz beträgt 7° 39′. Somit stimmen die Daten perfekt überein. Dieser Unterschied der Ortszeiten ist übrigens vom Datum unabhängig, d. h., für alle anderen Tage wird sich derselbe Effekt zeigen.

Nun zu 1.: Was auf den ersten Blick erstaunlich erscheint, ist der große Unterschied der Tageslängen innerhalb von Deutschland. Die Differenz der Tageslängen von Flensburg ($\varphi = 54° 47′$ Nord) und der Zugspitze ($\varphi = 47° 25′$ Nord) beträgt 83 min, das ergibt bei einer Breitendifferenz von 7° 22′ eine Änderung von ca. 11,3 min pro Grad. Um dieses Nord-Süd-Gefälle der Tageslängen zu erklären, ist es vorteilhaft, das kleine Deutschland zu verlassen und die Situation global zu betrachten: Wenn bei uns Sommer ist, dann herrscht ganz im Norden der Polartag (Tageslänge 24 h); je weiter man nach Süden geht, desto kürzer wird der Tag, bis hin zur Südpolarzone (Tageslänge 0 h). In der Mitte, also am Äquator, beträgt die Tageslänge vermutlich genau 12 h. Ob sich die o. g. Proportionalität global fortsetzen lässt, ist allerdings zweifelhaft. Außerdem sollte man überlegen: Wie hängt die Situation vom Datum ab? Im Winterhalbjahr kehren sich die Verhältnisse um (Polartag im Süden, Polarnacht im Norden)! Mehr dazu im Abschn. 8.2.

Wir haben gesehen: Sogar innerhalb Deutschlands gibt es große Unterschiede der Zeiten für SA/SU (MEZ bzw. MESZ), die man auf Reisen deutlich bemerkt, sofern man darauf achtet. Wie ist es nun innerhalb von Europa, wenn wir im Bereich unserer Zonenzeit bleiben? Die Differenzen werden noch größer sein, aber *wie* groß? Ein Beispiel: Wir fahren im Sommer nach Südspanien. Qualitativ bedeutet das:

1. Der Zielort liegt *südlicher*, dadurch verkürzt sich der Tag: SA ist später, SU ist früher.
2. Das Ziel liegt *westlicher*, also sind SA *und* SU später (in der ortsunabhängigen Zonenzeit).

In der Summe wird also der SA auf jeden Fall *später* eintreffen; beim SU können sich die Zeitdifferenzen ausgleichen.

Ein Rechenbeispiel: Wir reisen am 1. Juli von Dortmund nach Tarifa (nahe Gibraltar, südlichste Stadt Europas). Folgende Daten werden benötigt:

- Deklination: $\delta = 23,2°$
- geografische Koordinaten: Start $\varphi_1 = 51,5°$ N, $\lambda_1 = 7,5°$ O; Ziel $\varphi_2 = 36,0°$ N, $\lambda_2 = 5,6°$ W

Wir brauchen nicht die MESZ-Zeitpunkte auszurechnen, weil es nur um die *Unterschiede* der Zeiten geht, daher benötigen wir auch nicht die Zeitgleichung *z*. Genau wie bei der qualitativen Überlegung teilen wir die Reise in zwei Etappen auf, die eine geht nach Süden und die andere nach Westen.

Wir fahren zunächst nach *Süden* bis zum Breitenkreis des Zielorts; dann gehen die Änderungen ausschließlich auf die kürzere Tageslänge zurück. Die Ortsstundenwinkel t_1, t_2 des SU beim Start und beim Zwischenstopp werden wie folgt berechnet:

$$\cos t_1 = -\tan\delta \cdot \tan\varphi_1 = -\tan 23{,}2° \cdot \tan 51{,}5° \quad\Rightarrow\quad t_1 = 122{,}6°$$

$$\cos t_2 = -\tan\delta \cdot \tan\varphi_2 = -\tan 23{,}2° \cdot \tan 36{,}0° \quad\Rightarrow\quad t_2 = 108{,}1°$$

Die Differenz beträgt $14{,}5° \triangleq 58\,\text{min}$; um so viel ist also auf der südlichen Breite der SU früher und der SA später. Außerdem ist festzustellen: Die Tageslängen unterscheiden sich um 1:56 h, das ergibt bei einer Breitendifferenz von 15,5° einen durchschnittlichen Unterschied von ca. 7,5 min pro Grad, also deutlich weniger als beim obigen Beispiel der Änderung in Deutschland am 21.6.; eine feste Änderungsrate kann man wohl nur örtlich und zeitlich begrenzt annehmen.

Nun geht es nach *Westen*, und zwar um eine Längendifferenz von 13,1° (man beachte: Tarifa hat eine *westliche* Länge!), d. h., die Ortszeiten verschieben sich um $13{,}1° \cdot 4\,\text{min} \approx 52\,\text{min}$; somit werden bei fester Zonenzeit SA *und* SU um 52 min später stattfinden.

In der Summe sehen die Änderungen so aus:

- SA ist 58 min + 52 min = 1:50 h später (das ist nicht gerade wenig!);
- SU ist 58 min früher und 52 min später, also 6 min früher, d. h. beinahe gleichzeitig.

Wenn wir den Bereich der MEZ/MESZ verlassen, dann müssen wir natürlich die Änderung der Zonenzeit berücksichtigen, aber das ist innerhalb von Europa nur selten nötig; lediglich am westlichen Rand gilt die Westeuropäische Zeit (WEZ = UTC, in Portugal, Großbritannien, Irland), im Osten die Osteuropäische Zeit (OEZ = UTC + 2, z. B. in Griechenland, Finnland, Rumänien).

8.1.5 Zum Azimut der Sonne bei SA/SU

Die Sonnenauf- und -untergangspunkte A und U pendeln im Laufe eines Jahres jeweils zwischen zwei Extremlagen hin und her. Die Zentren dieser Pendelbewegung sind Ost- und Westpunkt; zur Sommersonnenwende geht die Sonne am weitesten nördlich auf und unter, zur Wintersonnenwende werden die südlichsten Extrempunkte angenommen. Diesen *Pendelbogen* kann man zeichnerisch leicht ermitteln, analog zur Konstruktion in Abschn. 8.1.2 mit den Sonnenbahnen für $\delta = \pm 23{,}5°$; hier werden sogar nur die Azimute benötigt (vgl. Abb. 8.9 für $\varphi = 51{,}5°$). Die Zeichnung ist zudem ein geeignetes Hilfsmittel, um qualitativ zu beschreiben, wie die Größe des Pendelbogens von der geografischen Breite abhängt. Optimal für diesen Zweck geeignet ist eine DGS-Konstruktion mit variabler Breite (= Polhöhe $\widehat{NP}$), aber auch mental kann man die Figur dynamisch interpretieren, indem man bei festem Horizont die Lage des Äquators verändert. Geht man nach

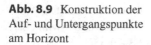

Abb. 8.9 Konstruktion der
Auf- und Untergangspunkte
am Horizont

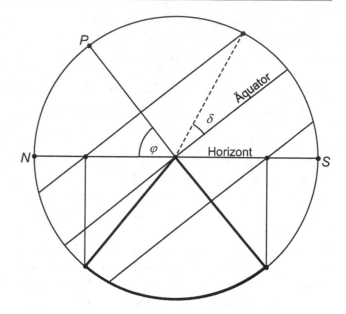

Süden, dann wird der Winkel zum Horizont größer, d. h., die Sonnenbahnen werden steiler und der Pendelbogen wird kleiner; er ist minimal am Äquator, für $\varphi = 0°$ (wie groß?). Geht man nach Norden, dann ist es umgekehrt, der Pendelbogen wird größer (maximal wo, wie groß?).

Diese Extremlagen der Sonne beim Auf- und Untergang spielten schon in prähistorischen Kulturen eine wichtige Rolle, da sie die Jahreszeiten anzeigten; das war für die damalige Bevölkerung fundamental wichtig z. B. im Hinblick auf Saat und Ernte. In zahlreichen europäischen Kultstätten und Gräbern der Stein- und Bronzezeit hat man Merkmale gefunden, die auf eine bewusste Konstruktion nach dem Sonnenlauf schließen lassen (vgl. http://sternwarte-recklinghausen.de/astronomie/astronomie-im-alten-europa/.

Ein herausragendes Beispiel ist die *Himmelsscheibe von Nebra*, eine kreisrunde Bronzeplatte mit Goldapplikationen aus der Bronzezeit, ihr Alter beträgt ca. 3600 Jahre; sie gilt als weltweit älteste konkrete Himmelsdarstellung und als einer der wichtigsten archäologischen Funde aus dieser Epoche. Gefunden wurde sie 1999 in der Nähe von Nebra in Sachsen-Anhalt.

Am linken und rechten Rand der Scheibe waren die sog. *Horizontbögen* angebracht (vgl. die Schemazeichnung in Abb. 8.10; im heutigen Zustand fehlt der linke Bogen). Diese Kreisbögen haben ein Winkelmaß von ca. 82°; das entspricht ziemlich genau der Größe des Pendelbogens auf der Breite $\varphi = 52°$. (Der Fundort Nebra hat die Breite 51,3°.) Dabei ist zu beachten, dass die maximale Sonnendeklination zur Bronzezeit nicht wie heute 23,44° betrug, sondern *größer* war, nämlich ca. 23,9°.

Abb. 8.10 Himmelsscheibe
von Nebra (© Rainer Zenz,
Wikipedia)

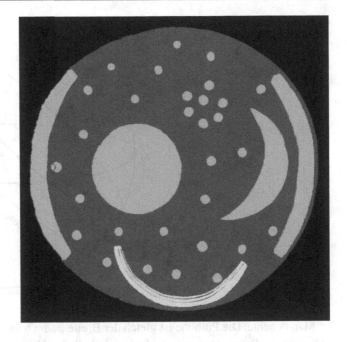

8.2　Die Tageslänge als Funktion

Das Modell der Himmelskugel eignet sich nicht nur für Berechnungen, sondern auch und vor allem für *qualitative* Untersuchungen des Sonnenlaufs und der damit zusammenhängenden Phänomene. Auf diese Methode werden wir im Folgenden das Schwergewicht legen.

8.2.1　Variation des Ortes

Wie hängt die Tageslänge (Kurzbezeichnung TL) vom Standort ab, wenn wir den gesamten Globus in Betracht ziehen? Wir nehmen an, es ist ein Sommertag bei uns, also $\delta > 0°$. Die Tageslänge ändert sich nicht bei Ost-West-Reisen, also stellen wir uns vor, dass wir auf einem Meridian reisen: Gesucht ist der qualitative Verlauf der Funktion $\varphi \mapsto TL$, wenn die geografische Breite φ von $-90°$ bis $+90°$ variiert, wobei $\varphi < 0°$ für südliche Breiten gilt. (Der Funktionsterm ist zwar bekannt, aber wir wollen ihn jetzt nicht benutzen.) Anleitung zum Gebrauch des Modells (vgl. Abb. 8.11):

Kippe den Äquator *mit Pol und Sonnenbahn* gegenüber dem Horizont! (Entsprechend der subjektiven Empfindung des Beobachters bleibt der Horizont waagerecht liegen.) Wie ändert sich dabei die Länge des Tagbogens?

Abb. 8.11 Sonnenbahn bei
Variation der Breite

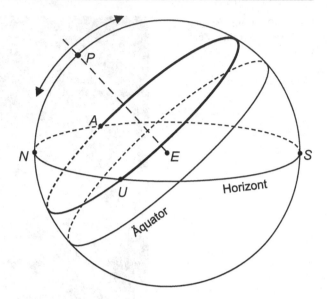

Man beachte: Die Polhöhe ist gleich der Breite φ, auch für südliche Breiten; in diesem Fall steht der Pol (= Himmels*nord*pol) unterhalb des Horizonts. Beobachtungen:

- Hoch im Norden ist $TL = 24\,\mathrm{h}$ (Mitternachtssonne); die Grenze ist dort, wo die Sonnenbahn den Horizont im Nordpunkt berührt. Man überlegt sich leicht, dass dies bei $\varphi = 90° - \delta$ der Fall ist, also nördlich des *Polarkreises* (Breite 66,5° N); hierzu genügt es, einen Schnitt durch die Himmelskugel entlang des Ortsmeridians zu zeichnen, vgl. Abb. 8.12. Damit ist auch die Besonderheit des Polarkreises geklärt: Nördlich davon ist Mitternachtssonne möglich (mehr dazu in Abschn. 8.3).
- Entsprechend herrscht in der Südpolarzone mit $\varphi \leq -(90° - \delta)$ Polarnacht, hier ist $TL = 0\,\mathrm{h}$.
- Für $\varphi = 0°$, also auf dem Erdäquator, steht der (Himmels-)Äquator und damit auch die Sonnenbahn senkrecht zum Horizont, die Sonnenbahn wird in zwei gleich lange Hälften geteilt: $TL = 12\,\mathrm{h}$.
- Allgemein ist eine gewisse Symmetrie von Nord- und Südhalbkugel zu beobachten, denn der Tagbogen für eine Breite φ ist genauso lang wie der Nachtbogen für die Breite $-\varphi$, oder anders gesagt:

$$TL(\varphi) = 24\,\mathrm{h} - TL(-\varphi)$$

Deshalb wird auch der Graph der Funktion irgendwie symmetrisch sein.

- Wie verläuft der Graph zwischen den Extremwerten $0\,\mathrm{h}$ und $24\,\mathrm{h}$? Ist er linear? Eher nicht, denn in Äquatornähe ($\varphi \approx 0°$) ändert sich die Länge des Tagbogens bei Variation von φ nur *sehr wenig*, da die Sonnenbahn *steil* zum Horizont verläuft. Je weiter man nach Norden geht, desto *flacher* wird die Bahn, und das bedeutet eine *starke* Än-

Abb. 8.12 Sonne im Nordpunkt

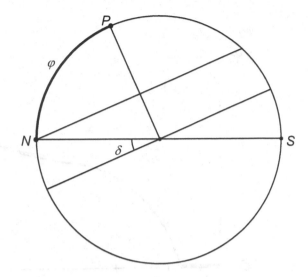

derung der Tagbogenlänge. Mehr noch: Die Bahn wird immer flacher, also nimmt die
Änderungsrate zu, d. h., die Funktion wird *immer steiler.*

Damit haben wir genügend Anhaltspunkte, um die Funktion grob zu skizzieren: Der Graph
wird ungefähr so aussehen wie in Abb. 8.13 skizziert (dort ist $\delta = 23{,}5°$). Wenn wir nun
die Berechnung der Tageslänge als bekannt voraussetzen, dann bereitet es wenig Mühe,
das Bild zu verifizieren.

Wie ändert sich der Graph, wenn man das Datum, d. h. die Deklination δ variiert?

- Für $\delta > 0°$ werden sich die Bereiche der extremen Tageslängen verändern: Je größer
  δ ist, desto größer sind die Bereiche der Mitternachtssonne bzw. der Polarnacht, denn
  die Grenzen liegen bei $\varphi = 90° - \delta$ und $\varphi = -(90° - \delta)$. Das heißt, der Graph
  wird bei Änderung von δ horizontal etwas „gestreckt" oder „gestaucht", behält aber im
  Wesentlichen seine Form bei.
- Bei $\delta = 0°$ läuft die Sonne auf dem Äquator, die Tageslänge beträgt *überall* 12 h, die
  Funktion ist konstant. Allerdings gilt das nur für die „theoretische" Tageslänge, wie
  wir sie berechnet haben: SA/SU bei $h = 0°$ für den *Mittelpunkt* der Sonne, keine Refraktion. Man beachte jedoch, dass der Begriff „Tagundnachtgleichen" sich auf genau
  diese Interpretation bezieht.
- Für $\delta < 0°$ kehren sich die Verhältnisse von Nord- und Südhalbkugel um, der Funktionsgraph ist spiegelsymmetrisch zum entsprechenden Funktionsgraph mit der betrags-
  gleichen positiven Deklination.

Auf der Südhalbkugel, z. B. in Australien oder Südafrika, zeigt sich noch ein anderes
eindrucksvolles Phänomen (vgl. Abb. 8.14): Die Sonne geht nach wie vor im Osten auf
und im Westen unter, aber mittags steht sie im *Norden*, und zwar zu jeder Jahreszeit. Das

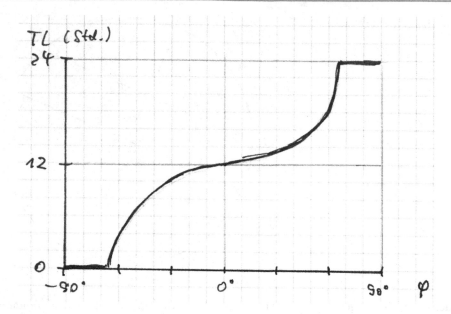

Abb. 8.13 Tageslänge als Funktion der Breite

Abb. 8.14 Sonnenbahn auf
der Südhalbkugel

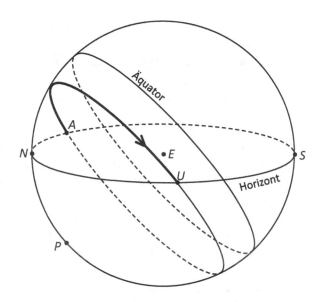

Verblüffendste ist jedoch, dass sie *andersherum* läuft, nämlich im *Gegenuhrzeigersinn*.
(Versetzen Sie sich bitte in den Standpunkt des Beobachters im Mittelpunkt der Himmelskugel!) Es ist anzunehmen, dass der Umlaufssinn unserer Uhrzeiger vom Lauf der
Sonne auf der *Nordhalbkugel* abgeschaut ist, mit anderen Worten: Wären die Uhren auf
der Südhalbkugel entstanden, dann würden sie andersherum laufen.

8.2.2   Variation des Datums

Wir bleiben jetzt an einem festen Ort und fragen: Wie ändert sich die Tageslänge im Laufe eines Jahres? Wir wissen bereits aus Abschn. 8.1.1, dass die Funktion Datum $\mapsto TL$ in unseren Breiten sinusartig verläuft (vgl. Abb. 8.1). Für eine allgemeine Untersuchung wäre es gut zu wissen, wie die Sonnendeklination δ vom Datum abhängt; dazu verfügen wir bisher nur über die Tab. 8.3 (mehr dazu später). Immerhin kann man schon einige qualitative Eigenschaften herausfinden, wenn man die Sonnenbahn parallel zum Äquator verschiebt (bei fester Lage des Äquators) und die Länge des Tagbogens beobachtet:

- Die Tageslänge schwankt zwischen zwei Extremwerten; die Extremstellen sind Sommer- und Wintersonnenwende (maximale und minimale Deklination).
- Es gibt eine gewisse Symmetrie von Sommer- und Winterhalbjahr, denn der Tagbogen für δ ist genauso lang wie der Nachtbogen für $-\delta$, also gilt:

$$TL(\delta) = 24\,\mathrm{h} - TL(-\delta)$$

Für $\delta = 0°$ ist die Tageslänge immer 12 h.

- Variation des Ortes: Wenn man nach Norden geht, werden der Äquator und damit auch alle Sonnenbahnen flacher zum Horizont verlaufen; somit driften die Extremwerte auseinander, bis hin zum Maximalwert von 24 h und Minimalwert von 0 h in der Polarzone.
- Wenn man umgekehrt nach Süden geht (Richtung Erdäquator), dann verlaufen die Sonnenbahnen steiler zum Horizont, die Extremwerte werden zusammengeschoben; für $\varphi = 0°$ ist der Tag übers ganze Jahr hinweg 12 h lang, aber auch in Äquatornähe ($\varphi \approx 0°$) variiert die Tageslänge im Laufe des Jahres nur sehr wenig.

Diese Beobachtungen mögen recht bescheiden klingen, wenn man sie vom rein mathematischen Standpunkt aus betrachtet, als Eigenschaften einer abstrakten Funktion. Aber man muss sich fragen: Was bedeuten die qualitativen Eigenschaften in der Realität? Die Konsequenzen sind gravierend:

- In der Tropenzone, nahe dem Äquator, gibt es praktisch keine Jahreszeiten (abgesehen von periodischen Wetterveränderungen).
- Demgegenüber ist es in der Polarzone grob gesagt ein halbes Jahr hell und ein halbes Jahr dunkel.

Diese Phänomene haben Auswirkungen auf Klima, Flora und Fauna, Lebensweise und Mentalität der Bewohner, Kultur etc., die kaum erschöpfend zu diskutieren sind. Es kommt hier auch nicht darauf an, *neue* Erkenntnisse zu formulieren, sondern (mehr oder weniger) bekannte Tatsachen mit der Geometrie der Himmelskugel zu verknüpfen.

Noch ein Problem, das eng mit der Tageslänge zusammenhängt: Wenn kurz vor SA oder kurz nach SU die Sonne knapp unterhalb des Horizonts steht, dann herrscht *Däm-*

merung. Man unterscheidet verschiedene Helligkeitsstufen (bürgerliche, nautische, astronomische Dämmerung), deren Anfang und Ende durch bestimmte negative Sonnenhöhen definiert sind. Wie lange dauern die Dämmerungsphasen (welchen Typs auch immer)? Rein qualitativ kann man dazu Folgendes sagen:

- Wenn die Sonnenbahn den Horizont flach schneidet, dann gibt es eine lange Dämmerung; im Sommer trifft das auch für Breiten zu, die knapp unterhalb der Polarzone liegen (etwa $\varphi \approx 60°$). Zwar gibt es dort keine Mitternachtssonne, dennoch wird es nachts nicht dunkel (*weiße Nächte*).
- In der Tropenzone verläuft die Sonnenbahn steil zum Horizont, deshalb ist dort die Dämmerung sehr kurz: Innerhalb einer Stunde nach SU ist es stockfinster, und zwar das ganze Jahr über (mit nur geringen Unterschieden).

Zur quantitativen Bestimmung der Dämmerungszeiten vgl. Aufg. 8 in Abschn. 8.6.

Zurück zur Funktion Datum $\mapsto TL$ an einem festen Ort: Um Genaueres über die Gestalt der Funktion zu erfahren, müssen wir zunächst einmal wissen, wie δ vom Datum abhängt. Wenn man die Werte aus Tab. 8.3 in ein Diagramm überträgt, dann sieht der Graph der Funktion Datum $\mapsto \delta$ wie eine Sinuskurve aus (hier ohne Abb., bitte selbst versuchen). Es liegt also nahe, diese Funktion durch eine Sinusfunktion mit jährlicher Periode zu interpolieren, mit den Nullstellen bei den Tagundnachtgleichen. Das ist zwar *inhaltlich* nicht gerechtfertigt und daher unbefriedigend, aber wenn man nur den groben Verlauf modellieren möchte und keinen Wert auf numerische Exaktheit legt, dann ist es durchaus sinnvoll. (Eine Darstellung durch einen Funktionsterm, der inhaltlich begründet ist und exakte Werte liefert, ist auch nicht ganz einfach zu erhalten.)

Bezüglich des Datums kann man noch weitere Vereinfachungen vornehmen: Man lässt das Jahr am Frühlingsanfang (in der Regel ist das der 20. März) beginnen und rechnet mit einer Jahreslänge von 360 Tagen, mit 12 Monaten zu je 30 Tagen. Wenn T die Zeit in Tagen seit „Jahresbeginn" ist, dann ist

$$\delta = 23{,}5° \cdot \sin(T)$$

ein ganz einfacher, aber sinnvoller Term für δ. Mit einer konstanten Breite φ berechnet man dann aus $\cos t_0 = -\tan\varphi \cdot \tan\delta$ den Stundenwinkel t_0 bei SU und daraus wie bekannt die Tageslänge. Zusammengefasst:

$$TL = \frac{2t_0}{15} = \frac{2}{15} \cdot \arccos\left(-\tan\varphi \cdot \tan\left(23{,}5° \cdot \sin T\right)\right)$$

Für unsere Breiten, etwa $\varphi = 51{,}5°$ (Dortmund), zeigt sich der bereits anhand der realen Daten dargestellte sinusartige Verlauf (vgl. Abb. 8.1); für kleinere $\varphi > 0°$ ist die Kurve ähnlich, nur flacher. Aber am Polarkreis, $\varphi = 66{,}5°$, erleben wir eine Überraschung (Abb. 8.15; die waagerechte Skala beginnt beim Winteranfang): Zwischen den beiden Extremwerten (0 h und 24 h) verläuft der Graph fast linear!

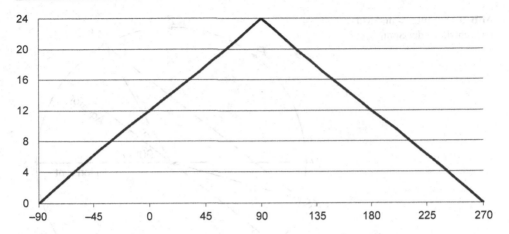

Abb. 8.15 Tageslänge am Polarkreis

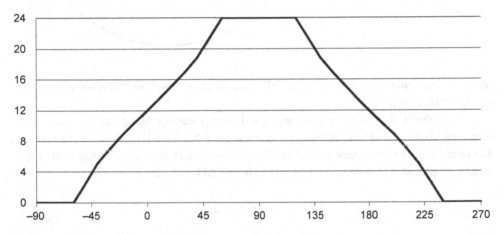

Abb. 8.16 Tageslänge am Nordkap

Für noch größere Breiten, etwa $\varphi = 71°$ (Nordkap) verbreitern sich die Extremstellen zu Intervallen, aber dazwischen ähnelt der Graph im aufsteigenden Ast eher der Tangensfunktion (Abb. 8.16).

8.3 Mittags- und Mitternachtshöhe der Sonne

Es sei wieder ein fester Standort mit Breite φ und ein Tag mit Sonnendeklination δ gegeben. Man bestimme die größte und die kleinste Sonnenhöhe (Mittags- und Mitternachtshöhe) im Laufe dieses Tages!

Das lässt sich ganz elementar *ohne Trigonometrie* lösen, denn in beiden Fällen befindet sich die Sonne auf dem Meridian: Das Maximum wird zu Mittag angenommen ($t = 0°$,

Abb. 8.17 Mittags- und Mitternachtshöhe der Sonne

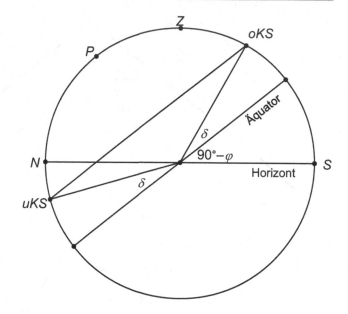

obere Kulmination), das Minimum um Mitternacht ($t = 180°$, *untere Kulmination*, bei uns nicht sichtbar).

Wir zeichnen also einen Schnitt durch die Himmelskugel entlang des Meridians, mit Horizont, Äquator und Sonnenbahn (ähnlich wie oben bei SA/SU). Der Winkel zwischen Horizont- und Äquatorebene ist bekanntlich $90° - \varphi$. Bei der oberen Kulmination der Sonne (Punkt oKS) beträgt die Höhe, wie man aus Abb. 8.17 abliest:

$$h_{\max} = 90° - \varphi + \delta \qquad (8.5)$$

Bei der unteren Kulmination (Punkt uKS) muss man beachten, dass der untere Schnittpunkt des Äquators mit dem Meridian eine *negative* Höhe hat, nämlich $-(90° - \varphi)$, und dann ergibt sich:

$$h_{\min} = \varphi - 90° + \delta \qquad (8.6)$$

Beispiel: Am Sommeranfang in Dortmund ist $h_{\max} = 90° - 51{,}5° + 23{,}5° = 62°$ und $h_{\min} = 51{,}5° - 90° + 23{,}5° = -15°$. Am Winteranfang mit $\delta = -23{,}5°$ ergibt sich analog $h_{\max} = 15°$ und $h_{\min} = -62{,}5°$. (Zeichnen Sie diese Winkel, um sich ihre Größe und den Unterschied klarzumachen!)

Diese beiden Formeln für $h_{\max}$ und $h_{\min}$ sind so einfach (sogar kopfrechengeeignet!), dass man ihnen keine große Relevanz zutraut, aber das ist grundfalsch, wie sich gleich zeigt. Doch zuerst müssen wir ihre Allgemeingültigkeit unter die Lupe nehmen.

Was ist z. B., wenn $\varphi = 10°$ und $\delta = 20°$ beträgt? Mit $h_{\max} = 90° - 10° + 20° = 100°$ liefert die Formel einen unmöglichen Wert, denn die Höhe ist per definitionem auf maximal $90°$ beschränkt. Wie kommt das zustande? Zur Klärung sollten wir noch einmal die

Geometrie heranziehen. Erstellen Sie zunächst eine Zeichnung analog zu Abb. 8.17 für diese Situation! Wie Sie aus der Figur ablesen können, beträgt der Bogen vom *Südpunkt* bis zur oberen Kulmination tatsächlich 100°, aber die Sonne kulminiert im *Norden*, also beträgt ihre Höhe 180° − 100° = 80°! Mit $h_{min} = 10° - 90° + 20° = -60°$ erhalten wir jedoch einen zulässigen Wert, und er stimmt auch (bitte prüfen Sie das anhand Ihrer Zeichnung); denn die Formel geht davon aus, dass der untere Kulminationspunkt im *Norden* liegt, und das ist hier tatsächlich der Fall.

Für *südliche* Breiten, d. h. mit negativen Werten von φ, kann man Beispiele konstruieren, in denen *beide* Formeln einen „falschen" Wert liefern (probieren Sie selbst!).

Fazit: Bei der Herleitung der Formeln sind wir implizit von einer speziellen Lage der Sonnenbahn ausgegangen, und zwar wie sie für unsere Breiten zutrifft. Sollte die Sonne aber im *Norden* kulminieren, dann nehme man für h_{max} die Ergänzung zu 180°; wenn der untere Kulminationspunkt im *Süden* liegt, nehme man für h_{min} die Ergänzung zu −180°.

Testen Sie diese Regel für einen ganz extremen Fall, und zwar $\varphi = -80°$ (fast am Südpol) und $\delta = 20°$! Stimmt sie immer noch? Zeichnen Sie die entsprechende Figur!

Wir kommen nun zur Interpretation der Formeln für die Mittags- und Mitternachtshöhe.

Astronomische Ortsbestimmung

Ein Zitat aus dem alten Reisebericht „Wahrhaftige Beschreibung der Nordreise des Kapitäns Jacob van Heemskerck und des Obersteuermanns Willem Barentsz" (in diesem Buch wird eine Forschungsreise ins Polarmeer beschrieben, die 1596/97 stattgefunden hat; vgl. [1], S. 351):

Am 2. [April] war es ruhiger, klar und kalt. Die Mittagshöhe betrug 18° 40′, die sich daraus ergebende Breite . . . 76°.

Das heißt: Wenn man mit einem Sextanten o. Ä. die Mittagshöhe misst, dann kann man aus diesem Wert und aus der Deklination δ am betreffenden Tag die geografische Breite des Standortes bestimmen. Für δ waren in der Seefahrt auch schon zur damaligen Zeit Tabellen in Gebrauch.

Wir überprüfen die Rechnung. Laut unserer Deklinationstabelle ist am 2. April $\delta = 4,6° = 4° 36′$; stellt man Gl. 8.5 nach φ um, dann ergibt sich:

$$\varphi = 90° - h_{max} + \delta = 90° - 18°40' + 4°36' = 75°56'$$

Gerundet kommt also tatsächlich $\varphi = 76°$ heraus, wie im Text angegeben.

Diese Bestimmung der geografischen Breite aufgrund der Mittagshöhe ist so einfach und wichtig, dass sie kurz mit *Mittagsbreite* (auch *Mittagsbesteck*) bezeichnet wird. Das Verfahren war im Prinzip schon im Altertum bekannt und gebräuchlich. Die Messmethoden wurden natürlich immer weiter verfeinert, sodass man die Mittagshöhe recht genau erhält (auf technische Details gehen wir hier nicht ein). Das ist für eine präzise Ortsbestimmung auch notwendig; man beachte, dass sich ein Messfehler von nur 0,1° in gleicher

Größe bei der Breite bemerkbar macht, das bedeutet eine Nord-Süd-Abweichung von ca. 11 km vom tatsächlichen Standort, eventuell mit fatalen Folgen.

Wenn zusätzlich der *Zeitpunkt* der Sonnenkulmination in einer *ortsunabhängigen* Zeit (z. B. UTC) bekannt ist, dann kann man daraus auch die geografische *Länge* bestimmen. Ein fiktives Beispiel: Am 20. Mai wird auf einem Schiff die Mittagshöhe gemessen zu 69°; der Zeitpunkt ist 15:27 UTC. Auf welcher Position befindet sich das Schiff?

Die Tabellen für Deklination und Zeitgleichung liefern $\delta = 19{,}8°$ und $z = +3\,\text{min}$. Aus $h_{\max} = 69°$ ergibt sich wie oben $\varphi = 90° - 69° + 19{,}8° = 40{,}8°$. Mit WOZ = 12:00 Uhr erhält man:

$$\text{MOZ} = \text{WOZ} - z = 12{:}00 - 0{:}03 = 11{:}57$$

$$\text{MOZ} = \text{UTC} + \frac{\lambda}{15°} \;\Rightarrow\; \lambda = 15° \cdot (\text{MOZ} - \text{UTC}) = 15° \cdot (11{:}57 - 15{:}27) = -52{,}5°$$

Somit ist die gesuchte Position 40,8° N und 52,5° W (Nordatlantik).

Die Genauigkeit unserer Tabellen für δ und z reicht natürlich für eine *exakte* Berechnung bei Weitem nicht aus, für professionelle Zwecke gibt es sehr viel genauere Tabellen (Nautische Jahrbücher, Ephemeriden). Hinzu kommt, dass der genaue Zeitpunkt der Sonnenkulmination nicht leicht zu bestimmen ist, denn die Höhe variiert in der Nähe des Maximums nur sehr wenig. Aber das sind technische Probleme, am Prinzip ändert das nichts.

Eine Längenbestimmung nach dieser Methode war für Willem Barentsz noch nicht vorstellbar, denn Schiffschronometer, die über lange Zeit unter den widrigen Bedingungen der Seefahrt die genaue Zeit anzeigten, gab es erst seit dem 18. Jahrhundert (vgl. Abschn. 1.4). Man beachte: Wenn die Uhr nur um eine einzige Minute falsch geht, dann entsteht daraus bei der Länge ein Fehler von 0,25°, das bedeutet eine Abweichung von bis zu 28 km in der Ost-West-Richtung (abhängig vom Breitengrad, vgl. Abschn. 3.2.2), auch hier möglicherweise mit schlimmen Folgen.

Mitternachtssonne, Polarwinter

Als Einstieg sei wiederum aus dem Bericht über die Reise von Willem Barentsz zitiert ([1], S. 280 und 336ff.):

> An jenem Tag [5. Juni] hatten wir zu Mitternacht die Sonne im Norden, einen Grad über der Kimm.
> Am 24. [Januar] war es bei Westwind schönes, klares Wetter. Mit dem Kapitän und einem Maat schlenderte ich an den Meeresstrand auf der Südküste Nova Semblas, als ich plötzlich und unvermutet den oberen Rand der Sonne über die Kimm steigen sah. ... Freilich war es ein erstaunliches Wunder, worüber seitens der Gelehrten gar viele Worte verloren wurden, sintemal es auf dieser Breite noch vierzehn Tage bis zum Erscheinen der Sonne hätte dauern sollen. ... Später habe ich mir sagen lassen, dass sich die Sonne in Wirklichkeit noch 4° unter der Kimm befunden hätte. Dass wir die dennoch erschauten, war und blieb ein Wunder zu nennen. Die Frage hat die Gemüter der Gelehrtenwelt aufs Heftigste bewegt. Eine so frühe Rückkehr der Sonne steht in direktem Gegensatz zu den Auffassungen der früheren wie der

heutigen Wissenschaft, ja in Widerspruch zu den Vorgängen in der Natur und zur Kugelform von Erde und Himmel.

Info für Landratten: Die *Kimm* ist die Horizontlinie, also die Grenze zwischen Himmel und Meer. Wo sich das Schiff am 5. Juni befand, wird im Text nicht genannt (wir wissen nur, dass es die norwegische Küste entlangfuhr), aber wir können immerhin die Breite rekonstruieren. Hier ist die *Mitternachtshöhe* gegeben, also $h_{min} = 1°$, und laut Tab. 8.3 beträgt die Deklination 22,1°:

$$h_{min} = \varphi - 90° + \delta \quad \Rightarrow \quad \varphi = h_{min} + 90° - \delta = 1° + 90° - 22,1° = 68,9°$$

Das ist kurz vor dem Nordkap. Es sollte klar sein, dass es sich um einen *ungenauen* Wert handelt, denn z. B. erscheint die Sonne durch die Lichtbrechung tiefer, als sie tatsächlich steht (vgl. Abschn. 8.1.3); außerdem ist die sog. *Kimmtiefe* zu berücksichtigen, d. h., man beobachtet in der Regel nicht von Meereshöhe, sondern von einem erhöhten Standpunkt aus (vgl. Abschn. 3.6.1).

Am 24. Januar befand sich die Besatzung im Winterlager auf Novaja Semlja, auf derselben Breite von 76° wie auch noch im April. Zu dieser Zeit herrscht dort der Polarwinter, denn mit $\delta = -19,3°$ (Tabelle) folgt tatsächlich:

$$h_{max} = 90° - \varphi + \delta = 90° - 76° - 19,3° = -5,3°$$

Die Sonne würde demnach theoretisch selbst beim Höchststand noch ca. 5° unterm Horizont stehen. Den Unterschied zu den im Text angegebenen 4° kann man noch mit der Lichtbrechung erklären – dass sie trotzdem schon zu sehen war, ist durch diese „normalen" Fehlerquellen nicht zu begründen, aber vielleicht durch Luftspiegelungen. Immerhin zeigt das Zitat, mit welcher Erregung die Menschen das Ende der Polarnacht herbeisehnten.

Wann wäre denn theoretisch das Ende der dauernden Dunkelheit erreicht? An welchem Tag ist $h_{max} = 0°$?

$$0° = 90° - \varphi + \delta \quad \Rightarrow \quad \delta = \varphi - 90° = 76° - 90° = -14°$$

Aus der Tabelle ermittelt man für diese Deklination das Datum 11. Februar, das ist tatsächlich gut zwei Wochen später als der Zeitpunkt der überraschenden Beobachtung.

Allgemein gilt für die *Mitternachtssonne* die Bedingung $h_{min} \geq 0°$, die Grenze wird durch $h_{min} = 0°$ markiert. Wir bleiben jetzt in der *nördlichen* Polarzone, damit wir Gl. 8.6 problemlos anwenden können; daraus folgt:

$$0° = \varphi - 90° + \delta \quad \Leftrightarrow \quad \varphi + \delta = 90°$$

Das kann man nun je nach Fragestellung auswerten, etwa so:

1. Wann gibt es auf der Breite φ die Mitternachtssonne?

   Antwort: $\delta \geq 90° - \varphi$; Datum von ... bis ... in der Tabelle nachzusehen.

2. An welchen Orten gibt es die Mitternachtssonne an einem bestimmten Tag?

   Antwort: δ aus der Tabelle ermitteln, $\varphi \geq 90° - \delta$.

Wie beim SA/SU beziehen sich diese Überlegungen immer auf den Sonnenmittelpunkt, und außerdem sind Phänomene wie die Lichtbrechung in der Atmosphäre nicht berücksichtigt; man sollte daher die Ergebnisse nicht zu genau nehmen.

Da die maximale Deklination 23,5° beträgt, folgt aus 2., dass es die Mitternachtssonne nur auf den Breiten $\varphi \geq 66,5°$ gibt, also in der *Polarzone*, nördlich des *Polarkreises* $\varphi = 66,5°$. Damit ist auch geklärt, welche Rolle dieser ausgezeichnete Breitenkreis spielt.

Eine analoge Beziehung ergibt sich für den Beginn und das Ende der Polarnacht aus der Grenzbedingung $h_{max} = 0°$:

$$0° = 90° - \varphi + \delta \quad \Leftrightarrow \quad \varphi + (-\delta) = 90°$$

An der Gestalt der Formel erkennt man schon, dass hier positive und negative Deklinationen, Sommer- und Wintertage ihre Rollen tauschen.

Die Situation in der Südpolarzone ist im Prinzip genau die gleiche, mit vertauschten Jahreszeiten. Weil uns der Norden näher liegt, verzichten wir auf weitere Einzelheiten.

Sonne im Zenit

Hier kann man die naiv anmutende, aber auch provozierende Frage stellen: Warum ist es am Nordpol selbst im Sommer so kalt, wenn doch die Sonne ein halbes Jahr lang ununterbrochen scheint? Für die Intensität der Sonnenstrahlung ist natürlich der *Einfallswinkel* maßgebend: Je höher die Sonne, desto intensiver wirken die Strahlen, und zwar maximal, wenn die Sonne im Zenit steht, d. h. senkrecht über dem Beobachter. Wann und wo tritt das auf? Dreht man auf der Himmelskugel den Äquator so, dass die Sonnenbahn durch den *Zenit* geht, dann kann man ähnlich wie in Abb. 8.17 schließen: Die Sonne läuft durch den Zenit, wenn $\delta = \varphi$ ist. Somit kann das nur im Bereich $-23,5° \leq \varphi \leq 23,5°$ vorkommen, also zwischen dem nördlichen und südlichen *Wendekreis* (auch Wendekreis des Krebses bzw. des Steinbocks genannt). Damit ist auch die Rolle dieser ausgezeichneten Breitenkreise geklärt. Die Tropenzone umfasst nach der üblichen Definition den Bereich zwischen den Wendekreisen, sie liegt also genau dort, wo die Sonne im Zenit stehen kann. Für eine feste Breite φ in diesem Intervall kommt das in der Regel an zwei Tagen im Jahr vor.

Man kann die o. g. Bedingung auch aus Gl. 8.5 herleiten: Wenn die Sonne im Zenit steht, dann beträgt ihre Höhe 90°, somit passiert das am wahren Mittag, denn höher geht es sowieso nicht. Aus $h_{max} = 90°$ folgt:

$$90° = 90° - \varphi + \delta \quad \Leftrightarrow \quad \varphi = \delta$$

Beispiel: Mekka hat die Koordinaten 21° 25′ N, 39° 50′ O. Somit kann dort die Sonne im Zenit stehen, denn die Breite ist betraglich kleiner als die maximale Deklination. An welchen Tagen und jeweils zu welcher Uhrzeit ist das der Fall?

Diese Information ist für Muslime interessant, weil sie damit die Richtung nach Mekka, also die Gebetsrichtung (Qibla; vgl. auch Abschn. 5.1.2) bestimmen können, sofern zu dieser Zeit die Sonne scheint: Mekka liegt dann genau in Richtung der Sonne. (Man kann auch die Richtung eines Schattens markieren, die Gegenrichtung ist dann die gesuchte.)

Aus der Bedingung $\delta = \varphi = 21,4°$ erhält man mithilfe der Deklinationstabelle die Tage 28. Mai und 16. Juli. Die Formeln für die Zeitumrechnung (vgl. Abschn. 7.3) liefern den genauen Zeitpunkt:

$$\text{UTC} = \text{WOZ} - z - \frac{\lambda}{15°} \tag{8.7}$$

Für den 28. Mai (mit $z = 2\,\text{min}$) ergibt sich 9:19 UTC bzw. 11:19 MESZ, für den 16. Juli ($z = -6\,\text{min}$) 9:27 UTC bzw. 11:27 MESZ.

Umgekehrt kann man fragen: Wo steht die Sonne zu einem bestimmten Zeitpunkt im Zenit? Für *jeden* Zeitpunkt gibt es *genau eine* Stelle, an der die Sonnenstrahlen senkrecht einfallen. Welche ist es z. B. zu der Zeit, wenn Sie dies lesen? Schätzen Sie zuerst!

Die Breite ist leicht zu bestimmen: Sie ist gleich der heutigen Deklination (Tabelle!). Für die geografische Länge ist zu überlegen: Auf welchem Meridian ist gerade wahrer Mittag? Ehe wir die Formeln bemühen, ist ein Überschlag angebracht. Während ich dies tippe, ist es ca. 19 Uhr MEZ. Die MEZ ist gleich der MOZ für $\lambda = 15°$; es ist sieben Stunden später als der mittlere Mittag auf diesem Meridian, währenddessen ist die Sonne um $7 \cdot 15° = 105°$ weiter nach Westen gewandert, also ist die Länge ungefähr 90° West (zur Vereinfachung sehen wir von der Zeitgleichung ab).

Löst man Gl. 8.7 nach λ auf, dann kann man den Ort auch exakt ausrechnen (ggf. Umrechnung MEZ/MESZ in UTC beachten). Und wenn Sie für die Rechnung 20 Minuten gebraucht haben, welcher Ort ist es dann? Man braucht *nicht* das Ganze von vorn aufzurollen, denn in 20 min ist die Sonne um fünf Längengrade weitergezogen, also liegt der Ort jetzt 5° weiter westlich!

Schlussbemerkung Es bleibt festzuhalten, dass die Klimazonen der Erde (tropische, subtropische, gemäßigte, polare Zone) aufgrund der o. g. speziellen Breitenkreise (Wendekreise, Polarkreise) definiert werden, und diese Breitenkreise sind durch die Geometrie der Sonnenbahnen ausgezeichnet.

8.4 Sonnenscheindauer auf einem Balkon

Wie lange scheint auf einem *Südbalkon* die Sonne? Wir suchen also die Zeitspanne zwischen „Sonne im Osten" und „Sonne im Westen".

Abb. 8.18 zeigt die Himmelskugel mit der Sonnenbahn und dem Vertikalkreis durch den Ostpunkt O und den Westpunkt W; dieser Vertikalkreis schneidet die Sonnenbahn in F und G, d. h., bei F steht die Sonne im Osten, bei G im Westen. Gesucht sind die Stundenwinkel von F und G.

Einige qualitative Erkenntnisse kann man unmittelbar am Modell ablesen:

- Die Frage ist eigentlich nur im Sommerhalbjahr ($\delta > 0°$) interessant, denn im Winterhalbjahr liegen die Auf-/Untergangspunkte etwas südlicher als Ost/West, sodass man von SA bis SU Sonne auf dem Balkon hat.
- Zu den Tagundnachtgleichen geht die Sonne genau im Osten auf und im Westen unter, also hat man zwölf Stunden Sonne.
- Sonst ist allerdings die Zeitspanne zwischen Ost- und Westpunkt der Sonnenbahn *kürzer* als zwölf Stunden, am kürzesten zum Sommeranfang!

Wenn die Sonne im Osten oder Westen steht, ist das Azimut $a = \pm 90°$. Man kann die zugehörigen Stundenwinkel analog zum SA/SU zeichnerisch ermitteln (vgl. Abb. 8.19; im Meridianschnitt fallen die Punkte F und G zusammen im Punkt H). Ergebnis für $\varphi = 51,5°$ und $\delta = 23,5°$: $t \approx \pm 70°$, das ergibt eine Sonnenscheindauer auf dem Südbalkon von „nur" 9:20 h!

Abb. 8.18 Sonne im Osten oder Westen

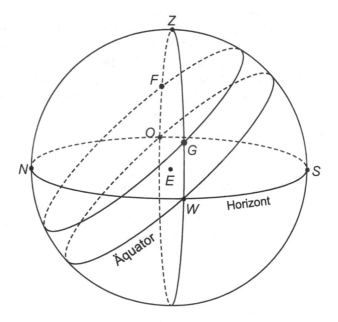

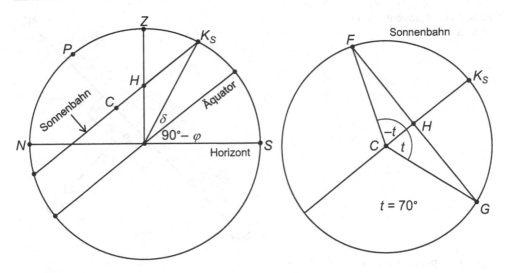

Abb. 8.19 Konstruktion von t für $a = \pm 90°$

Analog zur Berechnung von t_0 bei SA/SU kann man aus der Konstruktionsfigur mithilfe ebener Trigonometrie eine Formel für t herleiten. Versucht man jedoch, das Problem rechnerisch mit den Formeln des Nautischen Dreiecks zu lösen, dann ergibt sich zunächst ein Problem: Gegeben sind hier φ, δ und a; damit ist keine der Gleichungen direkt nach t oder h auflösbar. In diesem Fall ist allerdings $a = \pm 90°$ und somit $\cos a = 0$, dadurch vereinfacht sich die Nautische Formel I:

$$\sin \delta = \sin \varphi \cdot \sin h \quad \Rightarrow \quad \sin h = \frac{\sin \delta}{\sin \varphi}$$

Mit der Nautischen Formel III kann man dann t ausrechnen, denn $\sin a = \sin(\pm 90°) = \pm 1$:

$$\sin t = \pm \frac{\cos h}{\cos \delta}$$

Man beachte, dass t in diesem Fall mit Sicherheit ein *spitzer* Winkel ist.

Beispiel: $\varphi = 51{,}5°$, $\delta = 23{,}5°$ $\quad \Rightarrow \quad h = 30{,}63°$ $\quad \Rightarrow \quad t = 69{,}76°$

Das stimmt perfekt mit dem konstruktiv ermittelten Wert überein.

Wie lange wird denn ein *Südostbalkon* von der Sonne beschienen? Gemäß der üblichen Auffassung von der Ausrichtung eines Balkons bzw. der zugehörigen Wand blickt man nach Südosten, wenn man auf dem Balkon steht und von der Wand wegschaut; die Wand verläuft also von Nordost nach Südwest (vgl. Abb. 8.20).

In unseren Breiten geht die Sonne nicht nördlicher als Nordost auf, die einzig relevante Frage ist also: Wann steht die Sonne im Südwesten, d. h., wann verschwindet sie hinter der Hauswand rechts vom Balkon?

Abb. 8.20 Südostbalkon von
oben gesehen

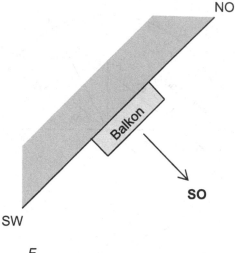

NO

SO

SW

Abb. 8.21 Berechnung von t
bei gegebenem Azimut

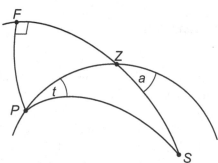

Allgemeines Problem: φ, δ und a seien gegeben, jetzt a beliebig (im Beispiel ist $a =$ 45°); wann steht die Sonne im Azimut a? Gesucht ist der Stundenwinkel t.

Wie oben angedeutet, scheint die rechnerische Lösung in diesem Fall schwierig zu sein (vielleicht sogar unmöglich?).

Wir gehen deshalb zum Nautischen Dreieck zurück, um das Problem geometrisch zu untersuchen (vgl. Abb. 8.21). S ist die Sonne. Gegeben sind:

$$\widehat{PZ} = 90° - \varphi, \ \widehat{PS} = 90° - \delta, \ \angle PZS = a' = 180° - a$$

Das ist der gefürchtete Fall SSW!

Gesucht ist $t = \angle ZPS$. Man kann zunächst $\angle PSZ$ mit dem Sinussatz berechnen, und weiter geht es mithilfe geeigneter rechtwinkliger Dreiecke (vgl. Abschn. 4.2): Vom Scheitel P des gesuchten Winkels wird das Lot auf den Großkreis ZS gefällt, der Fußpunkt sei F (in unserem Beispiel $a = 45°$ ist $\angle PZS$ stumpf, deshalb liegt F außerhalb des Bogens $\widehat{ZS}$). In den rechtwinkligen Dreiecken PFS und PFZ ist jeweils die Hypotenuse und ein Winkel bekannt, daraus kann man die Winkel bei P berechnen, und t ist ihre Differenz (wenn F zwischen Z und S läge, wäre t ihre Summe).

Zahlenbeispiel: $\varphi = 51{,}5°$ (Dortmund), $\delta = 23{,}5°$ (Sommeranfang), $a = 45°$ (Südwest). Im Nautischen Dreieck PZS ergibt sich mit dem Sinussatz:

$$\sin \angle PSZ = \frac{\sin 38{,}5° \cdot \sin 135°}{\sin 66{,}5°} \quad \Rightarrow \quad \angle PSZ = \angle PSF = 28{,}685°$$

Im $\triangle PFZ$ erhält man aus $\widehat{PZ}$ und $\angle PZF = a$ mithilfe der Neper'schen Formel (8.5):

$$\tan \angle FPZ = \frac{1}{\cos 38{,}5° \cdot \tan 45°} \quad \Rightarrow \quad \angle FPZ = 51{,}95°$$

Analog im $\triangle PFS$ aus $\widehat{PS}$ und $\angle PSF$:

$$\tan \angle FPS = \frac{1}{\cos 66{,}5° \cdot \tan 28{,}685°} \quad \Rightarrow \quad \angle FPS = 77{,}69°$$

Die Differenz ist $t = \angle FPS - \angle FPZ = 77{,}69° - 51{,}95° = 25{,}74° \,\hat{=}\, 13{:}43$ WOZ.

Für den SA an diesem Tag ergibt sich der Stundenwinkel $t_0 = -123° \,\hat{=}\, 3{:}47$ WOZ im Azimut $a_0 = -130°$, also kann man den SA auf dem Südostbalkon beobachten und die Sonnenscheindauer beträgt

$$13{:}43 - 3{:}47 = 9\,\text{h}\,56\,\text{min},$$

ist also über eine halbe Stunde länger als auf dem Südbalkon!

Das Ganze gilt symmetrisch auch für Südwestbalkone: Die Sonne scheint dort von $a = -45°$, also $t = -25{,}74° \,\hat{=}\, 10{:}17$ WOZ bis zum SU um 20:13 WOZ (mit dem kleinen Unterschied, dass die meisten von uns wohl lieber die Abendsonne genießen).

8.5   Die Sonne im Jahreslauf

8.5.1   Die Ekliptik

Wir betrachten weiterhin die Erde als Mittelpunkt der Himmelskugel (geozentrisches Modell), mit dem Äquator als festem Großkreis und dem zugehörigen Himmelsnordpol P. Allerdings halten wir jetzt den Fixsternhimmel fest, d. h., die tägliche Rotation der Erde um ihre eigene Achse wird „gestoppt".

Im Laufe eines Jahres beschreibt die Sonne einen Großkreis an der Himmelskugel, den Ekliptikkreis oder kurz *Ekliptik* (Abb. 8.22). Dieser Großkreis schneidet den Äquator unter einem Winkel von $\varepsilon = 23{,}44°$, genannt *Ekliptikschiefe*. Die Schnittpunkte der Ekliptik mit dem Äquator heißen *Frühlingspunkt F* und *Herbstpunkt H*. In diesen Punkten hat die Sonne die Deklination $\delta = 0°$, wobei δ beim Durchlaufen von F zunimmt (von P aus gesehen läuft die Sonne im Gegenuhrzeigersinn). Die maximale Deklination ist gleich

Abb. 8.22 Äquator und Ekliptik

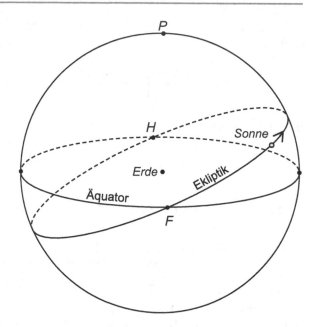

der Ekliptikschiefe, beträgt also 23,44°; sie wird genau zwischen F und H erreicht und markiert den Sommeranfang. Entsprechend beträgt die minimale Deklination $-\varepsilon$, und sie ist für den Winteranfang zuständig.

Räumlich gesehen bewegt sich die Sonne um die Erde in einer festen Ebene, genannt *Ekliptikebene*, und die Erdachse ist gegenüber der Senkrechten auf dieser Ebene um den Winkel ε geneigt. Das ändert sich auch nicht, wenn wir zum heliozentrischen System übergehen: Die Erde läuft dann um die Sonne in genau derselben Ebene, und die Erdachse ist ebenso geneigt (Abb. 8.23). Das entspricht eher dem Bild, mit dem üblicherweise die Jahreszeiten erklärt werden. Wir bleiben aber beim geozentrischen Modell, denn damit geht es genauso gut, wenn nicht besser: Für $\delta > 0°$ steht die Sonne *oberhalb* des Himmelsäquators, und da dieser die „Verlängerung" des Erdäquators ist (jetzt sollte man sich wieder die Erde als kleine Kugel im Zentrum vorstellen), wird die Nordhalbkugel im Sommer stärker beleuchtet als im Winter.

Bekanntlich ist das Äquatorsystem fast ortsunabhängig, denn die Stundenwinkel für zwei verschiedene Orte auf der Erdkugel unterscheiden sich nur um deren Längendifferenz.

Für ein völlig ortsunabhängiges Koordinatensystem auf der Himmelskugel definiert man den Frühlingspunkt F als festen „Nullpunkt" auf dem Äquator, und die Position eines Gestirns G wird beschrieben durch die Deklination δ und den Winkel $\alpha = \angle FPG$, genannt *Rektaszension* (Abb. 8.24).

Damit haben alle Fixsterne feste Koordinaten, die in Tabellen nachgeschlagen werden können. (Wie so oft stimmt das nicht ganz genau, langfristig ändern sich manche doch ein wenig.) Die anderen Himmelskörper unseres Sonnensystems (Mond, Planeten) bewe-

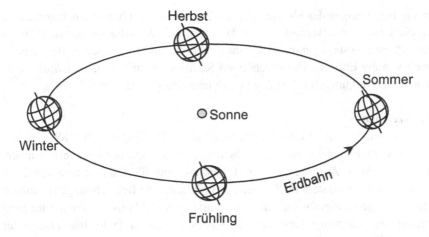

Abb. 8.23 Heliozentrische Erdbahn

Abb. 8.24 Rektaszension

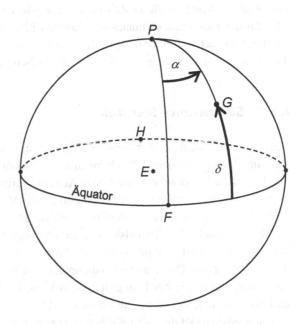

gen sich in der Regel nahe der Ekliptik, ihre Bahnebenen sind um wenige Grad gegen die Ekliptikebene geneigt. So beträgt z. B. der Winkel zwischen Mondbahn und Ekliptik ca. 5°.

Der Name der Sonnenbahn stammt vom griechischen ekleipsis = *Finsternis, Verdunklung*. Denn eine Sonnen- oder Mondfinsternis tritt dann ein, wenn der Mond auf der Himmelskugel genau der Sonne gegenüber bzw. am gleichen Punkt wie die Sonne steht; eine *notwendige* Bedingung dafür ist, dass der Mond auf der Ekliptik steht. Eine wörtliche Übersetzung wäre also „Finsternislinie".

Um die Bewegungen des Mondes und der Planeten zu beschreiben, nehmen die Astronomen die Ekliptik als Bezugskreis für das *ekliptikale Koordinatensystem*, denn die zu unserem Planetensystem gehörenden Himmelskörper entfernen sich in der Regel nicht sehr weit von der Ekliptik. Die zugehörigen Koordinaten heißen dann *ekliptikale Länge und Breite*; als Nullpunkt für die Länge wählt man den Frühlingspunkt.

Tierkreiszeichen

In der Astrologie wird die Ekliptik ausgehend vom Frühlingspunkt in zwölf gleich lange Bögen von je 30° eingeteilt, und diese Abschnitte werden mit den bekannten Namen versehen: Widder, Stier, Zwillinge usw.; z. B. heißt es dann für den Zeitraum von 21. März bis 20. April „die Sonne steht im Zeichen des Widders". Die Bezeichnungen stammen von den gleichnamigen *Ekliptiksternbildern*, die entlang der Ekliptik in gleicher Reihenfolge angeordnet sind. Allerdings haben sich die Sternbilder im Laufe der Jahrtausende um ca. 30° verschoben, sodass die ursprüngliche antike Bedeutung „die Sonne steht im Sternbild Widder" heute zu dieser Zeit nicht mehr gilt; tatsächlich ist dies vom 19. April bis 14. Mai der Fall. Darüber hinaus hat man den Ekliptiksternbildern noch ein dreizehntes hinzugefügt, den *Schlangenträger*. Trotz des astronomischen Ursprungs haben also die Tierkreiszeichen heutzutage nur noch symbolischen Charakter.

8.5.2 Sonnenzeit – Sternzeit

Nach wie vor halten wir den Fixsternhimmel fest, und die Erde ist eine kleine Kugel im Zentrum der Himmelskugel. Wir bringen aber jetzt wieder die Drehung der Erde ins Spiel: Wir lassen die Erdkugel um ihre eigene Achse rotieren.

Wie lange braucht sie für eine Volldrehung von 360°?

Nein, nicht 24 Stunden, sondern etwas weniger!

Abb. 8.25 stellt die Himmelskugel „von oben gesehen" an zwei aufeinanderfolgenden Mittagen dar, jeweils mit der Sonne im Süden ($t = 0°$); dazwischen liegt also genau ein Tag = 24 Stunden. Die Sonne ist in dieser Zeit auf ihrer jährlichen Bahn ein Stück weiter gewandert (ca. 1°, die Zeichnung ist also stark übertrieben), und die Erde hat sich um 360° und den Bogen $S_1 S_2$ gedreht, also um ca. 361°.

Ein Sonnentag ist die Zeit zwischen zwei aufeinanderfolgenden Sonnenkulminationen, und ein *Sterntag* ist die Zeit zwischen zwei aufeinanderfolgenden Kulminationen eines *Fixsterns*, oder im obigen Modell die Zeit für eine Volldrehung der Erde um sich selbst. Innerhalb eines Jahres (= 365,25 Sonnentage) beschreibt die Erde 365,25 Volldrehungen und eine weitere, die von der Drehung der Sonne um die Erde herrührt, denn die kleinen Winkel, die die Erde sich an einem Sonnentag *zusätzlich* zu 360° dreht, summieren sich im Laufe eines Jahres zu einer Volldrehung. Das heißt: Ein Jahr hat einen Sterntag mehr als Sonnentage, nämlich 366,25. Somit dauert ein Sterntag ungefähr 23 Stunden 56 Minuten.

Abb. 8.25 Zur Sternzeit

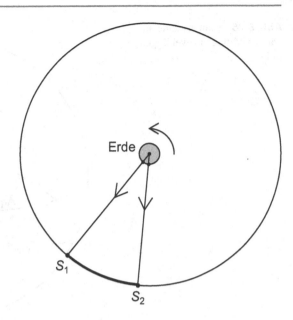

8.5.3 Zur Zeitgleichung

Im Abschn. 7.3 wurde bereits erwähnt, dass die Zeitgleichung zwei Ursachen hat: eine geometrische und eine physikalische. Wir sind jetzt in der Lage, einer von ihnen auf den Grund zu gehen, nämlich der *geometrischen.*

Bei der obigen Analyse des Unterschieds von Sonnenzeit und Sternzeit sind wir implizit davon ausgegangen, dass die Sonne auf ihrer jährlichen Bahn am Fixsternhimmel auf dem *Äquator* läuft. Das tut sie aber nicht – wie anfangs erläutert, läuft sie auf der *Ekliptik.*

Wir nehmen jetzt an, dass die Sonne pro Tag um 1° auf der Ekliptik vorrückt. Das ist eine Vereinfachung in doppelter Hinsicht:

- Bei gleichförmiger Bewegung würde die Sonne um $\frac{360°}{365,25} = 0{,}985626°$ pro Tag weitergehen. Der Unterschied wirkt sich jedoch im Folgenden kaum aus; wir wollen auch keine hohe Genauigkeit erzielen.
- Tatsächlich bewegt sich die Sonne unterschiedlich schnell auf der Ekliptik, und zwar wegen des 2. Kepler'schen Gesetzes. Diese physikalische Ursache der Zeitgleichung wollen wir jedoch zunächst ausblenden (vgl. dazu Abschn. 10.1.3).

Es seien jetzt S_1 und S_2 die Sonnenpositionen jeweils am wahren Mittag an zwei aufeinanderfolgenden Tagen. Das heißt für den Beobachter auf der Erde: Die Sonne steht an beiden Zeitpunkten auf dem Meridian. Dann ist $\overarc{S_1 S_2} = 1°$ (in Abb. 8.26 übertrieben groß dargestellt). Aber der Winkel, den die Erde über 360° hinaus „nachdrehen" muss, damit die Sonne am Punkt S_2 wieder auf dem Meridian steht, ist nicht $\overarc{S_1 S_2}$, sondern

Abb. 8.26 Sonnenstände am
wahren Mittag an zwei Tagen
in Folge

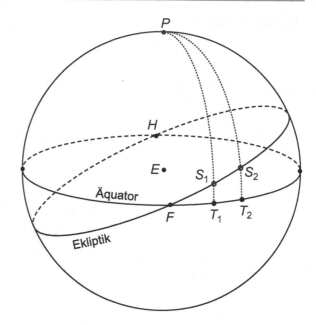

$\angle S_1 P S_2 = \widehat{T_1 T_2}$, wobei $\widehat{T_1 T_2}$ die „Projektion" des Bogens $\widehat{S_1 S_2}$ auf den Äquator ist.
Mit anderen Worten: $\widehat{T_1 T_2}$ ist der Überschuss des wahren Sonnentages im Vergleich zum
(konstanten) Sterntag, und dieser Überschuss ändert sich je nach Sonnenposition auf der
Ekliptik im Laufe eines Jahres.

Es wäre zwar möglich, in geeigneten Kugeldreiecken die benötigten Größen mit sphärischer Trigonometrie exakt zu berechnen, aber wir begnügen uns mit der Untersuchung
zweier Extremlagen mit elementaren Methoden.

1. Fall: Tagundnachtgleichen Wir nehmen an, dass die Sonne am 20.3. um 12:00 WOZ
genau im Frühlingspunkt F steht; dann ist $S_1 = T_1 = F$, und $\Delta F S_2 T_2$ ist ein nahezu
ebenes rechtwinkliges Dreieck mit $\widehat{S_1 S_2} = \widehat{F S_2} = 1°$, und der Winkel bei $F = S_1$
beträgt $\varepsilon = 23{,}44°$ (Ekliptikschiefe). Dann gilt (vgl. Abb. 8.27):

$$\widehat{T_1 T_2} = \widehat{F T_2} \approx 1° \cdot \cos \varepsilon = 0{,}917477°$$

Dieser Bogen ist um $0{,}082523°$ kleiner als $\widehat{S_1 S_2} = 1°$; mit der Umrechnung $1° \mathrel{\widehat{=}} 4\,\text{min}$
ergibt sich die Zeitdifferenz: Der wahre Sonnentag ist um $0{,}3301\,\text{min} \approx 20\,\text{s}$ *kürzer* als
der mittlere Sonnentag. Was bedeutet das für die Zeitgleichung?

Nach Definition gilt WOZ = MOZ + z; am 20.3. ist $z = -8\,\text{min}$, das heißt für diesen
Tag:

$$12{:}00\,\text{WOZ} = 12{:}08\,\text{MOZ}$$

Abb. 8.27 Dreieck beim
Frühlingspunkt

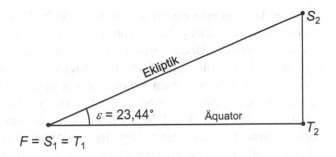

Am folgenden Tag, dem 22.3., ist aber 12:00 WOZ nur 11:59:40 h später, also gilt dann:

$$12\text{:}00 \text{ WOZ} = 12\text{:}07\text{:}40 \text{ MOZ}$$

Zum Ausgleich muss die Zeitgleichung um 20 Sekunden *zunehmen*.

Unsere Tabelle gibt z nicht auf Sekunden genau an, aber wenn wir die Änderung von z über mehrere Tage beobachten, dann zeigt sich: Es ist $z = -9$ min am 15.3., $z = -4$ min am 30.3.; das bedeutet eine Zunahme von 5 min $= 300$ s in 15 Tagen, also tatsächlich eine Änderungsrate von 20 Sekunden pro Tag. Das Gleiche ist Ende September zu beobachten.

2. Fall: Sonnenwenden An diesen Tagen bewegt sich die Sonne nahezu parallel zum Äquator, also auf einem Deklinationskreis mit $\delta = \pm\varepsilon = \pm 23{,}44°$, denn in der Nähe der Extremwerte ändert sich δ nur sehr wenig. Somit ist der Bogen $\widehat{S_1 S_2} = 1°$, den die Sonne an einem wahren Sonnentag auf der Ekliptik zurücklegt, nahezu so groß wie der Weg auf dem Kleinkreis mit der Länge $1°$. Daher gilt analog zur Berechnung der Weglänge auf einem Breitenkreis aus der Differenz der geografischen Längen (vgl. Abschn. 3.2.2):

$$\angle S_1 P S_2 \cdot \cos\varepsilon \approx \widehat{S_1 S_2} = 1°$$

$$\angle S_1 P S_2 \approx \frac{1°}{\cos 23{,}44°} = 1{,}0899454°$$

Also ist der Winkel, den die Erde an diesen Tagen „nachdrehen" muss, um $0{,}0899454°$ *größer* als der mittlere Wert von $1°$, d. h., der wahre Sonnentag ist um $0{,}0899454° \cdot 4$ min $= 0{,}3978$ min $\approx 21{,}5$ s länger als der mittlere Sonnentag; im Gegensatz zum 1. Fall muss die Zeitgleichung hier um diesen Betrag *abnehmen*.

Wir prüfen das wieder mit der Zeitgleichungstabelle: Vom 15.6. bis 30.6. nimmt z um 4 min $= 240$ s ab, das sind 16 Sekunden pro Tag; vom 15.13. bis 30.12. sind es 8 min $= 480$ s, also 32 Sekunden pro Tag. Der Unterschied der beiden Änderungsraten ist auf die physikalische Komponente der Zeitgleichung zurückzuführen; deren Einfluss ist offenbar zur Zeit der Sonnenwenden deutlich spürbar, an den Tagundnachtgleichen jedoch nicht. Immerhin entspricht das arithmetische Mittel der Änderungsraten für die Sonnenwenden ziemlich genau dem oben berechneten Wert.

Die physikalische Ursache werden wir erst im Abschn. 10.1.3 diskutieren (vgl. auch [3]); nur so viel sei hier gesagt: Die Erde erreicht den sonnennächsten Punkt auf ihrer Ellipsenbahn um die Sonne am 3. Januar, den sonnenfernsten Punkt am 4. Juli (das widerlegt auch die These, dass es bei uns im Sommer wärmer ist, weil die Erde dann näher zur Sonne steht). Nach dem 2. Kepler'schen Gesetz hat das zur Folge, dass die Erde sich Anfang Januar am schnellsten bewegt, dagegen Anfang Juli am langsamsten. Dieser Effekt macht sich durch ein Phänomen bemerkbar, das man mit einem normalen Kalender feststellen kann (gleichwohl ist es weithin unbekannt): Das Sommerhalbjahr, also die Zeit vom Frühlings- bis zum Herbstanfang, ist deutlich länger als das Winterhalbjahr (vgl. Aufg. 9 im Abschn. 8.6)! Im geozentrischen Modell der Sonnenbahn bedeutet das: Für den Weg auf der Ekliptik vom Frühlingspunkt bis zum Herbstpunkt, d. h. für die Hälfte der Ekliptik oberhalb des Äquators, braucht die Sonne wesentlich mehr Zeit als für den gleich langen Weg vom Herbst- zum Frühlingpunkt.

8.6 Aufgaben

1. *Ein Kindergedicht*

   „Im Osten geht die Sonne auf,
   im Süden nimmt sie ihren Lauf.
   Im Westen wird sie untergeh'n,
   im Norden ist sie nie zu seh'n."

   Die Himmelsrichtungen sind offenbar nicht als exakte Kompassrichtungen zu verstehen, sondern eher qualitativ. Dennoch sei es gestattet, das Gedicht wörtlich zu nehmen.
   a. Wann und wo geht die Sonne *genau* im Osten auf und im Westen unter? Begründen Sie dies sowohl geometrisch mit der Himmelskugel als auch mit der Formel für das Azimut bei SA/SU.
   b. Wie würde ein ähnliches Gedicht für Kinder in Australien lauten?
   c. Auf welchen Breiten *kann* die Sonne mittags im Norden stehen? Wo steht sie mittags *immer* im Norden?
   d. Am Nordpol wohnt zwar niemand, aber wenn es dort Kinder gäbe, was würden sie lernen? Wie wäre es am Südpol?
2. *Tagundnachtgleichen*
   Wann und wo beträgt die Tageslänge genau zwölf Stunden (damit ist die *theoretische* Tageslänge gemeint, beruhend auf $h = 0°$)? Begründen Sie dies wie in Aufg. 1a sowohl geometrisch als auch mit der Formel für den Stundenwinkel bei SA/SU.

3. *SA/SU im Urlaub*

   Sie dürfen statt der in dieser Aufgabe genannten Ziele auch andere Orte wählen, z. B. Ihren bevorzugten Urlaubsort! Die Koordinaten können Sie ggf. bei Wikipedia nachsehen oder von einer Karte ablesen.

   a. Stellen Sie sich vor, Sie fahren im Sommerurlaub von Ihrem Heimatort in die Bretagne (ungefähre Koordinaten: 48° N, 4° W). Wie ändern sich die Zeiten (MESZ) für SA und SU *qualitativ*?

   b. Wie wäre es, wenn Sie über Weihnachten nach Malta fahren? (Koordinaten 36° N, 14,5° O; im Winter gilt die MEZ.)

   c. Berechnen Sie anschließend die Zeitunterschiede.

4. *Manhattanhenge*

   So wird ein Phänomen genannt, das in Manhattan zweimal im Jahr auftritt, und zwar am 29. Mai und 12. Juli: Die untergehende Sonne scheint genau in Richtung der *streets*, die grob gesagt in Ost-West-Richtung verlaufen, sodass die Straßenschluchten bei SU von der Sonne beleuchtet werden. (Manhattan hat zum größten Teil ein rechtwinkliges Straßennetz, mit den *avenues* in Längsrichtung der Insel und den *streets* quer dazu.)

   In welcher Richtung geht die Sonne unter, d. h., in welcher Richtung verlaufen die *streets* genau? (Bestimmen Sie das Azimut der Sonne bzw. den Kurswinkel der Straßen.)

   Um wie viel Uhr geht dort die Sonne unter? (Zonenzeit von New York im Sommer ist UTC − 5.)

   Im Winter gibt es ein ähnliches Phänomen: Die *aufgehende* Sonne scheint durch die Straßen. An welchen Tagen ist das der Fall?

   Koordinaten von Manhattan: 40° 46′ N, 73° 59′ W

5. *Sonne im Zenit*

   a. Kann in Rio de Janeiro ($\varphi = 22° 54'$ S, $\lambda = 43° 12'$ W) die Sonne im Zenit stehen? Wenn ja, wann ist das der Fall? Geben Sie das Datum und die Uhrzeit an (Uhrzeit als MESZ oder MEZ, je nach Datum).

   b. Gleiches Problem für Honolulu, Hawaii (21° 19′ N, 157° 50′ W) und Singapur (1° N, 104° O) oder für einen anderen Ort Ihrer Wahl.

6. *Mitternachtssonne, Polarnacht*

   a. In einem Prospekt einer norwegischen Schifffahrtslinie heißt es, am Nordkap gäbe es die Mitternachtssonne vom 13. Mai bis zum 31. Juli. Können Sie das bestätigen? (Breite des Nordkaps: 71° 10′ N)

   b. An welchen Orten gibt es heute die Mitternachtssonne bzw. die Polarnacht?

   c. Aus dem Bericht des Polarforschers Robert E. Peary über die Lage eines Inuit-Dorfes in Westgrönland: „Hier geht, wenn man die Durchschnittsbreite nimmt, einhundertzehn Tage im Sommer die Sonne nie unter, einhundertzehn Tage im Winter die Sonne nie auf." Auf welcher geografischen Breite befindet sich das Dorf?

Tab. 8.6 Zu Aufgabe 6

Ort	SA	SU
A	04:50	12:53
B	05:13	21:17
C	04:54	20:59

7. *Ortsbestimmung mit SA/SU*

   In Dortmund (51,5° N, 7,5° O) ist am 21.6. SA um 5:12, SU um 21:51 MESZ. Tab. 8.6 enthält die Zeiten für SA und SU (ebenfalls MESZ) am gleichen Tag für drei Großstädte in Deutschland und Österreich. Welche Städte könnten es sein?

8. *Dämmerung*

   Als *bürgerliche Dämmerung* bezeichnet man die Zeitspanne, in der für die Sonnenhöhe h gilt: $0° \geq h \geq -6°$. Während dieser Zeit kann man auch ohne künstliches Licht noch recht gut sehen. Die *nautische Dämmerung* ist die Zeit, in der $-6° \geq h \geq -12°$ gilt. Hier kann die für nautische Messungen wichtige Kimm noch gut erkannt werden, aber die hellsten Sterne sind schon gut sichtbar. *Astronomische Dunkelheit* herrscht, wenn $h < -18°$ ist; dann erst sind astronomische Beobachtungen gut durchführbar. Entsprechend heißt die Zeit mit $-12° \geq h \geq -18°$ *astronomische Dämmerung*.

   a. Wie lange dauert in Dortmund ($\varphi = 51,5°$ N) am 28. Juni die bürgerliche Dämmerung?

   b. Gleiche Frage wie in a. für einen Ort auf dem Äquator bzw. auf der Breite 60°.

   c. Wie lange herrscht in Dortmund am 21.12. astronomische Dunkelheit? Von wann bis wann (Datum) sind in Dortmund astronomische Beobachtungen nicht durchführbar?

   d. In Reykjavik (Island, $\varphi = 64°\, 9'$ N) gibt es zwar keine Mitternachtssonne, aber es wird im Sommer nicht richtig dunkel. Von wann bis wann (Datum) gibt es hier selbst um Mitternacht noch die bürgerliche Dämmerung?

9. *Sommer- und Winterhalbjahr*

   2015 war Frühlingsanfang am 20. März, Herbstanfang am 23. September; 2016 ist Frühlingsanfang ebenfalls am 20. März. Um wie viele Tage ist das Sommerhalbjahr länger als das Winterhalbjahr?

   Wenn Sie es genauer wissen wollen: Hier sind die Zeiten auf die Minute genau (wie man das so exakt festlegt, sei dahingestellt; Quelle: Wikipedia → Jahreszeit).

   • 2015 Frühlingsanfang 20.3., 23:45 MEZ
   • 2015 Herbstanfang 23.9., 10:21 MESZ
   • 2016 Frühlingsanfang 20.3., 05:30 MEZ

Literatur

1. de Veer, G.: Wahrhaftige Beschreibung der Nordreise des Kapitäns Jacob van Heemskerck und des Obersteuermanns Willem Barentsz. In: Fuhrman-Plemp van Duiveland, M.R.C. (Hrsg.) Die gefahrvolle Reise des Kapitäns Bontekoe, 2. Aufl., S. 274–426. Erdmann Verlag, Tübingen (1976)

2. Keller, H.U. (Hrsg.): Kosmos Himmelsjahr 2015. Kosmos Verlag, Stuttgart (2014)

3. Schuppar, B.: Mathematische Aspekte der Zeitgleichung. MNU **67**(3), 168–176 (2014)

Kartografie

In diesem Kapitel geht es um Welt- oder Erdteilkarten, allgemeiner um Karten größeren Maßstabs, also nicht um Wander-, Straßen- oder topografische Karten, die eher lokale Regionen darstellen. Solche Karten sind sicher sehr interessant, aber wir müssen uns hier beschränken. Außerdem konzentrieren wir uns auf den *geometrischen* Aspekt der Kartografie, d. h., spezielle Probleme thematischer Karten (politische oder ökonomische Karten, Klimakarten usw.) werden ausgeblendet; gleichwohl ist zu beachten, dass auch die Geometrie einer solchen Karte indirekt einen gewissen Einfluss auf die Rezeption des jeweiligen Inhalts ausübt.

Wenn man eine Kugelfläche auf eine ebene Fläche abbilden will, dann gibt es Verzerrungen: Einen Ball kann man nicht platt drücken, ohne dass er Falten wirft.

Darin besteht das Grundproblem der Kartografen: Es ist nicht möglich, die Erdoberfläche *längentreu* auf einer Karte wiederzugeben. Dies würde bedeuten, dass *alle* Strecken auf der Erde im *gleichen* Maßstab verkleinert auf der Karte abgebildet werden. Wäre die Erde ein Zylinder oder ein Kegel, dann würde es funktionieren, denn diese Flächen kann man in die Ebene abwickeln, aber bei einer allseits gekrümmten Fläche wie der Kugel geht das nicht.

Im Allgemeinen werden auch gleich große Flächen unterschiedlich groß abgebildet und Winkel verzerrt, sodass die Gestalt der Erdteile und Länder auf der Karte nicht so aussieht wie auf dem Globus. Allerdings gibt es Karten, die gewisse Invarianzeigenschaften aufweisen, z. B. *flächentreue* oder *winkeltreue* Karten.

Es gibt eine Fülle verschiedener Kartennetzentwürfe (vgl. für Beispiele Wikipedia → Kartennetzentwurf). Wir werden uns hier auf die grundlegenden geometrischen Abbildungsprinzipien beschränken, nämlich auf *Zylinder-, Azimutal- und Kegelprojektionen*. Diese drei Typen sind fundamental und liefern viele wichtige Karten, sowohl vom praktischen als auch vom theoretischen Standpunkt aus gesehen.

Zur Erinnerung Wir haben bereits in früheren Kapiteln einige Karten benutzt, und zwar wegen ihrer besonderen Eigenschaften: Die *Zentralprojektion* bildet Orthodromen auf

© Springer-Verlag Berlin Heidelberg 2017
B. Schuppar, *Geometrie auf der Kugel*, Mathematik Primarstufe und Sekundarstufe I + II,
DOI 10.1007/978-3-662-52942-3_9

Geraden ab (vgl. Abschn. 5.2); eine analoge Eigenschaft hat die *Mercator-Karte* bezüglich der Loxodromen (vgl. Abschn. 6.3). Damit konnten wir gewisse Probleme nicht nur
rechnerisch, sondern auch konstruktiv lösen. Weiterhin ist die selbst gezeichnete Deutschlandkarte zu erwähnen (vgl. Abschn. 3.3); ihr großer Vorteil besteht schlicht und einfach
darin, dass sie leicht herzustellen und trotzdem sehr nützlich ist.

Zwei Anmerkungen vorweg:

- Um unnötige Rechnungen zu vermeiden, denken wir uns die Erde zunächst auf die
  Größe eines handlichen Globus verkleinert und setzen den Radius gleich 1.
- Dass die Erde nicht genau eine Kugel ist, soll hier keine Rolle spielen. Für präzise
  Karten ist es zwar wichtig, aber wir werden das vernachlässigen.

9.1   Zylinderprojektionen

Die Erdoberfläche wird auf einen Zylindermantel abgebildet, der den Globus im Äquator
berührt. Die Fläche wird dann entlang einer geraden Mantellinie aufgeschnitten und in die
Ebene abgewickelt.

Merkmale: Alle Zylinderprojektionen haben ein geradliniges, rechtwinkliges Gradnetz.
Die Meridiane sind vertikal und gleichabständig; die Breitenkreise sind horizontal, also
parallel zum Äquator.

Es liegt daher nahe, die Karten mit rechtwinkligen Koordinaten x, y zu beschreiben.
Einem Kugelpunkt P mit den geografischen Koordinaten φ, λ wird ein Punkt $P'(x, y)$ auf
der Karte zugeordnet nach der Regel:

$$x = \lambda, \; y = f(\varphi)$$

Dabei ist $f(\varphi)$ eine Funktion, die den Abstand des Breitenkreises φ vom Äquator angibt.

Gemeinsames Verzerrungsmerkmal der Zylinderprojektionen: Alle Breitenkreise wer-
den gleich lang wie der Äquator abgebildet, also *vergrößert*, und zwar um den Faktor $\frac{1}{\cos \varphi}$.
Die Pole werden entweder als Linien oder gar nicht abgebildet.

Plattkarte
Die einfachste Möglichkeit ist, die geografischen Koordinaten als rechtwinklige Koordinaten aufzufassen:

$$x = \lambda, \; y = \varphi$$

Das Gradnetz dieser Karte ist also nichts anderes als ein Quadratgitter. Diese sogenannte
Plattkarte hat jedoch schon ein passables Kartenbild, insbesondere für äquatornahe Regionen. Man kann die Darstellung für größere Breiten verbessern, indem man die Karte
horizontal staucht:

$$x = c \cdot \lambda, \; y = \varphi$$

Dabei sei c eine Konstante mit $0 < c < 1$. Allerdings wird das äquatornahe Gebiet, das vorher relativ gut dargestellt wurde, nun vertikal gestreckt; auf einer Weltkarte wird die Verzerrung also nicht allgemein verringert, sondern nur anders verteilt. Gleichwohl ist diese Methode sehr nützlich, insbesondere wenn man nicht die ganze Welt, sondern begrenzte Gebiete darstellen möchte.

Wählt man z. B. c so, dass der 50. Breitenkreis (Frankfurt a. M.) nicht verzerrt wird, d. h. $c = \cos 50° \approx 0{,}64$, dann wird Europa relativ gut abgebildet. Eine ganz ähnliche Verzerrung weist die selbst gezeichnete Deutschlandkarte auf kariertem Papier aus Abschn. 3.3 auf: Hier ist der Stauchfaktor $c = \frac{2}{3}$, somit wird der Breitenkreis $\varphi = \cos^{-1}\left(\frac{2}{3}\right) \approx 48{,}2°$ (München) im gleichen Maßstab wie die Meridiane abgebildet (Abb. 9.1).

Parallelprojektion
Der Kugelpunkt P mit der Breite φ wird parallel zur Äquatorebene auf den Zylinder projiziert (Abb. 9.2). Der Abstand von P' zum Kartenäquator beträgt offenbar $y = \sin \varphi$. Aus Gründen der gleichmäßigen Skalierung der beiden Achsen fügen wir noch einen Faktor $\frac{180°}{\pi}$ hinzu und erhalten:

$$x = \lambda, \; y = \frac{180°}{\pi} \cdot \sin \varphi$$

Die Polarzonen werden vertikal stark gestaucht und das Kartenbild der Erde wird in die Breite gezogen. Aber die Karte hat eine vorteilhafte Eigenschaft: Sie ist *flächentreu*, d. h., gleich großen Flächen auf der Kugel entsprechen gleich große Flächen auf der Karte. Schon Archimedes kannte diese Eigenschaft, deswegen heißt die Karte auch *Archimedische Zylinderprojektion*.

Der Grund für die Flächentreue ist folgender: Eine Kugelkappe der Höhe h hat die Fläche $O = 2\pi h$ (man beachte, dass der Kugelradius $r = 1$ ist), und das Gleiche gilt auch für Kugelzonen der Höhe h. Eine von zwei Breitenkreisen begrenzte Kugelzone wird von der Parallelprojektion auf einen Streifen der gleichen Höhe h abgebildet, und die Länge des Streifens ist gleich der Länge des Äquators, also 2π. Somit hat die Kugelzone die gleiche Fläche wie ihr Bild auf der Karte (vgl. Abb. 9.3).

Analog zur Plattkarte kann man die Verzerrung der äquatorfernen Gebiete mildern, indem man die Karte horizontal mit einem Faktor c staucht (wie oben gelte $0 < c < 1$):

$$x = c \cdot \lambda, \; y = \frac{180°}{\pi} \cdot \sin \varphi$$

Die Eigenschaft der Flächentreue geht dabei nicht verloren. Mit $c = 0{,}5$ erhält man die *Peters-Projektion*: Abb. 9.4 zeigt das Gradnetz der halben Nordhalbkugel mit Längen- und Breitenkreisen im Abstand von je 15°, der untere Rand ist der Äquator. Das Kartenbild von Europa wäre zwar etwas ungewohnt, aber die Flächentreue ist eine grundsätzlich wichtige Eigenschaft, auch und vor allem wegen des subjektiven Eindrucks, den eine Karte vermittelt (siehe die folgende Anmerkung zur Mercator-Karte).

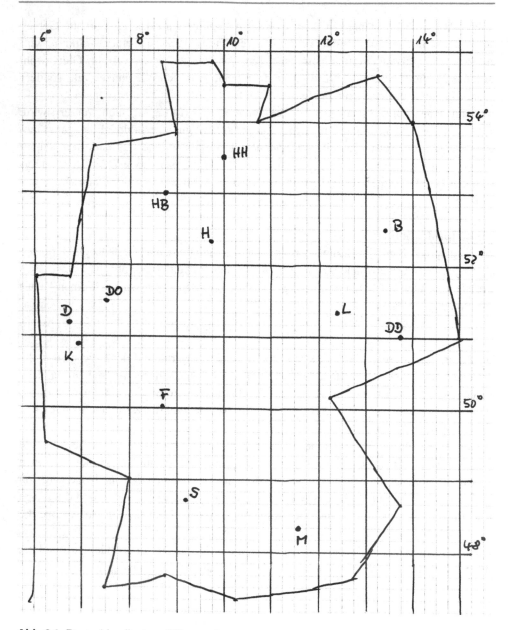

Abb. 9.1 Deutschlandkarte auf Karopapier

Abb. 9.2 Parallelprojektion,
Konstruktion

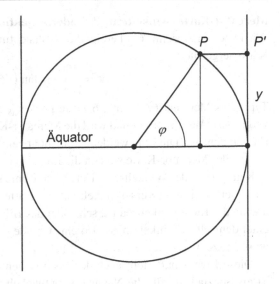

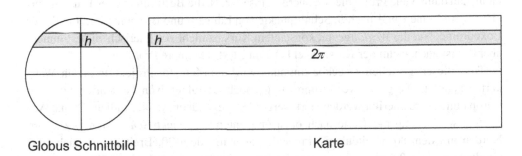

Globus Schnittbild   Karte

Abb. 9.3 Zur Flächentreue der Parallelprojektion

Abb. 9.4 Peters-Projektion,
Gradnetz

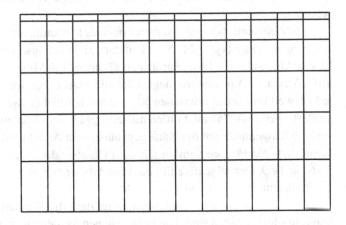

Mercator-Karte (winkeltreue Zylinderprojektion)

Wir haben in Abschn. 6.3 bereits die Abstandsfunktion für die Breitenkreise auf dieser Karte hergeleitet:

$$y = \frac{180°}{\pi} \ln \tan\left(45° + \frac{\varphi}{2}\right)$$

Typisches Merkmal (vgl. Abb. 6.7): Je größer $|\varphi|$ ist, desto stärker werden die Gebiete vergrößert. Aus diesem Grund wird die Mercator-Karte manchmal *Karte der vergrößerten Breiten* genannt. Die Pole werden gar nicht abgebildet.

Auf der Mercator-Karte werden die Loxodromen zu Geraden. Das ist eine unmittelbare Konsequenz der Winkeltreue: Eine Loxodrome schneidet auf der Kugel alle Meridiane unter dem gleichen (Kurs-)Winkel; auf der Karte sind die Meridiane parallele Geraden, und da die Karte winkeltreu ist, schneidet das Bild der Loxodromen alle diese Parallelen unter demselben Winkel, muss also eine Gerade sein (quasi eine Umkehrung des Stufenwinkelsatzes).

Diese Eigenschaft stellt auch den historischen Ursprung der Mercator-Karte dar: Sie ist als Spezialkarte für die Navigation entwickelt worden. Wie in Abschn. 6.3 skizziert, kann man damit viele Probleme zeichnerisch lösen, z. B. die Bestimmung des Kurswinkels einer Loxodrome von A nach B, Schnittpunkte von Längen- und Breitenkreisen mit dieser Loxodrome. Nur die *Weglänge* mit konstantem Kurs ist nicht zeichnerisch zu bestimmen, aber das ist auch, wenn der Kurswinkel bekannt ist, das kleinere Problem.

Trotz dieser speziellen Zweckbestimmung wird die Mercator-Projektion oft für Weltkarten benutzt. Die große Verzerrung führt jedoch zu subjektiven Fehleinschätzungen: Europa und Nordamerika werden stark vergrößert gegenüber Afrika, Indien, China. Außerdem wird häufig die Karte nach oben und unten *unsymmetrisch* begrenzt, z. B. im Norden mit dem 80. Breitenkreis, im Süden aber mit dem 70. Breitenkreis (siehe das Gradnetz in Abb. 9.5 mit Längen- und Breitenkreisen in Abständen von 20°, der Äquator ist hervorgehoben). Dadurch wird die Nordhalbkugel ins Zentrum gerückt; ihr Anteil am gesamten Kartenbild beträgt dann 58 %, sodass sie fast anderthalbmal so groß wie die Südhalbkugel dargestellt wird. Die Peters-Projektion vermeidet diese nachteiligen Eigenschaften.

Es gibt ein einfaches und fast narrensicheres Merkmal, um eine Weltkarte als Mercator-Karte zu erkennen (vgl. Abb. 5.2): Grönland sieht genauso groß wie Afrika aus. Tatsächlich ist Afrika aber ca. 14-mal größer als Grönland (30 Mio. km^2 gegenüber 2,2 Mio. km^2). Weil Afrika in Äquatornähe liegt, wird die Fläche nur wenig verzerrt; Grönland liegt jedoch weit im Norden (zwischen 60° und 84° nördlicher Breite), daher wird es stark vergrößert. Wenn wir 75° als mittleren Breitengrad von Grönland annehmen, dann werden dort die Längenmaße auf der Karte gegenüber dem Äquator mit dem Faktor $\frac{1}{\cos 75°} \approx 3{,}86$ vergrößert; die Flächen werden mit dem *Quadrat* dieses Faktors vergrößert, und es ist $3{,}86^2 \approx 14{,}9$. Der subjektive Eindruck wird dadurch bestätigt.

Vergleicht man die Gradnetze der Mercator-Projektion und der Archimedischen Projektion miteinander, dann wird augenfällig, dass die Winkeltreue und die Flächentreue konträre Eigenschaften sind: Die Polarregionen werden einerseits vertikal stark gestreckt, andererseits stark gestaucht.

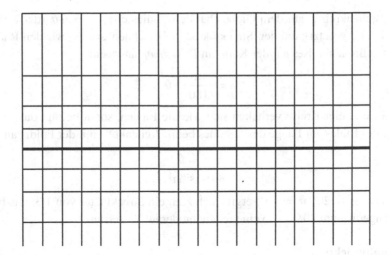

Abb. 9.5 Mercator-Karte, Gradnetz

9.2 Azimutalprojektionen

Prinzip: Die Erdoberfläche wird auf eine *Tangentialebene* projiziert.

Um die mathematischen Eigenschaften auf einfache Weise klarzumachen, gehen wir davon aus, dass diese Ebene den Globus im Nordpol N berührt. Die Meridiane werden als Geraden durch N abgebildet, wobei die Längendifferenz gleich dem Winkel zwischen den Geraden ist; die Breitenkreise werden als konzentrische Kreise mit dem gemeinsamen Mittelpunkt N dargestellt. Das führt zu einem spinnennetzartigen Kartenbild, und eine spezielle Projektion wird eindeutig beschrieben durch die Funktion, welche die Radien der Breitenkreise angibt.

Hier ist es zweckmäßig, nicht die geografische Breite als unabhängige Variable zu wählen, sondern die *Poldistanz* $\vartheta = 90° - \varphi$; dann gelten für diese Funktionen $r = f(\vartheta)$ allgemein die folgenden natürlichen Eigenschaften: $f(0°) = 0, f$ ist monoton wachsend. Das hat zur Folge, dass die Südhalbkugel (falls sie überhaupt projiziert werden kann) stark vergrößert wird; daher beschränkt sich bei Azimutalentwürfen in der Regel auf die Nordhalbkugel.

Im Prinzip ist die Lage des Kartenmittelpunkts, d. h. des Berührungspunkts der Tangentialebene, beliebig; manchmal wählt man auch einen Punkt auf dem Äquator bzw. irgendeinen Punkt auf dem Globus (*äquatorständige* bzw. *zwischenständige* Azimutalprojektion). Die Gradnetze können in diesen Fällen aber ziemlich kompliziert werden. Daher beschränken wir uns in der Regel auf Karten mit Zentrum N.

Mittabstandstreue Azimutalprojektion
Die einfachste Karte dieser Art ergibt sich analog zur Plattkarte aus der einfachsten Funktion: $r = \vartheta$. Die Meridiane werden nicht verzerrt, aber die Breitenkreise werden verlängert,

denn der Breitenkreis φ auf dem Globus hat den Radius $\cos\varphi = \sin\vartheta$ (der Radius des Globus ist auf 1 gesetzt); um den Streckfaktor zu berechnen, sollten wir den Radius des zugehörigen Breitenkreises auf der Karte im *Bogenmaß* angeben:

$$r = \frac{\pi}{180°} \cdot \vartheta$$

Die Umfänge zweier Kreise verhalten sich wie die Radien, somit beträgt das Verhältnis der Länge des Bildes zur Länge des Urbildes beim Breitenkreis mit der Poldistanz ϑ:

$$\frac{\pi}{180°} \cdot \frac{\vartheta}{\sin\vartheta}$$

Bei der Breite $\varphi = 20°(\vartheta = 70°)$ ergibt sich z. B. ein Streckfaktor von 1,3; das bedeutet eine Verlängerung um 30 %, also eine relativ moderate Verzerrung.

Orthogonalprojektion
Die Kugelpunkte werden senkrecht auf die Tangentialebene projiziert. Die Radiusfunktion der Karte lautet:

$$r = \sin\vartheta$$

Die Breitenkreise werden nicht verzerrt, aber je näher man dem Äquator kommt, desto stärker werden die Meridianbögen verkürzt. Das Kartenbild ist nicht optimal, auch sonst hat die Karte keine besonderen Vorteile und wird daher selten verwendet.

Zentralprojektion
Im Abschn. 5.2 haben wir bereits die zugehörige Abstandsfunktion hergeleitet:

$$r = \tan\vartheta$$

Zur Erinnerung: Die Punkte der Kugeloberfläche werden vom Kugelmittelpunkt aus auf die Tangentialebene projiziert. Es wird nur die nördliche Halbkugel abgebildet und die Regionen in Äquatornähe werden extrem verzerrt. Diese Karte ist also nicht geeignet, um ein ausgewogenes Bild der Erde zu erzeugen. Aber sie hat die wertvolle Eigenschaft, Orthodromen auf Geraden abzubilden; zur Begründung vgl. Abschn. 5.2. Wir haben dort auch schon erwähnt, dass man auf einer solchen Karte eine Orthodrome nur dann konstruieren kann, wenn sowohl der Start A als auch das Ziel B auf der Nordhalbkugel liegen (bzw. beide auf der Südhalbkugel). Ist das nicht der Fall, dann hilft jedoch eine *äquatorständige* Zentralprojektion: Als Berührungspunkt der Tangentialebene wählt man einen geeigneten Punkt auf dem Äquator. Das Gradnetz sieht dann völlig anders aus (Abb. 9.6): Die Meridiane werden nach wie vor auf Geraden abgebildet, da sie Großkreise sind, aber hier sind sie parallel zueinander. Die Breitenkreise werden als Hyperbeln dargestellt.

Allgemein werden bei einer Zentralprojektion jeglicher Art alle Kleinkreise auf *Kegelschnitte* abgebildet. Denn wenn der Urpunkt P einen Kleinkreis durchläuft, dann bilden die vom Mittelpunkt der Kugel ausgehenden Projektionsstrahlen einen Kegelmantel; seine Schnittlinie mit der Projektionsebene ist das Bild des Kreises, also ein Kegelschnitt.

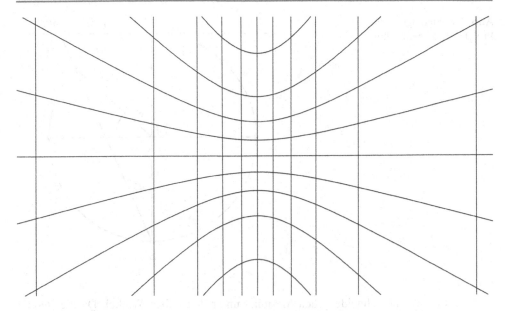

Abb. 9.6 (©) Äquatorständige Zentralprojektion, Gradnetz

Stereografische Projektion

Dabei geht man ähnlich wie oben vor, nur ist hier das Projektionszentrum nicht der Mittelpunkt des Globus, sondern der *Südpol S*. Die Radiusfunktion $r = \overline{NP'} = f(\vartheta)$ ergibt sich folgendermaßen (vgl. Abb. 9.7): Das Dreieck SPM ist gleichschenklig und ϑ ist der Außenwinkel zu den Basiswinkeln. Also betragen die Basiswinkel je $\frac{\vartheta}{2}$, und wegen $\overline{SN} = 2$ erhält man aus dem rechtwinkligen Dreieck SNP':

$$r = 2 \cdot \tan \frac{\vartheta}{2}$$

Die Südhalbkugel wird stark verzerrt, der Südpol selbst wird nicht abgebildet; deshalb wird mit dieser Karte zumeist nur eine Halbkugel dargestellt.

Wichtigste Eigenschaft: Die stereografische Projektion ist *winkeltreu*. Daher verwendet man sie häufig für *Sternkarten*. Denn hierbei geht es vor allem darum, Sternbilder (also begrenzte Bereiche der Himmelskugel) in ihrer richtigen Gestalt wiederzugeben, auf Verzerrung der Größen kommt es nicht an.

Noch eine theoretisch interessante Eigenschaft dieser Karte: Sie ist *kreistreu*, d. h., Kugelkreise, egal ob Groß- oder Kleinkreise, werden auf ebene Kreise abgebildet. (Vorsicht: Das Bild des Kreismittelpunkts ist i. A. nicht der Mittelpunkt des Bildkreises!) Ausnahmen sind die Kreise durch den Südpol S, ihre Bilder sind Geraden; das trifft z. B. für die Meridiane zu.

Diese beiden fundamentalen Eigenschaften sind hier ohne Beweis zitiert.

Abb. 9.7 Stereografische
Projektion, Konstruktion

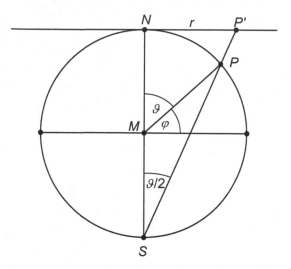

Eine Loxodrome schneidet jeden Meridian unter demselben Winkel. Da die stereografische Projektion winkeltreu ist, gilt das auch auf der Karte: Das Bild der Loxodromen schneidet jeden Strahl mit Scheitelpunkt N (Kartenmittelpunkt, Nordpol) unter demselben Winkel. Eine solche Kurve ist als *logarithmische Spirale* bekannt; sie hat in Polarkoordinaten eine einfache Darstellung (für die Winkelkoordinate verwenden wir die geografische Länge λ):

$$r(\lambda) = a \cdot e^{k \cdot \lambda} \quad \text{mit } a, k \in \mathbb{R},\ a > 0,\ k \neq 0$$

Diese Spirale läuft in immer enger werdenden Windungen um den Pol herum, erreicht ihn aber nie (vgl. Abschn. 6.4).

Flächentreue (Lambertsche) Azimutalprojektion
Der Radius $r = f(\vartheta)$ des Breitenkreises zur Poldistanz ϑ soll so bestimmt werden, dass der Kreis auf der Karte die gleiche Fläche hat wie die Kugelkappe, die von dem Breitenkreis abgeschnitten wird.

Die Kugelkappe hat die Fläche $O = 2\pi \cdot h$. Wegen $h = \overline{MN} - \overline{MQ} = 1 - \cos\vartheta$ (vgl. Abb. 9.8) soll also gelten:

$$\pi \cdot r^2 = 2\pi \cdot h = 2\pi \cdot (1 - \cos\vartheta)$$

Daraus folgt sofort:

$$r = \sqrt{2 \cdot (1 - \cos\vartheta)}$$

Verblüffenderweise ist der Radius r auch ganz einfach zu konstruieren, denn es ist $r = \overline{NP}$. Wenn man nämlich in dem ebenen Dreieck MNP die Seite NP mit dem ebenen

Abb. 9.8 Lambertsche Projektion, Konstruktion

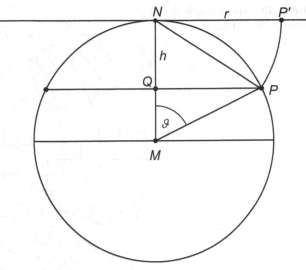

Abb. 9.9 Lambertsche Projektion, Gradnetz

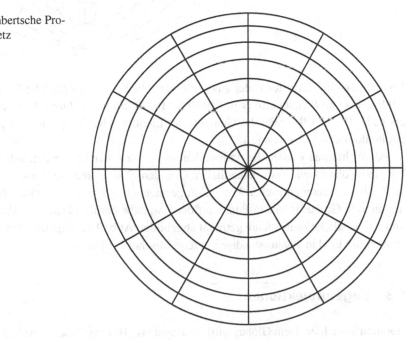

Kosinussatz berechnet, dann erhält man:

$$\overline{NP}^2 = \overline{MN}^2 + \overline{MP}^2 - 2\overline{MN} \cdot \overline{MP} \cdot \cos \vartheta = 2 - 2 \cdot \cos \vartheta$$

$$\Rightarrow \quad \overline{NP} = \sqrt{2 \cdot (1 - \cos \vartheta)}$$

Abb. 9.10 Äquatorständige
stereografische Projektion

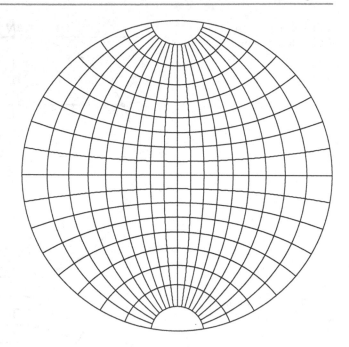

Das ist derselbe Term für r, der aus der Flächenbedingung folgte. Die Konstruktion des Bildpunkts von P lautet also (vgl. Abb. 9.8): Der Kreis um N durch P schneidet die Bildebene in P'. Abb. 9.9 zeigt das Gradnetz der Lambertschen Projektion für $\varphi \geq -30°$ mit Breitenkreisabständen von je 15°.

Für Weltkarten werden die Azimutalentwürfe nur selten verwendet, außer zur Darstellung der Polarzonen (aus verständlichen Gründen). Die ersten Weltkarten wurden jedoch häufig in der stereografischen Projektion gezeichnet, allerdings mit einer Tangentialebene, die den Globus in einem Punkt auf dem Äquator berührt. Dabei wurden die östliche und die westliche Hemisphäre getrennt abgebildet. Abb. 9.10 zeigt das typische Gradnetz einer Halbkugel in äquatorständiger stereografischer Projektion.

9.3   Kegelprojektionen

Geometrische Idee: Dem Globus wird ein Kegel als „Hut" aufgesetzt (Abb. 9.11 links), die Kegelachse ist i. A. gleich der Erdachse. Die Kugelfläche wird nach irgendeiner Regel auf den Kegelmantel projiziert, und dieser wird in die Ebene abgewickelt. Der Berührkreis (i. A. ein Breitenkreis) wird dann unverzerrt abgebildet. Man kann sich auch vorstellen, dass der Kegelmantel den Globus durchdringt, also in zwei Breitenkreisen schneidet (Abb. 9.11 rechts); in diesem Fall spricht man von einer *Schnittkegelprojektion*. Die beiden Schnittkreise erscheinen dann unverzerrt auf der Karte.

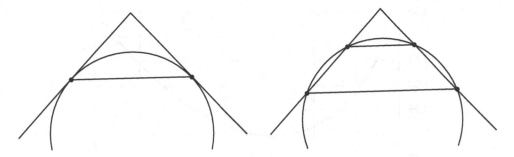

Abb. 9.11 Prinzip der Kegel- und Schnittkegelentwürfe

Abb. 9.12 Gradnetz eines
Schnittkegelentwurfs

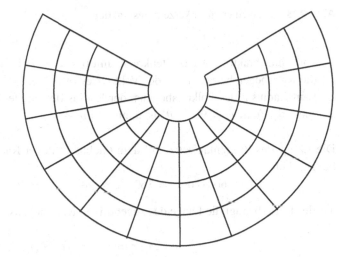

Fast alle Karten, die zwar nicht die gesamte Erde, aber doch große Teile von ihr abbilden (Kontinente, große Länder), sind Schnittkegelprojektionen, und deshalb sollen sie
hier diskutiert werden. Es zeigt sich nämlich, dass bei optimaler Lage des Projektions-
kegels die Verzerrung sehr klein gehalten werden kann; z. B. kann man eine Europakarte
entwerfen, die eine Längenverzerrung von weniger als 2 % aufweist.

Um das Problem anzugehen, wie man eine solche Karte entwickelt, werden wir jedoch
nicht das geometrische Modell des Hutes verwenden. Stattdessen werden wir analytisch
vorgehen, indem wir die Azimutalprojektion modifizieren. Aus Gründen der Einfachheit
starten wir mit dem *mittabstandstreuen* Azimutalentwurf.

Das Gradnetz wird entlang eines Meridians bis zum Pol aufgeschnitten und die Breitenkreise werden wie bei einem Fächer zusammengebogen. Wenn man nun die Meridiane
nach außen schiebt (weg vom Mittelpunkt), sodass der Pol nicht als Punkt, sondern als
Kreisbogen erscheint, dann bekommt eine Kugelkappe ein Gradnetz wie in Abb. 9.12.
Seine Gestalt hängt von zwei Parametern ab:

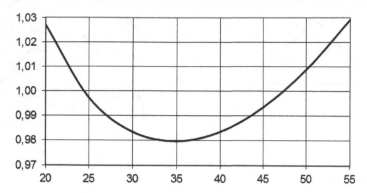

Abb. 9.13 Graph einer guten Verzerrungsfunktion

1. vom Stauchfaktor c der Breitenkreise, mit $0 < c < 1$ (im Beispiel ist $c = 2/3$, d. h., die Kreisbögen betragen $2/3$ des Vollkreises $= 240°$),
2. vom Radius p des Polkreisbogens; der Radius des Breitenkreisbogens für die Poldistanz ϑ (Breite $\varphi = 90° - \vartheta$) ist dann $r = \vartheta + p$.

Die Länge des Breitenkreises φ auf dem Globus (wie der Radius in Grad gemessen) ist bekanntlich

$$360° \cdot \cos\varphi = 360° \cdot \cos(90° - \vartheta) = 360° \cdot \sin\vartheta;$$

auf der Karte beträgt die Länge des zugehörigen Kreisbogens

$$c \cdot 2\pi \cdot r = c \cdot 2\pi \cdot (\vartheta + p).$$

Die Verzerrung $v(\vartheta)$ auf dem Breitenkreis mit Poldistanz ϑ ist gleich dem Verhältnis der Länge des Bildkreises zur Länge des Urkreises, also:

$$v(\vartheta) = \frac{c \cdot 2\pi \cdot (\vartheta + p)}{360° \cdot \sin\vartheta} = \frac{\pi}{180°} \cdot \frac{c \cdot (\vartheta + p)}{\sin\vartheta}$$

Wenn nun eine Europakarte gezeichnet werden soll, dann braucht man ungefähr die Breiten zwischen $35°$ und $70°$, also die Poldistanzen von $20°$ bis $55°$. Das Problem besteht nun darin, die Parameter c, p so zu wählen, dass *in diesem Bereich* die Werte des Verzerrungsfaktors $v(\vartheta)$ möglichst nahe bei 1 liegen. Das kann man durch systematisches Probieren erreichen, z. B. mit Excel: Nach einigen Versuchen findet man etwa mit $c = 0{,}805$ und $p = 5$ recht gute Werte (siehe den Graphen in Abb. 9.13 und die Werte in Tab. 9.1; die rechte Spalte der Tabelle enthält die prozentuale Längenverzerrung des jeweiligen Breitenkreises). Man sieht, dass bis auf den nördlichen und südlichen Rand die Verzerrung nicht über 2 % hinausgeht; außerdem ist offenbar $v(\vartheta) = 1$ für $\vartheta \approx 24°$ und $\vartheta \approx 47°$, also werden zwei Breitenkreise mit $\varphi \approx 66°$ und $\varphi \approx 43°$ unverzerrt abgebildet.

Tab. 9.1 Verzerrung auf einer
Europakarte

ϑ	$v(\vartheta)$	%
20	1,0270	2,7
25	0,9973	−0,3
30	0,9835	−1,7
35	0,9798	−2,0
40	0,9836	−1,6
45	0,9935	−0,7
50	1,0087	0,9
55	1,0291	2,9

Wenn man sich auf die Breiten von Deutschland beschränkt, also auf Poldistanzen von 35° bis 43°, dann kann man durch geschickte Wahl der Parameter eine Verzerrung auf den Breitenkreisen von weniger als 0,15 % erzielen. (Aufgabe: Finden Sie geeignete Werte von c und p mithilfe einer Excel-Tabelle!) Das bedeutet: Bei einer Entfernung von 1000 km beträgt der Maximalfehler, wenn man die Entfernung auf der Karte misst, nur 1,5 km; meistens ist es sogar noch viel weniger. Eine solche Karte könnte man also bedenkenlos zur Entfernungsmessung benutzen.

Kegelentwürfe gibt es auch mit Invarianzeigenschaften (Flächentreue, Winkeltreue). Beispielsweise lassen sich flächentreue Entwürfe direkt aus der Lambertschen Azimutalprojektion herleiten: Beim Zusammenbiegen der Breitenkreise bleibt die Flächentreue erhalten. Nur wenn man die Eigenschaft „Pol als Punkt" aufgibt, muss man anders vorgehen.

Ausklang

10

Es gibt eine Fülle weiterführender Themen im Kontext von Erde und Himmel, die man jetzt anschließen könnte. Für das folgende letzte Kapitel werden zwei davon ausgewählt: Im ersten Abschnitt kommen die *Planeten* zu ihrem Recht; sie haben seit jeher in der wissenschaftlichen und kulturellen Entwicklung eine herausragende Rolle gespielt. Der zweite Abschnitt behandelt ein einfaches, aber sehr aufschlussreiches Experiment zur Geometrie des Sonnenlaufs; seine Analyse bietet eine gute Gelegenheit, die grundlegenden Konzepte der Erd- und Himmelskugel integrierend aufzugreifen.

10.1 Planetenbahnen

10.1.1 Epizykloiden

Die Planeten sind ihrer griechischen Wortherkunft nach *die Umherschweifenden*, sie bewegen sich gegenüber dem gleichmäßig rotierenden, ansonsten aber unveränderlichen Fixsternhimmel. Im Deutschen werden sie als *Wandelsterne* bezeichnet; dieser schöne Begriff wird aber heutzutage nicht mehr allzu oft gebraucht. In der Antike gehörten auch Sonne und Mond zu den Planeten (geozentrisches Weltbild!); hinzu kamen die Planeten im heutigen Sinne, die damals sichtbar waren: Merkur, Venus, Mars, Jupiter, Saturn. Insgesamt zählte man also sieben Planeten, was sicherlich einen wesentlichen Beitrag zur Magie der Zahl 7 leistete.

Welche Bedeutung den Planeten beigemessen wurde, zeigt sich u. a. darin, dass die Wochentage nach ihnen benannt wurden. An den deutschen Namen kann man das bis auf Sonntag und Montag nicht mehr deutlich erkennen, wohl aber in anderen Sprachen, vor allem in den romanischen:

- Dienstag (frz. mardi): Mars
- Mittwoch (frz. mercredi): Merkur

© Springer-Verlag Berlin Heidelberg 2017

B. Schuppar, *Geometrie auf der Kugel*, Mathematik Primarstufe und Sekundarstufe I + II, DOI 10.1007/978-3-662-52942-3_10

- Donnerstag (frz. jeudi): Jupiter
- Freitag (frz. vendredi): Venus
- Samstag (engl. Saturday): Saturn.

Die römischen Götter, nach denen die Planeten benannt wurden, sind im Prozess der Germanisierung teilweise durch germanische Götter ersetzt worden, z. B. Mars durch Tyr bzw. Ziu (Dienstag, Tuesday), Jupiter durch Donar bzw. Thor (Donnerstag, Thursday) und Venus durch Frija (Freitag).

Im neuzeitlichen heliozentrischen Weltbild wurden dann die Planeten umgedeutet zu Himmelskörpern hinreichender Größe, die die Sonne umkreisen; damit gehörte auch die Erde dazu. Ursprünglich zählte man also sechs Planeten; hinzu kamen der Uranus (entdeckt 1781) und der Neptun (1846). Der 1930 entdeckte Pluto wurde zunächst als neunter Planet geführt, inzwischen aber aus mehreren Gründen zum Zwergplaneten herabgestuft.

Zurück zum antiken Weltbild: Sonne und Mond laufen relativ zum Fixsternhimmel *gleichförmig*, und zwar in derselben Richtung (der Rotation der Fixsterne entgegengesetzt). Im Gegensatz dazu bewegen sich die fünf anderen Planeten völlig konfus: Zwar laufen sie hauptsächlich in der gleichen Richtung wie Sonne und Mond, aber mal schneller und mal langsamer, und kurzzeitig laufen sie sogar *rückwärts*! Durch diesen Wechsel von *rechtläufiger* und *rückläufiger* Bewegung gegenüber den Fixsternen bekamen diese fünf einen speziellen Status am Sternenhimmel.

Aus heutiger Sicht, im heliozentrischen Weltbild, sind die merkwürdigen Schleifenbahnen relativ leicht zu erklären. Um die Situation etwas zu vereinfachen, nehmen wir an, dass sich die Planeten mit gleichförmiger Geschwindigkeit auf Kreisbahnen in der Ekliptikebene bewegen; für eine eher qualitative Analyse reicht das völlig aus.

Um den Lauf zweier Planeten in der Ebene zu simulieren, stellen wir sie als Vektoren konstanter Länge in der Ebene dar. Wir versehen die Ebene mit einem rechtwinkligen Koordinatensystem, der Nullpunkt sei die Sonne. Wir messen die Zeit in Jahren (abgekürzt a) sowie die Bahnradien in der Astronomischen Einheit, abgekürzt AE: 1 AE $\approx$ 149,6 Mio. km ist der mittlere Abstand der Erde zur Sonne. Damit hat die Erde die Umlaufzeit 1 und den Bahnradius 1, d. h., mit der Zeitvariablen t wird ihre Bahn wie folgt dargestellt:

$$\vec{r}_1(t) = \big(\cos(2\pi t),\ \sin(2\pi t)\big)$$

Wir verwenden in diesem Kontext ausnahmsweise das *Bogenmaß* für die Argumente von sin und cos; die größere Anschaulichkeit des Gradmaßes ist hier nicht so wichtig. Denn wenn man die Kurven mit geeigneten Computerprogrammen (z. B. mit GeoGebra) simulieren will, dann ist in der Regel das Bogenmaß einzusetzen.

Ein anderer Planet rotiere im Abstand R von der Sonne mit der Umlaufzeit T; seine Bahn wird analog beschrieben:

$$\vec{r}_2(t) = \left(R \cdot \cos\left(2\pi \frac{t}{T}\right),\ R \cdot \sin\left(2\pi \frac{t}{T}\right) \right)$$

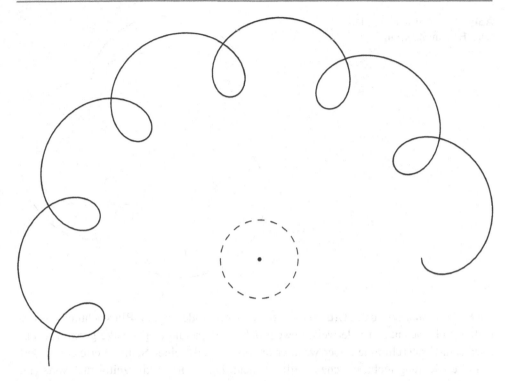

Abb. 10.1 (©) Bahn des Jupiters, Erde im Zentrum

Beispielsweise hat Jupiter den Bahnradius $R = 5,2$ AE und die Umlaufzeit $T = 11,9$ a.

Wenn wir nun untersuchen wollen, wie die Bahnkurve $\vec{r}(t)$ des anderen Planeten aus unserer Perspektive aussieht, dann verschieben wir den Nullpunkt auf die Erde (geozentrisches Modell):

$$\vec{r}(t) = \vec{r}_2(t) - \vec{r}_1(t)$$

Somit erhalten wir die folgende Parameterdarstellung:

$$\vec{r}(t) = \left(R \cdot \cos\left(2\pi\frac{t}{T}\right) - \cos(2\pi t), \; R \cdot \sin\left(2\pi\frac{t}{T}\right) - \sin(2\pi t) \right)$$

Abb. 10.1 zeigt das Beispiel der Jupiterbahn, von der Erde aus gesehen, innerhalb von sieben Jahren; der gestrichelte Kreis in der Mitte stellt die Sonnenbahn dar (in diesem Modell rotiert die Sonne um die Erde!). Zum Anfangszeitpunkt $t = 0$ stehen Sonne, Erde und Jupiter in gerader Linie; von uns aus gesehen steht Jupiter der Sonne genau gegenüber (*Opposition*).

Am auffälligsten an der Gestalt der Kurve sind wohl die *Schleifen*; sie stellen genau das Phänomen dar, das die Astronomen in der Antike in Erstaunen versetzte. Zur Interpretation des Bildes durchlaufe man die Kurve für wachsende Zeit t und beobachte dabei

Abb. 10.2 (©) Bahn des Merkurs, Erde im Zentrum

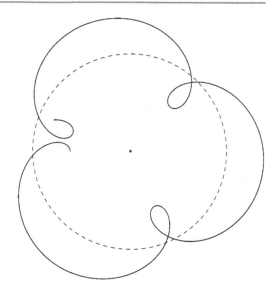

die *Richtungsänderung* des Ortsvektors $\vec{r}(t)$, d. h. die Änderung der Blickrichtung von der Erde zum Planeten: Normalerweise bewegt sich der Planet im Gegenuhrzeigersinn gegenüber dem Fixsternhimmel, aber wenn er die erste Flanke einer Schleife erreicht, ändert sich die Richtung nicht, er scheint stillzustehen; dann läuft er kurzzeitig rückwärts (im Uhrzeigersinn) bis zur zweiten Flanke der Schleife, dann wieder normal. Die Unterschiede der Entfernung von Erde und Planet muss man dabei komplett ausblenden, sie waren in der Antike noch nicht wahrnehmbar.

Das Phänomen ist bei allen Planeten zu beobachten, unabhängig davon, ob der andere Planet sich innerhalb oder außerhalb der Erdbahn befindet. Abb. 10.2 zeigt die Merkurbahn im Laufe eines Jahres; sein Bahnradius beträgt $R = 0{,}387$ AE und seine Umlaufzeit $T = 88{,}0$ d $= 0{,}241$ a. Auch hier symbolisiert der gestrichelte Kreis die Sonnenbahn.

Derartige Kurven, die durch die Überlagerung zweier Kreisbewegungen entstehen, heißen *Epizykloiden*.

Zur Berechnung der Planetenpositionen entwickelten die Astronomen der griechischen Antike die *Epizykeltheorie*: Auf einem großen Kreis mit der Erde als Zentrum, genannt *Deferent*, rotiert ein hypothetischer Punkt. Der Planet rotiert auf einem kleinen Kreis, dem *Epizykel*, der diesen Punkt auf dem Deferenten als Zentrum hat. Die Berechnungen aufgrund dieses Modells waren z. T. recht ungenau, deshalb wurde es weiter verfeinert: Das Zentrum des Deferenten wurde in einen Punkt außerhalb der Erde verlagert (*Exzentertheorie*) oder es wurden zusätzliche Epizykel installiert. Diese Korrekturen waren notwendig, um die unterschiedlichen Geschwindigkeiten der Planeten auf ihren Ellipsenbahnen zu berücksichtigen, wie man aus heutiger Sicht sagen kann (2. Keplersches Gesetz, vgl. Abschn. 10.1.3). Damit konnte man die Planetenpositionen sehr genau vorhersagen – ein schönes Beispiel dafür, dass ein Modell die Wirklichkeit genau beschreibt, aber nicht begründet.

Zurück zum einfachen Modell der Epizyklen mit der Erde als Zentrum des Deferenten: Die antike Auffassung kommt unserer Simulation schon recht nahe, aber es gibt einen wesentlichen Unterschied. In unserem Modell ist der Deferent die Sonnenbahn, und das Zentrum des Epizykels ist kein gedachter Punkt, sondern ein konkretes Objekt, nämlich die Sonne. Bei weit entfernten Planeten wie z. B. beim Jupiter ist zudem der Deferent *klein* im Gegensatz zum Epizykel. Vom rein mathematischen Standpunkt aus ist es aber völlig egal, welcher Kreis welche Rolle spielt: Die Form der Epizykloide ist in beiden Fällen identisch. Aus diesem Rollentausch ergibt sich noch ein weiterer interessanter Aspekt: Vom Jupiter aus gesehen wäre der Deferent, d. h. die Sonnenbahn, der *größere* Kreis, und der Epizykel, die Erdbahn, wäre der *kleinere*; die Erde zieht also vom Jupiter aus gesehen die gleichen Schleifen wie der Jupiter von der Erde aus gesehen.

Unabhängig vom speziellen Kontext der Planetenbahnen bieten Epizykloiden eine gute Gelegenheit für mathematische Experimente, die mit einem geeigneten Grafikprogramm (z. B. GeoGebra) durchführbar sind. Wie oben setzen wir den Radius und die Umlaufzeit des Deferenten auf 1 und variieren den Radius R und die Umlaufzeit T des Epizykels. Mögliche Fragen:

- Manchmal hat die Epizykloide Spitzen statt Schleifen, manchmal werden die Spitzen sogar zu Buckeln abgeflacht. Wann ist das jeweils der Fall?
- Wann ergibt sich eine geschlossene Kurve? Welche Drehsymmetrie (Anzahl der Schleifen, Spitzen oder Buckel) hat sie dann? Kann man diese Anzahl vorhersagen? Wie kann man eine Epizykloide mit einer vorgegebenen Anzahl von Schleifen (Spitzen, Buckeln) erzeugen?
- Was passiert bei *gegenläufiger* Bewegung der Kreise? Man kann das ganz einfach erzeugen, indem man $T < 0$ wählt. Solche Kurven werden auch als *Hypozykloiden* bezeichnet.

Abb. 10.3 zeigt einige Beispiele. Mit welchen Parametern R, T wurden sie erzeugt?

10.1.2 Synodische und siderische Umlaufzeit

- Zwei 10.000-Meter-Läufer starten gleichzeitig auf einer 400 m langen Bahn. Läufer A, ein Spitzensportler, schafft eine Runde in 80 s. Läufer B ist im Vergleich zu A eine lahme Ente, er wird nach 5 min zum ersten Mal von A überrundet. Wie lange braucht B für eine Runde? (Wir nehmen an, dass beide mit konstanter Geschwindigkeit laufen.)
- Um 12 Uhr stehen die Zeiger einer Uhr genau übereinander. Wann ist das zum nächsten Mal der Fall?
- Wie groß ist die Umlaufzeit des Mondes bei seiner Bahn um die Erde? (Sie ist übrigens genauso groß wie die Zeit für eine volle Drehung des Mondes um seine eigene Achse, denn der Mond zeigt uns immer nur dieselbe Seite.)

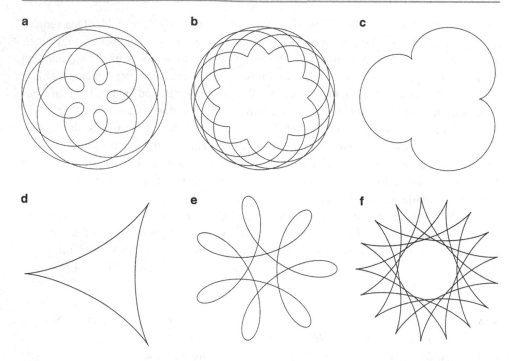

Abb. 10.3 (©) Epi- und Hypozykloiden

- Wie lange braucht die Erde für eine Drehung von 360° um ihre eigene Achse? (Es sind nicht 24 h!)
- Am 8. April 2014 stand der Mars genau der Sonne gegenüber; das nächste Mal war dies am 22. Mai 2016 der Fall. (Man sagt, der Mars stand zu diesen Zeiten in *Opposition*.) Wie groß ist die Umlaufzeit des Mars, d. h., wie lange braucht er für einen vollen Umlauf um die Sonne?

All diese Probleme sind eng verwandt miteinander.

Zum Mars-Problem: Wir können die Umlaufzeit eines Planeten nicht direkt messen, weil wir uns selbst auf einer Bahn um die Sonne befinden. Das Einzige, was messbar ist, ist die Zeitspanne zwischen zwei gleichartigen Konstellationen von Sonne, Erde und Planet wie z. B. die o. g. Oppositionen. (Bei Merkur und Venus geht das nicht, weil sie innerhalb der Erdbahn kreisen; stattdessen kann man hier z. B. die *unteren Konjunktionen* beobachten: Der Planet steht genau zwischen Sonne und Erde.)

Diese Zeitspanne heißt *synodische Umlaufzeit*; im Gegensatz dazu nennt man die Zeit für einen vollen Umlauf um die Sonne *siderische Umlaufzeit*. Die synodische Umlaufzeit ist also eine *relative* Größe, sie beschreibt eine Beziehung zwischen zwei Planeten.

Unser allgemeines Problem besteht nun darin, einen Zusammenhang zwischen den siderischen Umlaufzeiten T_1, T_2 zweier Planeten und ihrer synodischen Umlaufzeit S herzustellen. Wenn man das Modell der beiden Langstreckenläufer als Vergleich heranzieht, dann wird schnell Folgendes klar: Sofern die Rundenzeiten T_1, T_2 sich nur wenig unterscheiden, wird die Zeit S bis zum Überrunden sehr lang sein; je größer der Unterschied zwischen T_1 und T_2 ist, desto kleiner wird S. Aber S wird niemals kleiner sein als die kleinste der beiden Rundenzeiten; im Extremfall bleibt Läufer B einfach stehen, dann ist $T_2 = \infty$ und offenbar $S = T_1$.

Um eine Gleichung für T_1, T_2 und S herzuleiten, kehren wir zu den Planeten zurück. Ähnlich wie in Abschn. 10.1.1 vereinfachen wir die Situation so, dass beide Planeten mit gleichförmiger Geschwindigkeit auf Kreisbahnen laufen. Es gelte $T_1 < T_2$, d. h., Planet 1 sei der schnellere. Außerdem nehmen wir an, dass sie zur Zeit $t = 0$ von der Sonne aus gesehen in der gleichen Richtung stehen (im Beispiel Erde und Mars heißt das: Mars ist in Opposition). Dann haben die Planeten zur Zeit t die folgenden Winkel zurückgelegt:

$$\alpha_1 = \frac{360°}{T_1} \cdot t; \; \alpha_2 = \frac{360°}{T_2} \cdot t$$

Relativ zueinander bilden sie also diesen Winkel:

$$\alpha_1 - \alpha_2 = 360° \cdot t \cdot \left(\frac{1}{T_1} - \frac{1}{T_2} \right)$$

Gesucht ist die Zeit S, nach der diese Differenz 360° beträgt, denn dann ist die ursprüngliche Situation wieder erreicht:

$$360° \cdot S \cdot \left(\frac{1}{T_1} - \frac{1}{T_2} \right) = 360°$$

Daraus ergibt sich sofort die gewünschte Gleichung:

$$\frac{1}{T_1} - \frac{1}{T_2} = \frac{1}{S} \tag{10.1}$$

Beispiel Mars: Für die Erde ist $T_1 = 365{,}25$ d. Aus den beiden Zeitpunkten für die Oppositionen des Mars (8.4.2014 und 22.5.2016) ermittelt man für den Mars die synodische Umlaufzeit $S = 775$ d. Um seine siderische Umlaufzeit zu ermitteln, löst man Gl. 10.1 nach T_2 auf und erhält:

$$T_2 = \frac{1}{\frac{1}{T_1} - \frac{1}{S}} = 691 \, \text{d}$$

In astronomischen Tabellen findet man für den Mars die Werte $S = 780$ d und $T_2 = 687$ d. Dabei handelt es sich um Mittelwerte; wegen der Ellipsenform beider Bahnen weichen singuläre Messwerte i. A. etwas davon ab. Immerhin können wir Gl. 10.1 mithilfe der tabellierten Werte exemplarisch überprüfen: Mit $S = 780$ d ergibt sich tatsächlich (gerundet) $T_2 = 687$ d. Außerdem zeigt sich an diesem Beispiel: Wenn S größer wird, dann wird T_2 kleiner. Ob das allgemein gilt, muss natürlich noch geklärt werden.

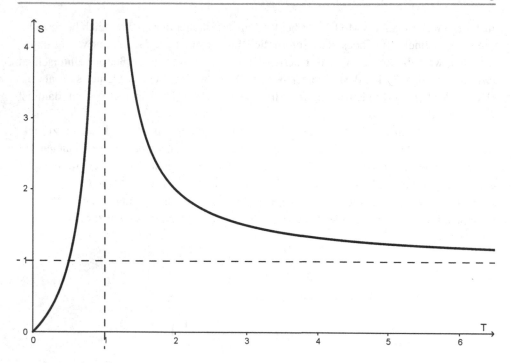

Abb. 10.4 (©) Graph der Funktion $S = f(T)$

Um die funktionalen Eigenschaften der Zuordnung $T_2 \leftrightarrow S$ bei konstantem T_1 besser zu untersuchen, setzen wir einfach $T_1 = 1$ und bezeichnen T_2 mit T. Das heißt konkret: Wir wählen als Zeiteinheit ein Jahr und betrachten für einen anderen Planeten die siderische Umlaufzeit T sowie die synodische Umlaufzeit S in Bezug auf die Erde. Da wir ursprünglich $T_1 < T_2$ vorausgesetzt haben, behandeln wir zunächst den Fall $T > 1$, d. h., der Planet kreist außerhalb der Erdbahn (diese heißen auch *obere Planeten*). Dann ergibt sich aus Gl. 10.1:

$$\frac{1}{S} = 1 - \frac{1}{T} = \frac{T-1}{T} \quad \Rightarrow \quad S = \frac{T}{T-1}$$

Will man T aus S bestimmen, dann sieht es so aus:

$$\frac{1}{T} = 1 - \frac{1}{S} = \frac{S-1}{S} \quad \Rightarrow \quad T = \frac{S}{S-1}$$

Das heißt: Wenn man einerseits S aus T und andererseits T aus S berechnet, dann benutzt man den gleichen Term. Funktional ausgedrückt bedeutet es, dass die Funktion $S = f(T)$ zu sich selbst invers ist; der Graph von f ist also spiegelsymmetrisch zur Hauptdiagonalen (Abb. 10.4). Wie man sieht, ist f in diesem Fall tatsächlich monoton fallend.

Für die Planeten innerhalb der Erdbahn (genannt *untere Planeten*) gestaltet sich die Situation etwas anders. Hier müssen wir, um den Voraussetzungen von Gl. 10.1 zu entsprechen, $T_2 = 1$ und $T_1 = T$ setzen; dann ergibt sich:

$$\frac{1}{S} = \frac{1}{T} - 1 = \frac{1-T}{T} \quad \Rightarrow \quad S = \frac{T}{1-T}$$

$$\frac{1}{T} = 1 + \frac{1}{S} = \frac{S+1}{S} \quad \Rightarrow \quad T = \frac{S}{S+1}$$

Die Funktion $S = f(T)$, definiert für $0 < T < 1$, ist dann monoton wachsend.

Zum Üben: Tab. 10.1 enthält u. a. die siderischen Umlaufzeiten der Planeten unseres Sonnensystems in Jahren.

Wir haben eingangs gefragt: Nach welcher Zeitspanne stehen die Zeiger einer Uhr wieder genau übereinander? Im Prinzip lässt sich das mit Gl. 10.1 lösen, und zwar mit $T_1 = 1\,\text{h}$ für den großen Zeiger und $T_2 = 12\,\text{h}$ für den kleinen Zeiger. Hier ist aber die Situation einfacher, weil T_1 ein ganzzahliges Vielfaches von T_1 ist: Innerhalb von zwölf Stunden macht der große Zeiger zwölf Umläufe, der kleine nur einen. Also wird der kleine Zeiger vom großen elfmal überrundet, und zwar in gleich großen Abständen von jeweils $\frac{12}{11}\,\text{h} = 1{:}05{:}27{,}\overline{27}\,\text{h}$. Nach 12 Uhr werden demnach die Zeiger zum ersten Mal wieder ungefähr um 1:05:27 Uhr übereinanderstehen.

Mit dem Mond verhält es sich ähnlich, aber doch anders: Die Sonne umkreist die Erde einmal innerhalb eines Jahres (mit dieser Vorstellung begeben wir uns wieder ins geozentrische System); in dieser Zeit sehen wir den Mond ca. 12-mal an ihr vorbeiziehen (Neumond), denn das Jahr hat zwölf Monate. Der Mond muss also in dieser Zeit 13 Umläufe gemacht haben.

Genauer kann man Folgendes sagen: Die siderische Umlaufzeit der Erde beträgt 365,25 d und der Mondzyklus (die Zeit zwischen zwei Neumonden) dauert ca. 29,5 d. Somit ist die *synodische* Umlaufzeit S des Mondes bekannt; mit $T_2 = 365{,}25\,\text{d}$ erhält man aus Gl. 10.1 seine *siderische* Umlaufzeit $T_1 = 27{,}3\,\text{d}$.

Zum Abschluss greifen wir noch einmal das Problem der Sonnenzeit und Sternzeit auf (vgl. Abschn. 8.5.2) und ordnen es in den vorliegenden Kontext ein.

Ein Sterntag ist die Zeit zwischen zwei aufeinanderfolgenden Kulminationen desselben Fixsterns, also die siderische Umlaufzeit des Fixsternhimmels (anders gesagt: die Zeit für eine Drehung der Erde von 360° um ihre eigene Achse). Die siderische Umlaufzeit der Sonne beträgt ein Jahr, also 365,25 d. Ein Sonnentag $= 1\,\text{d} = 24\,\text{h}$ ist die zugehörige *synodische* Umlaufzeit. Setzt man $T_2 = 365{,}25\,\text{d}$ und $S = 1\,\text{d}$, dann erhält man ähnlich wie oben:

$$T_1 = 0{,}9972696\,\text{d} = 23{,}93447\,\text{h} = 23{:}56{:}04\,\text{h}$$

Somit ist ein Sterntag knapp 4 min kürzer als ein Sonnentag.

Abb. 10.5 Ellipse

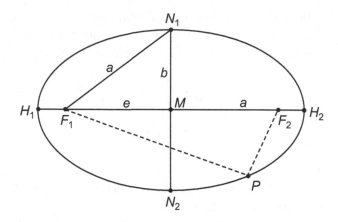

10.1.3   Die Keplerschen Gesetze

Anfang des 17. Jahrhunderts formulierte Johannes Kepler die drei nach ihm benannten Gesetze über die Bewegung der Planeten, die wenig später zur Grundlage der Newton'schen Mechanik wurden:

1. Die Bahn eines Planeten ist ellipsenförmig, die Sonne steht in einem Brennpunkt der Ellipse.
2. Flächensatz: Der Fahrstrahl Sonne – Planet überstreicht in gleichen Zeiten gleich große Flächen.
3. Das Quadrat der Umlaufzeit ist proportional zur dritten Potenz der großen Halbachse der Ellipse.

Zunächst seien jetzt die wichtigsten Begriffe und Fakten über die Geometrie der Ellipsen skizziert, soweit sie im Folgenden gebraucht werden.

Die geläufigste Definition der Ellipse benutzt ihre Eigenschaft als Ortslinie: Gegeben seien zwei Punkte F_1, F_2 und eine reelle Zahl a mit $\overline{F_1 F_2} < 2a$. Die Ellipse mit den Brennpunkten F_1, F_2 ist dann die Kurve aller Punkte P, sodass die Summe der Abstände von F_1 und F_2 konstant ist, und zwar gleich $2a$ (Abb. 10.5):

$$\overline{PF_1} + \overline{PF_2} = 2a$$

Die Ellipsenpunkte H_1, H_2 auf der Geraden $F_1 F_2$ (Hauptachse) sind die Hauptscheitel; die Länge der Strecke $H_1 H_2$ beträgt $2a$. Die Mittelsenkrechte der Strecke $F_1 F_2$ (Nebenachse) schneidet die Ellipse in den Nebenscheiteln N_1, N_2. Der Schnittpunkt M von Haupt- und Nebenachse ist der Mittelpunkt der Ellipse; sie ist punktsymmetrisch zu M

und spiegelsymmetrisch zu den beiden Achsen. Grundlegende Bezeichnungen:

$$a = \overline{H_1 M} = \overline{M H_2} \text{ große Halbachse,} \qquad b = \overline{N_1 M} = \overline{M N_2} \text{ kleine Halbachse;}$$

$$e = \overline{F_1 M} = \overline{M F_2} \text{ lineare Exzentrizität,} \qquad \varepsilon = \frac{e}{a} \text{ numerische Exzentrizität.}$$

Der Parameter ε bestimmt die Form der Ellipse: Es gilt $0 \leq \varepsilon < 1$; für kleine ε ist die Ellipse fast kreisförmig, und je größer ε wird, desto flacher ist sie.

Für den Nebenscheitel N_1 gilt (wie für alle Ellipsenpunkte) $\overline{N_1 F_1} + \overline{N_1 F_2} = 2a$, und da die Abstände von N_1 zu den Brennpunkten wegen der Symmetrie gleich lang sind, folgt daraus $\overline{N_1 F_1} = a$. Aus dem Satz des Pythagoras im rechtwinkligen Dreieck $N_1 M F_1$ erhält man dann die fundamentale Beziehung zwischen a, b und e:

$$a^2 = b^2 + e^2$$

Im astronomische Kontext der Planetenbahnen spielen die Hauptscheitel eine besondere Rolle: Angenommen die Sonne steht im Brennpunkt F_1, dann ist H_1 der sonnennächste Punkt des Planeten, genannt *Perihel*, und H_2 ist der sonnenfernste Punkt, genannt *Aphel*. Die zugehörigen Extremwerte der Abstände Sonne – Planet heißen *Periheldistanz* $P :=$ a e bzw. *Apheldistanz* $A := a + e$. Im Grunde würden P und A ausreichen, um die Form und Größe der Ellipse eindeutig zu beschreiben, denn es gilt:

$$a = \frac{A + P}{2}, \; e = \frac{A - P}{2}, \; \varepsilon = \frac{A - P}{A + P},$$

$$b^2 = a^2 - e^2 = (a + e) \cdot (a - e) = A \cdot P \quad \Rightarrow \quad b = \sqrt{A \cdot P}$$

Man beachte: Die große Halbachse ist das *arithmetische* Mittel von A und P, die kleine Halbachse ihr *geometrisches* Mittel.

Zum 1. Keplerschen Gesetz

Die Bahnellipsen werden meist übertrieben flach gezeichnet. Das ist zwar verständlich, denn man möchte ja hervorheben, dass sie keine Kreise sind. Aber in Wirklichkeit ist ihre Form in der Regel kaum von einem Kreis zu unterscheiden. Beispielsweise hat die Erdbahn die Exzentrizität $\varepsilon = 0,0167$; mit $a = 149,6$ Mio. km erhält man $e = 2,498$ Mio. km und $b = \sqrt{a^2 - e^2} = 149,579$ Mio km; die kleine Halbachse unterscheidet sich also von der großen um ganze 21.000 km, das sind 0,014 %. Verkleinert auf einen Durchmesser von ca. 30 cm (Maßstab 1 : 1 Billion) beträgt der Unterschied ca. 0,02 mm. Zum Vergleich: Ein dünner Strich von der Stärke 1/2 Punkt ist ca. 0,2 mm breit. Eine maßstabsgerechte Zeichnung der Erdbahn, in der man eine Ellipse erkennt, ist also unmöglich.

Was man allerdings in einer solchen Zeichnung auch mit bloßem Auge erkennen könnte, ist die exzentrische Position der Sonne. Die lineare Exzentrizität e beträgt ca. 2,5 Mio. km, das sind 2,5 mm im o. g. Maßstab.

Die Zeitpunkte für die maximale bzw. minimale Sonnenentfernung der Erde sind relativ konstant, und zwar um den 3. Januar für das Perihel bzw. um den 5. Juli für das Aphel. Nebenbei wird dadurch die These „Im Sommer ist es wärmer, weil wir dann näher zur Sonne sind" eindrucksvoll widerlegt (abgesehen davon, dass das gleiche Argument für die Südhalbkugel zuträfe, wo die Jahreszeiten umgekehrt sind). Aber wie stark wirkt sich denn der Entfernungsunterschied auf die Sonneneinstrahlung aus?

Das Verhältnis der größten zur kleinsten Entfernung lässt sich wie folgt berechnen:

$$\frac{A}{P} = \frac{a+e}{a-e} = \frac{1+\varepsilon}{1-\varepsilon} \approx 1 + 2\varepsilon = 1,0334$$

Die Strahlungsintensität ist umgekehrt proportional zum Quadrat der Entfernung; mit $\frac{1}{1,0334^2} = 0,936$ folgt daraus: Gegenüber dem Perihel nimmt die Strahlung im Aphel um ca. 6,4 % ab. Ob dadurch klimatische Unterschiede zwischen Januar und Juli begründet werden können, sei dahingestellt.

Zum 2. Keplerschen Gesetz
Die unterschiedlichen Geschwindigkeiten der Erde auf ihrer Bahn sind nicht unmittelbar zu erkennen, aber es gibt zwei Phänomene, die damit erklärt werden können: Einerseits ist das Winterhalbjahr deutlich kürzer als das Sommerhalbjahr, denn in Sonnennähe läuft die Erde schneller als in Sonnenferne (vgl. Aufg. 9 in Abschn. 8.6; man beachte das Datum des Perihels: 3. Januar).

Andererseits ist darin die zweite Ursache der Zeitgleichung zu finden (zur ersten Ursache vgl. Abschn. 8.5.3). Denn die Erde legt auf ihrer Ellipsenbahn pro Tag einen kleinen Bogen zurück, der zugehörige Winkel α mit der Sonne als Scheitelpunkt beträgt ca. 1°. Der wahre Tag ist definiert als die Zeitspanne zwischen zwei aufeinanderfolgenden Sonnenkulminationen. α ist gleichzeitig der Winkel, den die Erde bei ihrer Eigenrotation über die Volldrehung von 360° hinaus „nachdrehen" muss, damit die Sonne am nächsten Mittag wieder im Meridian steht (vgl. die analoge Überlegung in Abschn. 8.5.3). Dieser Winkel ändert sich geringfügig im Laufe eines Jahres; qualitativ kann man aus dem Flächensatz unmittelbar ableiten, dass α im Perihel am größten, im Aphel am kleinsten ist. Das heißt: Der wahre Tag ist im Perihel länger, im Aphel kürzer als der mittlere Tag.

Quantitativ ergibt sich Folgendes: Wir nehmen an, dass die Erde im Mittel pro Tag einen Winkel von 1° zurücklegt (dies stimmt nicht ganz, aber das spielt hier keine Rolle). Der Flächeninhalt der Ellipse beträgt $F_E = \pi ab$; wegen des sehr geringen Unterschieds der Halbachsen kann man $F_E = \pi a^2$ ansetzen. Somit überstreicht der Fahrstrahl Sonne – Erde pro Tag eine konstante Fläche $F \approx \pi a^2 \cdot \frac{1}{360}$. Im Perihel ist der Ellipsensektor nahezu ein Kreissektor mit dem Radius $a - e = a \cdot (1 - \varepsilon)$, d. h., der Radius ist mit dem Faktor $1 - \varepsilon$ verkleinert. Damit der Flächeninhalt konstant bleibt, muss der Winkel mit

Tab. 10.1 Bahnparameter der
Planeten

Planet	a [AE]	ε	T [a]
Merkur	0,387	0,206	0,241
Venus	0,723	0,00677	0,615
Erde	1	0,0167	1
Mars	1,52	0,0934	1,88
Jupiter	5,20	0,0484	11,9
Saturn	9,54	0,0542	29,4
Uranus	19,2	0,0472	84,0
Neptun	30,1	0,00859	165

dem Faktor $\frac{1}{(1-\varepsilon)^2}$ vergrößert werden, er beträgt somit:

$$\frac{1}{(1-\varepsilon)^2} \cdot 1° = \frac{1°}{0{,}98563^2} = 1{,}0342577°$$

Die Erde muss also, wenn sie sich im Perihel befindet, pro Tag um $0{,}0342577°$ mehr nachdrehen als am mittleren Tag. Mit der Umrechnung $1° \stackrel{\wedge}{=} 4\,\mathrm{min} = 240\,\mathrm{s}$ erhält man: Der wahre Tag ist zu dieser Zeit um

$$0{,}0342577° \cdot 240\,\mathrm{s} \approx 8\,\mathrm{s}$$

länger als der mittlere Tag; die Zeitgleichung muss dann um diesen Betrag abnehmen. Im Aphel ist es umgekehrt: Der wahre Tag ist um ca. 8 s kürzer als der mittlere, die Zeitgleichung nimmt entsprechend zu.

Diese Änderungen *pro Tag* sind natürlich sehr klein, aber der merkliche Unterschied des wahren Mittags vom mittleren Mittag kommt ja erst dadurch zustande, dass sich die kleinen Änderungen aufsummieren. Diese physikalische Komponente der Zeitgleichung hat einen ungefähr sinusförmigen Verlauf mit *jährlicher* Periode, während die geometrische Komponente näherungsweise eine Sinuskurve mit *halbjährlicher* Periode erzeugt. Durch deren Überlagerung ist der relativ unregelmäßige Verlauf der Zeitgleichung zu erklären.

Zum 3. Keplerschen Gesetz
Tab. 10.1 enthält die großen Halbachsen a, die Exzentrizitäten ε sowie die Umlaufzeiten T für alle Planeten unseres Sonnensystems (Zahlen auf drei signifikante Stellen gerundet; Quelle: Wikipedia → Liste der Planeten des Sonnensystems).

Wie man T aus den Beobachtungsdaten bestimmt, haben wir bereits in Abschn. 10.1.2 diskutiert. Welche Messwerte man für die Berechnung von a benötigt und wie das geht, wäre ein weiteres reizvolles Problem, aber darauf gehen wir hier nicht ein.

Aus den Daten in Tab. 10.1 kann man weitere Größen der Bahn berechnen (lineare Exzentrizität e, kleine Halbachse b, Perihel- und Apheldistanzen P, A). Im Grunde wäre

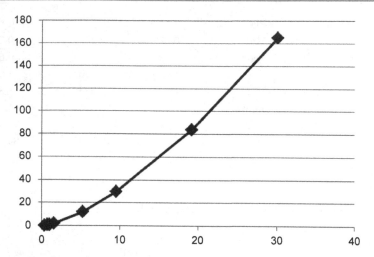

Abb. 10.6 Diagramm der Funktion $T = f(a)$

sogar die dritte Spalte überflüssig, denn mithilfe des 3. Keplerschen Gesetzes kann man T aus a berechnen.

Aber wenn man dieses Gesetz noch nicht kennt, wie könnte man anhand der Tabelle einem möglichen Zusammenhang zwischen a und T auf die Spur kommen?

Es geht also darum, die Tabelle zu interpretieren, und dabei hilft allemal eine grafische Darstellung. In Abb. 10.6 (Excel-Diagramm) ist a auf der waagerechten und T auf der senkrechten Achse abgetragen. Gibt es einen Funktionsterm $T = f(a)$, der diesem Graphen entspricht?

Setzt man die Kurve nach links unten fort, dann scheint sie durch den Nullpunkt zu gehen, aber das ist nur unscharf zu erkennen, weil es an dieser Stelle viele Datenpunkte gibt. Die Krümmung lässt vermuten, dass es sich um eine Potenzfunktion $T = c \cdot a^k$ mit $k > 1$ handeln könnte, aber wohl nicht um eine einfache (mit ganzzahligem Exponenten k). Da zur Erde das Wertepaar $a = 1$, $T = 1$ gehört, könnte man dann sogar den konstanten Faktor c auf 1 setzen. Um diese Vermutung zu prüfen, skalieren wir beide Achsen *logarithmisch* (Abb. 10.7; in Excel ist dazu bei der Achsenformatierung nur das entsprechende Kontrollkästchen anzuklicken). Es zeigt sich eine Gerade, die durch den Nullpunkt geht, d. h., es ist $\log(T) = k \cdot \log(a)$; daraus folgt sofort $T = a^k$. Der Exponent k lässt sich nun aus einem Wertepaar ermitteln: Nimmt man die Daten des Jupiters, also $a = 5{,}20$ AE und $T = 11{,}9$ a, dann erhält man:

$$k = \frac{\log(T)}{\log(a)} = \frac{\log(11{,}9)}{\log(5{,}20)} = 1{,}50$$

Es ist also tatsächlich $T = a^{2/3} = \sqrt{a^3}$.

Eigentlich besagt ja das 3. Keplersche Gesetz, dass T^2 *proportional* zu a^3 ist, oder formal ausgedrückt: $T = c \cdot \sqrt{a^3}$ mit einer Konstanten $c > 0$. Wie oben bereits angedeutet,

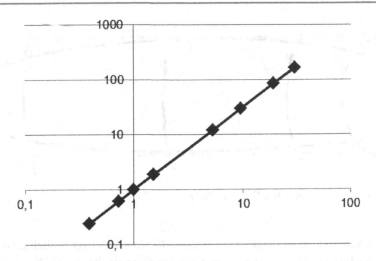

Abb. 10.7 $T = f(a)$ mit logarithmischer Skalierung

konnten wir hier $c = 1$ setzen, aber das kommt allein durch die Wahl der Einheiten zustande. Durch diesen Trick haben wir zwar den Funktionsterm, aber nicht das physikalische Gesetz vereinfacht. Die Zeiteinheit Jahr passt noch am ehesten zum normalen Einheitensystem, aber die Längeneinheit AE ist künstlich, sie entstammt dem Kontext; man könnte sogar sagen: Sie ist dafür *geschaffen* worden, um das 3. Keplersche Gesetz bezüglich des Sonnensystems zu vereinfachen. Wenn man diese Längeneinheit in Kilometer ausdrücken möchte, steht man wieder vor einem Problem: Wie macht man das? Seit langer Zeit haben sich die Astronomen damit befasst; eine große Rolle spielte dabei ein Phänomen, das nur sehr selten zu beobachten ist, nämlich der *Venustransit*: Die Venus steht genau zwischen Sonne und Erde, sodass sie als kleiner Punkt auf der Sonnenscheibe zu sehen ist. Von verschiedenen, weit voneinander entfernten Orten auf der Erde aus gesehen ist die Position der Venus auf der Sonne aber nicht genau dieselbe, und aus der Differenz kann man die Entfernung der Erde zur Sonne berechnen.

Kometen
Nicht nur die Planeten, sondern auch die Kometen haben den Keplerschen Gesetzen zu gehorchen. Ihre Bahnen sind auch elliptisch, aber bezüglich Form und Größe sehr unterschiedlich. Man unterscheidet zwei Typen:

1. *Nicht- oder langperiodische* Kometen haben eine so große Umlaufzeit, dass sie erst ein einziges Mal beobachtet wurden und wahrscheinlich in absehbarer Zeit nicht wiederkommen werden. Ihre Bahn ist nahezu parabelförmig.
2. *Periodische* Kometen wurden schon im Altertum wiederholt beobachtet; sie kommen in regelmäßigen Abständen wieder in Sonnennähe, z. T. nach langen Ausflügen in die äußeren Regionen des Sonnensystems (Kuipergürtel, Oortsche Wolke).

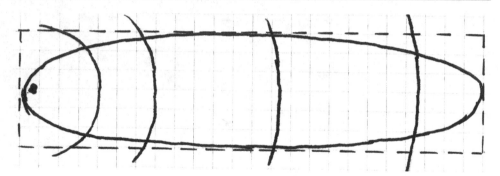

Abb. 10.8 Bahn des Halley'schen Kometen, Skizze

Der wohl bekannteste unter ihnen ist der *Halleysche Komet*, der vermutlich schon um 240 v. Chr. beobachtet wurde. Er tauchte zuletzt 1986 in Sonnennähe auf und hat eine Umlaufzeit von ca. 75 Jahren, sodass er voraussichtlich 2061 zum nächsten Mal wiederkommt (durch den Einfluss von Planeten kann sich die Zeit ändern).

Ein genauerer Wert für die momentane Umlaufzeit ist $T = 75{,}32$ a. Daraus lässt sich die große Halbachse seiner Bahn berechnen:

$$a = \sqrt[3]{T^2} = 17{,}835 \, \text{AE}$$

Um die Gestalt seiner Bahn zu ermitteln, brauchen wir eine weitere Angabe. Bei Wikipedia findet man unter dem Eintrag *Liste der Kometen* zu allen periodischen Kometen neben T die *Periheldistanz* P; für P1/Halley (das ist sein systematischer Name) beträgt sie $P = 0{,}586 \, \text{AE}$. Diese zwei Zahlen genügen völlig, denn alle anderen Größen der Bahn lassen sich daraus berechnen:

- lineare Exzentrizität: $e = a - P = 17{,}25 \, \text{AE}$
- numerische Exzentrizität: $\varepsilon = \frac{e}{a} = 0{,}967$
- Apheldistanz: $A = a + e = 35{,}08 \, \text{AE}$
- kleine Halbachse: $b = \sqrt{A \cdot P} = 4{,}534 \, \text{AE}$.

Die Bahn ist also sehr lang gestreckt; das spiegelt sich einerseits in dem großen Wert von ε wider, andererseits in der Apheldistanz: Der sonnenfernste Punkt liegt jenseits der Neptunbahn (Neptun ist ca. 30 AE von der Sonne entfernt).

Um die Bahn des Halley'schen Kometen zu veranschaulichen, hilft eine kleine Skizze, auch handgezeichnet (Abb. 10.8): Mit dem Maßstab 3 AE $\hat{=}$ 1 cm passt die Ellipse ziemlich genau in ein Rechteck von 12 × 3 cm. Die Sonne ist dann allerdings nur 2 mm vom Hauptscheitel entfernt! Zum Vergleich sind die Bahnen von Jupiter, Saturn, Uranus, Neptun angedeutet; die anderen Planetenbahnen würden zu klein ausfallen, selbst der Mars hätte in diesem Maßstab einen Bahnradius von nur 5 mm.

Tab. 10.2 Bahnparameter einiger Kometen

Komet	P [AE]	T [a]
Encke	0,339	3,30
Tuttle	0,997	13,51
Tempel 1	1,500	5,52
Tempel-Tuttle	0,976	33,24
Swift-Tuttle	0,960	133,3
Ikeya-Zhang	0,507	366,5
Hale-Bopp	0,914	≈ 2540

Als Übungsmaterial enthält Tab. 10.2 die Periheldistanzen P und Umlaufzeiten T von einigen weiteren Kometen (Quelle: Wikipedia $\rightarrow$ Liste der Kometen).

Die Erde als Zentralgestirn
Die Himmelskörper, die die Erde umkreisen, sind der Mond und die künstlichen Satelliten. Als Anwendungsbeispiele der Keplerschen Gesetze diskutieren wir zwei Fragen:

1. Die Internationale Raumstation ISS kreist in einer durchschnittlichen Höhe von ca. 350 km über der Erdoberfläche. Wie lange braucht sie für eine Erdumkreisung?
2. Die *geostationären* Satelliten, die für die Telekommunikation gebraucht werden, kreisen mit der gleichen Umlaufzeit wie die Drehung der Erde um ihre eigene Achse, sodass sie immer über dem gleichen Punkt auf dem Globus stehen; somit ist $T \approx$ 23:56 h (d. h. ein *Sterntag*; nicht 24 h, vgl. Abschn. 10.1.2!). Welchen Abstand von der Erdoberfläche benötigen sie dazu?

Aus $T^2 \sim a^3$ folgt, wie oben bereits erwähnt, $T = c \cdot \sqrt{a^3}$ mit einer Konstanten $c > 0$. Der Trick, durch geeignete Einheiten $c = 1$ zu setzen, hilft hier nicht weiter, weil die beteiligten Längen- und Zeitmaße in normalen Einheiten angegeben bzw. anzugeben sind. Wir müssen also zunächst die Proportionalitätskonstante c ermitteln; dafür brauchen wir ein Objekt mit bekannten Bahnparametern. Da kommt eigentlich nur eines infrage – der Mond.

Die Umlaufzeit des Mondes beträgt $T = 27{,}32$ d (wie das mit dem Mondzyklus von 29,53 d zusammenhängt, wurde in Abschn. 10.1.2 geklärt). Die große Halbachse seiner Bahn ist $a = 384.400$ km; wir drücken uns wieder vor dem Problem, wie man sie so genau bestimmt, aber schon die alten Griechen wussten, dass die Mondentfernung ca. das 60-Fache des Erdradius beträgt (vgl. Abschn. 1.3). Wir sollten jedoch anstelle von d und km andere Einheiten wählen, die dem Kontext besser angepasst sind, damit die Maßzahlen handliche Größenordnungen bekommen: Geeignet sind z. B. h und Tkm. (1 Tkm = 1000 km; wir könnten diese Längeneinheit auch „Megameter" nennen, das versteht aber niemand.)

Somit ist $T = 27{,}23 \cdot 24\,\text{h} = 655{,}7\,\text{h}$ und $a = 384{,}4\,\text{Tkm}$. Daraus ergibt sich:

$$c = \frac{T}{\sqrt{a^3}} = \frac{655{,}7}{\sqrt{384{,}4^3}} = 0{,}08700$$

Nun zu den künstlichen Planeten der Erde: Der Einfachheit halber nehmen wir an, dass ein Satellit auf einer Kreisbahn mit dem Radius a rotiert. Wie groß ist a z. B. für die ISS? Zu ihrer Höhe von 350 km über der Erdoberfläche ist der Erdradius von 6370 km zu addieren, denn das Zentrum der Kreisbahn ist der Erdmittelpunkt. Also setzen wir $a = 6{,}72\,\text{Tkm}$ und erhalten:

$$T = 0{,}087 \cdot \sqrt{6{,}72^3} = 1{,}516\,\text{h} \approx 91\,\text{min}$$

Die Mindesthöhe eines Satelliten beträgt ca. 100 km; bei geringerer Höhe wird die Atmosphäre zu dicht, sodass er verglühen würde. Eine analoge Rechnung mit $a = 6{,}47\,\text{Tkm}$ liefert $T = 1{,}43\,\text{h} = 86\,\text{min}$; das ist also die minimale Umlaufzeit eines Satelliten.

Für einen geostationären Satelliten soll, wie oben gesagt, $T = 23{:}56\,\text{h}$ gelten. Daraus folgt:

$$a = \sqrt[3]{\left(\frac{T}{c}\right)^2} = 42{,}30\,\text{Tkm}$$

Ist der Abstand von der Erdoberfläche gesucht, dann muss der Erdradius 6,37 Tkm abgezogen werden und man erhält 35,93 Tkm $\approx$ 36.000 km. Zusatzfrage: Wie lange braucht ein Funksignal von einer Basisstation auf der Erde zum Satelliten und zurück zum Empfänger? (Überschlagsrechnung genügt.)

Aufgabe: Die Satelliten des GPS-Navigationssystems befinden sich in einer Höhe von 20.200 km. Welche Umlaufzeit haben sie?

10.2 Schattenkurven

Welche Kurve beschreibt der Schatten eines kleinen Gegenstandes (z. B. einer Stabspitze) auf einer ebenen Auffangfläche im Laufe eines Tages?

Solche Schattenkurven sind experimentell leicht zu erzeugen; man braucht dazu nur einen sonnigen Tag, viel Zeit und geeignete Auffangebenen, die möglichst lange von der Sonne beschienen werden. Die Lage der Schattenebene ist im Prinzip beliebig, sie muss auch nicht sehr groß sein, wenn man den Schattenwerfer günstig aufstellt. Es genügt ein Tisch mit einem großen Bogen Papier oder eine Wand.

Musterbeispiele findet man auf dem Zifferblatt der Horizontalsonnenuhr auf der Halde Hoheward, die wir bereits in Abschn. 7.4 erwähnt haben (vgl. auch Abb. 7.13). Abb. 10.9 zeigt eine Schemazeichnung: Der Schattenwerfer ist die Spitze des Obelisken; seine Position ist durch den ringförmigen Punkt bezeichnet. Die gekrümmten Linien sind die Schattenkurven jeweils zum Eintritt der Sonne in ein Tierkreiszeichen (um den 21. jedes Monats). Die geraden Linien, die mit römischen Zahlen von VII bis XVII bezeichnet sind, sind die *Stundenlinien* für 7 bis 17 Uhr WOZ; mehr dazu im folgenden Abschn. 10.2.1.

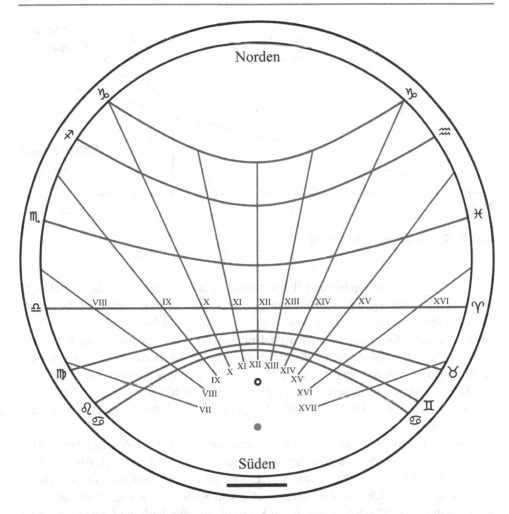

Abb. 10.9 Zifferblatt der Horizontalsonnenuhr (© Burkard Steinrücken, http://www.sternwarte-recklinghausen.de)

Ein größeres Exemplar des Zifferblatts findet man unter http://horizontastronomie.de/files/sonnenuhr_hoheward.pdf: Das ist ein Bastelbogen, mit dem man ein Modell der Sonnenuhr herstellen kann. Auf der Downloadseite von http://horizontastronomie.de/ gibt es außerdem zahlreiche weitere Materialien zum Thema.

Generell gilt: Fast jede Schattenkurve ist ein *Kegelschnitt*. Denn die Sonne läuft auf der Himmelskugel innerhalb eines Tages i. A. auf einem Kleinkreis. Die Sonnenstrahlen durch den als punktförmig angenommenen Schattenwerfer durchlaufen dann den Mantel eines Doppelkegels (vgl. Abb. 10.10); dessen sonnenabgewandte Hälfte bezeichnen wir als *Schattenkegel*. Die Schnittlinie der Auffangebene mit dem Schattenkegel ist die Schattenkurve – eben ein Kegelschnitt.

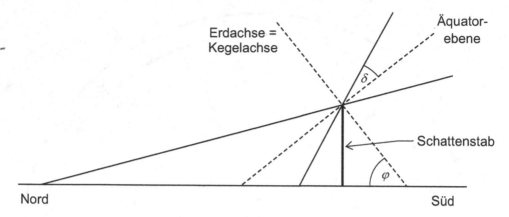

Abb. 10.10 Schattenkegel, Schnittbild

Die Achse des Kegels geht durch den Schattenwerfer und steht senkrecht auf der Ebene der Sonnenbahn. Da alle Sonnenbahnen parallel zum Äquator sind, steht die Achse senkrecht auf der Äquatorebene und ist somit parallel zur Erdachse.

Der Ausnahmefall kommt zweimal im Jahr vor: Zu den Tagundnachtgleichen ($\delta = 0°$) läuft die Sonne auf einem Großkreis, dem Äquator; die Schattenkurve ist dann die Schnittlinie der Äquatorebene mit der Auffangebene, also eine Gerade. Anders gesagt: Der Doppelkegel ist in diesem Fall entartet, seine Mantelfläche wird zur Ebene platt gedrückt. (Vgl. Abb. 10.9: Die waagerechte gerade Linie gehört zum Frühlings- und Herbstanfang.)

In jedem Fall könnte man sagen: Die Sonnenbahn wird auf die Auffangebene projiziert. In der Tat ist die Situation ähnlich wie bei der Zentralprojektion (vgl. Abschn. 9.2): Dort wurde die Kugeloberfläche von einer Lampe im Zentrum auf eine Tangentialebene projiziert; wenn sich eine Kugelpunkt auf einem Kleinkreis bewegt, dann läuft sein Schattenpunkt in der Bildebene auf einem Kegelschnitt. Hier läuft die Lampe auf einem Kleinkreis, und das Projektionszentrum ist der Schattenwerfer; außerdem ist die Projektionsebene nicht tangential zu irgendeiner Kugel, aber das ändert nichts am Prinzip.

In den folgenden Abschnitten werden wir zwei spezielle Lagen der Auffangebene untersuchen, die vermutlich bei Experimenten am häufigsten gewählt werden: erstens eine horizontale Ebene (Tisch, Terrasse, Hof) und zweitens eine vertikale (Wand). Der allgemeine Fall einer schiefen Ebene ist jedoch nicht wesentlich komplizierter.

10.2.1   Horizontale Auffangebenen

Wir gehen davon aus, dass der Schattenwerfer die Spitze eines Stabes ist, der senkrecht auf der horizontalen Ebene aufgestellt ist. Das ist zwar nicht unbedingt notwendig, aber der Fußpunkt des Stabes stellt einen wichtigen Orientierungspunkt dar.

Erste Beobachtungen und Analysen

Die Schattenkurven der Horizontalsonnenuhr aus Abb. 10.9 liefern das Anschauungsmaterial hierzu.

- In unseren Breiten erhält man immer eine Hyperbel, denn die Sonne steht nachts unterhalb der Horizontebene. Eine Ellipse, also eine geschlossene Kurve, kann nur dann auftreten, wenn die Sonne 24 Stunden am Tag scheint, d. h. bei Mitternachtssonne. Der Grenzfall einer Parabel kommt auch vor, und zwar wenn die Sonne zu Mitternacht den Horizont berührt (Beginn und Ende der Mitternachtssonne in der Polarzone).
  Im Folgenden gehen wir normalerweise von einem Standort in den gemäßigten Breiten der Nordhalbkugel aus. Konkret heißt das: Es gibt keine Mitternachtssonne und die Sonne steht mittags im Süden. Wir werden auch andere Fälle erwähnen, aber dann wird dies ausdrücklich genannt.
- Die Schattenkurve ist symmetrisch zur Nord-Süd-Geraden durch den Fußpunkt des Schattenstabes, denn die Sonnenbahn ist spiegelsymmetrisch zur Ebene des Ortsmeridians. Diese Gerade ist also die Achse des Kegelschnitts (genauer: die Hauptachse). Der kürzeste Schatten ist am wahren Mittag zu beobachten, er liegt also auf der Achse; in unseren Breiten weist er nach Norden. Die Schattenspitze um 12 Uhr WOZ ist der Scheitelpunkt der Hyperbel.
- Im Sommerhalbjahr ($\delta > 0°$) verläuft die Sonnenbahn *oberhalb* der Äquatorebene, der Schattenkegel liegt also *unterhalb*; im Winterhalbjahr ($\delta < 0°$) ist es umgekehrt. Die zur Äquatorebene parallele Ebene durch die Stabspitze schneidet die Horizontebene in der Schattengeraden für $\delta = 0°$, sie verläuft in Ost-West-Richtung. Diese Gerade ist eine weitere wichtige Orientierungslinie: Im Sommer verläuft die komplette Schattenkurve *südlich* dieser Linie, der Scheitelpunkt der Hyperbel ist ihr nördlichster Punkt und sie ist nach Süden geöffnet. Im Winter ist es umgekehrt.
- Bei SA/SU sind die Schatten theoretisch unendlich lang. Die Gegenrichtungen der Sonnenazimute bei SA/SU legen daher die Asymptoten der Hyperbel fest.
- Es gibt auch eine Symmetrie von Sommer und Winter: Die Schattenkurve an einem Sommertag mit einer Sonnendeklination $\delta > 0°$ ist spiegelsymmetrisch zur Kurve an dem Wintertag mit der Deklination $-\delta$. Denn die zugehörigen Schattenkegel bilden zusammen einen Doppelkegel; die Hälfte *unterhalb* der Äquatorebene wird im Sommer vom Schatten durchlaufen, die andere Hälfte im Winter. Die Symmetrieachse, d. h. die Nebenachse der beiden Hyperbeläste, verläuft in Ost-West-Richtung, sie ist aber *nicht* die Schnittgerade von Horizont- und Äquatorebene.

Bestimmung der Nord-Süd-Achse

Wie oben gesagt, steht die Sonne um 12 Uhr WOZ im Süden, der Schatten weist nach Norden. Wenn man den Zeitpunkt des wahren Mittags genau kennt, dann ist es also ganz einfach, die Nord-Süd-Linie zu markieren. Ist der Zeitpunkt nicht bekannt, könnte man stattdessen die Richtung des kürzesten Schattens bestimmen, aber das ist nur ungenau möglich, weil sich zur Zeit der maximalen Sonnenhöhe die Schattenlänge nur sehr wenig ändert. Wenn man jedoch die Symmetrie der Schattenkurve ausnutzt, geht es relativ genau: Man zeichnet einen Kreis um den Fußpunkt des Schattenstabes. Wenn die Schattenspitze vormittags genau auf die Kreislinie fällt, markiert man den Punkt, ebenso nachmittags; die Mittelsenkrechte dieser zwei Punkte ist dann die Nord-Süd-Gerade. Dieses Verfahren wurde schon im Altertum angewandt, um Gebäude oder Kultstätten nach den Himmelsrichtungen zu positionieren. Das Verfahren ist unter dem Namen *Indischer Kreis* bekannt, da die ältesten Quellen aus Indien stammen, aber vermutlich wunde es schon in der Steinzeit angewendet.

Stundenlinien

An den geraden Linien auf dem Zifferblatt der Horizontalsonnenuhr kann man die Uhrzeit (WOZ) ablesen. Verlängert man die Stundenlinien zu Geraden, dann laufen sie durch einen gemeinsamen Punkt, der in Abb. 10.9 als kleiner ausgefüllter Kreis eingetragen ist; er wird *Polpunkt* genannt. Denn zu einem festen Zeitpunkt steht die Sonne auf einem bestimmten *Stundenkreis* mit Stundenwinkel t, unabhängig vom Datum. Jeder Stundenkreis ist ein Großkreis; seine Ebene (genauer: die dazu parallele Ebene durch die Spitze des Schattenstabes) schneidet die Horizontebene in einer Geraden, und auf dieser Geraden liegt die Stundenlinie der Uhr. Die Parallele zur Erdachse durch die Stabspitze ist die gemeinsame Gerade all dieser Stundenkreisebenen, also ist ihr Schnittpunkt mit der Horizontebene der gemeinsame Punkt aller Stundenlinien (bzw. ihrer Verlängerungen).

Mit anderen Worten: Die Verbindungsgerade der Stabspitze mit dem Polpunkt ist parallel zur Erdachse. Wenn man also den Schattenstab *schräg* aufstellt, und zwar vom Polpunkt bis zur (unveränderten) Stabspitze, dann fällt sein Schatten zu jedem festen Zeitpunkt vollständig auf die zugehörige Stundenlinie (nicht nur die Spitze!). Somit kann man allein an der *Richtung* des Schattens die Zeit ablesen, unabhängig vom Datum; dadurch spart man enorm viel Platz. Das ist die Idee der *Sonnenuhr*: Alle gebräuchlichen Sonnenuhren haben einen Schattenwerfer, der parallel zur Erdachse ausgerichtet ist. Wie das Zifferblatt einer ebenen Sonnenuhr aussieht, hängt stark von ihrer Lage ab; die Stundenlinien haben i. A. keine gleichmäßigen Winkelabstände, wie man schon in Abb. 10.9 erkennt. In [1] wird dargestellt, wie die Zifferblätter ebener Sonnenuhren für beliebige Lagen der Schattenfläche berechnet werden können.

Parameterdarstellung, Simulation von Schattenkurven

Länge und Richtung des Schattens hängen von den Horizontkoordinaten h, a der Sonne ab, und diese lassen sich aus ihren Äquatorkoordinaten t, δ und der geografischen Breite des Standorts mit den Gleichungen des Nautischen Dreiecks berechnen. Wenn man also an einem bestimmten Ort und Datum (gegeben durch die Breite φ und die Deklination δ) die Positionen der Schattenspitze für eine Reihe von Stundenwinkeln t ausrechnet, dann kann man die Punkte durch eine Kurve miteinander verbinden und so die Schattenkurve simulieren.

Zu diesem Zweck versehen wir die Ebene mit einem rechtwinkligen Koordinatensystem: Der Nullpunkt ist der Fußpunkt des vertikalen Schattenstabes, die positive x-Achse

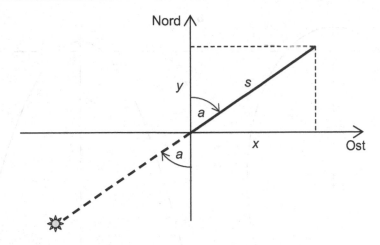

Abb. 10.11 Koordinatensystem in der Horizontebene

weist nach Osten und die positive y-Achse nach Norden (vgl. Abb. 10.11). Die Länge des Schattenstabes wird auf 1 gesetzt; dann hat der Schatten die Länge $s = \frac{1}{\tan h}$, und daraus ergeben sich die Koordinaten x, y der Schattenspitze wie folgt:

$$x = \frac{\sin a}{\tan h}, \; y = \frac{\cos a}{\tan h} \tag{10.2}$$

(Man sollte sich davon überzeugen, dass x und y im gesamten Bereich des Azimuts, also für $-180° < a \leq 180°$, die korrekten Vorzeichen haben.)

Nun werden a, h mit den Nautischen Formeln I, II aus t, δ und φ berechnet:

$$\sin h = \sin \delta \cdot \sin \varphi + \cos \delta \cdot \cos \varphi \cdot \cos t$$
$$\cos a = \frac{\sin h \cdot \sin \varphi - \sin \delta}{\cos h \cdot \cos \varphi}, \; \text{sgn}\,(a) = \text{sgn}\,(t) \tag{10.3}$$

Setzt man diese Werte in Gl. 10.2 ein, dann kann man den Schattenpunkt x, y im Koordinatensystem zeichnen. Wenn man den Stundenwinkel t von SA bis SU laufen lässt (z. B. in Intervallen von 5°), dann erhält man die Schattenkurve.

Im Grunde reichen die obigen Gleichungen zu diesem Zweck völlig aus, aber es gibt auch eine Parameterdarstellung der Kurve, in der nur die Variable t und die Konstanten δ, φ vorkommen:

$$x\,(t) = \frac{\sin t}{\sin \varphi \cdot \tan \delta + \cos \varphi \cdot \cos t}$$
$$y\,(t) = \frac{-\cos \varphi \cdot \tan \delta + \sin \varphi \cdot \cos t}{\sin \varphi \cdot \tan \delta + \cos \varphi \cdot \cos t} \tag{10.4}$$

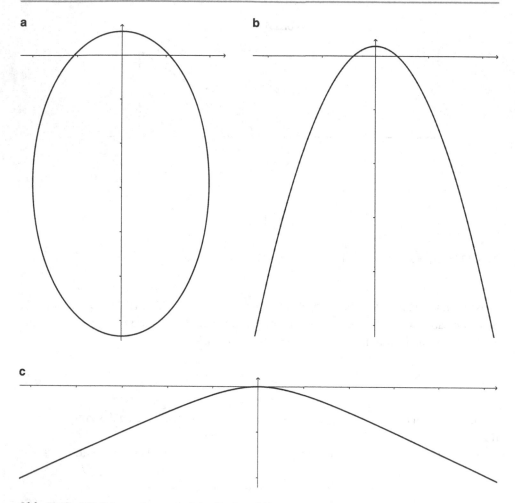

Abb. 10.12 (©) Schattenkurven auf den Breiten 71°, 66,5° und 23,5° N

Die Herleitung aus Gl. 10.2 und 10.3 ist nicht schwer, aber auch nicht ganz kurz. (Wer Freude an trigonometrischen Formeln hat, mag es selbst versuchen; wir verzichten hier auf Details.)

Abb. 10.12 zeigt einige Beispiele mit $\delta = 23{,}5°$ (Sommersonnenwende) an ausgewählten besonderen Orten. Am Nordkap ist es eine Ellipse, am Polarkreis eine Parabel. Am nördlichen Wendekreis entsteht zwar eine „normale" Hyperbel, das Besondere ist aber: Die Kurve geht durch den Nullpunkt, d. h., die Sonne steht mittags im Zenit, der senkrechte Stab wirft dann keinen Schatten.

Die Parameterdarstellung Gl. 10.4 ist sehr nützlich, um Spezialfälle zu untersuchen. Am einfachsten zu erkennen sind die Kurven in den folgenden beiden Fällen:

1. $\varphi = 90°$ (Nordpol): Hier ist die Schattenkurve ein Kreis, weil die Achse des Schattenkegels senkrecht zur Horizontebene steht. Das zeigt auch die analytische Form auf den ersten Blick:

$$x(t) = \frac{\sin t}{\tan \delta}, \ y(t) = \frac{\cos t}{\tan \delta}$$

Der Radius des Kreises beträgt $\frac{1}{\tan \delta}$; im Winter ist er negativ, das ist wohl als „kein Schatten" zu interpretieren.

2. $\delta = 0°$ (Tagundnachtgleichen):

$$x(t) = \frac{\tan t}{\cos \varphi}, \ y(t) = \tan \varphi$$

Die konstante y-Koordinate entlarvt die Kurve in diesem Fall als Gerade parallel zur x-Achse, also in Ost-West-Richtung.

Außerdem wären vielleicht noch die folgenden Fälle interessant:

3. $\varphi = 90° - \delta$ (Beginn und Ende des Polartags): Die Schattenkurve ist eine Parabel.
4. $\varphi = 0°$ (Äquator)
5. $\varphi = \delta$ (Tropenzone, Sonne im Zenit): Der Scheitelpunkt der Kurve ist der Nullpunkt.

Die Parameterdarstellung wird zwar vereinfacht, lässt aber unmittelbar keine Besonderheiten erkennen. Selbst im Fall 3 kann man die analytische Form nicht direkt als Parabel identifizieren, aber vielleicht hilft eine Transformation in die Scheitelform durch eine passende Verschiebung der x-Achse.

10.2.2 Vertikale Auffangebenen

An den Beispielen in Abb. 10.13 ist deutlich zu erkennen: Die Schattenkurven sind zwar auch Hyperbeln, aber sie liegen irgendwie schräg. Wo ist der Scheitelpunkt, wie verläuft die Achse? Sicherlich hängt das von der Richtung der Wand ab, aber in welcher Weise?

Hauswände sind nur selten nach den Haupthimmelsrichtungen orientiert, deswegen wird die Schattenkurve auf einer solchen Auffangfläche in den meisten Fällen schräg liegen. Wir beginnen die Analyse trotzdem mit einer Südwand, weil dieser Fall am einfachsten ist.

Eine Vorbemerkung zur Notation: Die Ausrichtung einer Wand wird üblicherweise durch die Himmelsrichtung beschrieben, in die man schaut, wenn man mit dem Rücken zur Wand steht; mathematisch ausgedrückt ist es das Azimut der Normalen zur Wand.

Wir nehmen an, es ist ein sonniger Sommertag, die Deklination ist positiv. Die Sonnenbahn liegt *oberhalb* der Äquatorebene, der Schattenkegel also darunter. Die Äquatorebene

Abb. 10.13 Schattenkurven
am Garagentor (**a**) und an der
Wand mit Eule (**b**)

a

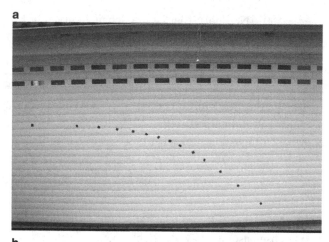

b

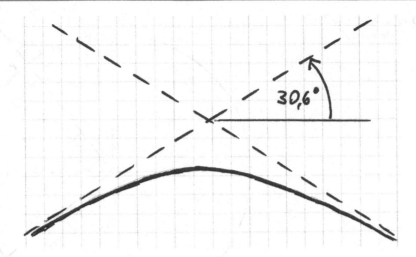

Abb. 10.14 Schattenkurve auf einer Südwand, Skizze

schneidet die Südwand in einer waagerechten Geraden; die Schattenkurve liegt dann komplett *unterhalb* dieser Geraden. Der Scheitelpunkt wird am wahren Mittag erreicht, es ist der höchste Punkt der Hyperbel.

Es mag im ersten Moment irritierend erscheinen, dass der höchste Punkt der Schattenkurve zur Zeit des höchsten Sonnenstandes erreicht wird, aber so ist es – die Raumgeometrie hat nun mal ihre Tücken.

Die Asymptoten der Hyperbel werden in diesem Fall durch die *Höhe* der Sonne beschrieben, wenn sie gerade auf der Wand erscheint bzw. hinter der Wand verschwindet, d. h. wenn sie im Osten bzw. im Westen steht. Laut Abschn. 8.4 können wir diese Höhen und die zugehörigen Stundenwinkel wie folgt berechnen:

$$\sin h = \frac{\sin \delta}{\sin \varphi}, \; \sin t = \pm \frac{\cos h}{\cos \delta}$$

Beispiel: In Dortmund am 21.6. ($\varphi = 51{,}5°$, $\delta = 23{,}5°$) ergibt sich $h = 30{,}6°$ und $t = \pm 69{,}8°$, d. h., die Schattenkurve verläuft ungefähr so wie in Abb. 10.14 skizziert; die Wand wird von 7:20 bis 16:40 Uhr WOZ von der Sonne beschienen.

Wir führen jetzt die Analyse auf eine bekannte Situation zurück: Eine Parallelverschiebung der Wandebene ändert die Schattenkurve nicht; wir verschieben also die Wand an einen anderen Ort auf der Erdkugel, und zwar so, dass sie dort in der Horizontebene liegt. Dazu wandern wir auf dem Meridian um 90° nach Süden (vgl. den Meridianschnitt in Abb. 10.15), also zum Punkt mit der Breite $\varphi - 90°$ und derselben Länge. Beispiel Dortmund: $\varphi = -38{,}5°$ und $\lambda = 7{,}5°$; dieser Ort liegt im Südatlantik westsüdwestlich von Kapstadt.

Abb. 10.15 Parallelverschiebung der Südwand

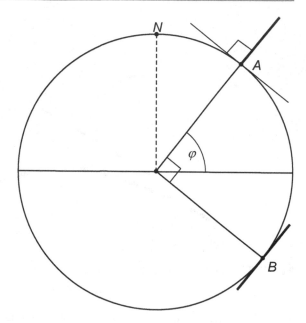

Um die Methode zu testen, berechnen wir den Stundenwinkel und das Azimut der Sonne bei SA/SU am neuen Standort:

$$\cos t_0 = \tan\,(-38{,}5°) \cdot \tan 23{,}5° \quad \Rightarrow \quad t_0 = \pm 69{,}8°$$

$$\cos a = -\frac{\sin 23{,}5°}{\cos\,(-38{,}5°)} \quad \Rightarrow \quad a = \pm 120{,}6° = \pm\,(90° + 30{,}6°)$$

Die Stundenwinkel stimmen also perfekt mit Beginn und Ende des Sonneneinfalls auf der Dortmunder Wand überein; beim Azimut muss man sich überlegen, dass der Überschuss über 90° tatsächlich der zugehörigen Sonnenhöhe in Dortmund entspricht.

Allgemein gilt: Wenn die Sonne auf der Breite $\varphi > 0°$ im Osten bzw. Westen steht, dann geht sie gleichzeitig auf der Breite $\varphi - 90°$ auf bzw. unter. (Wir befinden uns auf demselben Meridian, d. h., die wahren Ortszeiten sind identisch.) Ebenso ist die Sonnen-höhe auf der Breite φ zu dieser Zeit gleich $a - 90°$, wenn a das Azimut der Sonne bei SU auf der Breite $\varphi - 90°$ ist. Wir zeigen das exemplarisch für den Stundenwinkel.

Ist t der Stundenwinkel der Sonne bei SA oder SU auf der Breite $\varphi - 90°$, dann gilt:

$$\cos t = -\tan\,(\varphi - 90°) \cdot \tan \delta = \tan\,(90° - \varphi) \cdot \tan \delta = \frac{\tan \delta}{\tan \varphi}$$

Wenn die Sonne auf der Breite φ im Osten oder Westen steht, dann ergibt sich aus der Nautischen Formel I:

$$\sin h = \frac{\sin \delta}{\sin \varphi}$$

Den Stundenwinkel zu dieser Zeit berechnen wir jetzt (anders als in Abschn. 8.4) mit der Nautischen Formel II:

$$\cos t = \frac{\sin h - \sin \delta \cdot \sin \varphi}{\cos \delta \cdot \cos \varphi} = \frac{\frac{\sin \delta}{\sin \varphi} - \sin \delta \cdot \sin \varphi}{\cos \delta \cdot \cos \varphi}$$

$$= \frac{\sin \delta}{\cos \delta} \cdot \frac{1 - \sin^2 \varphi}{\sin \varphi \cdot \cos \varphi} = \tan \delta \cdot \frac{\cos^2 \varphi}{\sin \varphi \cdot \cos \varphi} = \frac{\tan \delta}{\tan \varphi}$$

Damit sind die genannten Stundenwinkel gleich, und als Nebenprodukt haben wir eine einfachere Formel zur Berechnung der Zeiten, wann die Sonne im Osten bzw. Westen steht; wie man sieht, ist sie der Formel für die Stundenwinkel bei SA/SU sehr ähnlich. Vermutlich ist sie auch mit ebener Trigonometrie (ohne das Nautische Dreieck) aus einer geeigneten Zeichnung herleitbar.

Die Schattenkurve auf der Südwand kann jetzt mit der veränderten Breite wie im Fall der horizontalen Auffangebene gezeichnet werden.

Im Fall einer geneigten Wand kann man ähnlich vorgehen. Wenn z. B. eine Südwand um 20° aus der Vertikalen nach *Norden* gekippt ist, dann bildet sie mit der Horizontebene einen Winkel von 70°; um zu dem Punkt auf der Erde zu gelangen, an dem die Horizontebene parallel zur Wand ist, braucht man auf dem Meridian nur um 70° nach Süden zu gehen. Analog geht man bei einer um 20° nach *Süden* gekippten Wand um 110° nach Süden. (Das ist leicht einzusehen, wenn man Abb. 10.15 entsprechend variiert.) Entscheidend für die Breitendifferenz, die man zurücklegen muss, ist also der Winkel, den die Wand mit der Nordhälfte der Horizontebene einschließt.

Wenn die Fläche stark nach Süden geneigt ist, z. B. um 45° aus der Vertikalen (man kann dann kaum noch von einer „Wand" sprechen), dann würde man ausgehend vom Standort Dortmund auf der Breite 51,5° − 135° = −83,5° landen – dort herrscht im Sommer aber Polarnacht. Mit anderen Worten: Die schräge Fläche bei *A* wird auf der *Nordseite* von der Sonne beschienen. Um einen geeigneten Punkt mit paralleler Horizontebene zu finden, muss man ins nördliche Polargebiet ziehen, und zwar auf die Breite 83,5° und die Länge −172,5° (das ist der gegenüberliegende Meridian; vgl. Abb. 10.16).

Wenn man die Auffangebene *gezielt* neigt, kann man an jedem Standort auf diese Art die horizontalen Schattenkurven auf beliebigen Breiten durch reale Experimente simulieren. Wenn die Ebene beispielsweise parallel zur Äquatorebene ist (man erreicht das, indem man sie um die Breite φ des Standorts aus der Vertikalen nach Süden kippt), dann erhält man die Schattenkurve am Nordpol, also einen Kreis; selbstverständlich entsteht nicht der volle Kreis, sondern nur ein Bogen, begrenzt durch die Stundenwinkel von SA und SU.

Vertikale Wand im beliebigen Azimut

Vom Garagentor in Abb. 10.13a blickt man, grob gesagt, in Richtung Südsüdost; das Azimut beträgt ziemlich genau −30°. (Schattenwerfer ist übrigens die kleine Kugel, die an der Dachrinne hängt.) Man sieht, dass die Schattenkurve schräg liegt, aber *wie* schräg?

Abb. 10.16 Gekippte Südwand mit Parallelverschiebung

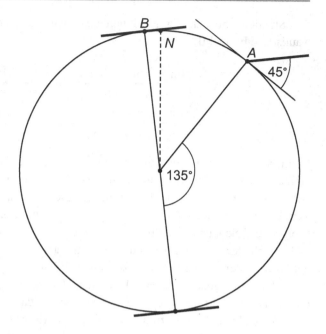

Wie kann man ihre Lage berechnen? Als Orientierung mag wieder die Schnittgerade von
Äquator- und Wandebene dienen, denn die Hyperbelachse steht senkrecht darauf. Das hilft
aber nicht direkt weiter, das Problem ist nur anders formuliert.

Wir können jedoch versuchen, den Ansatz zu verfolgen, der bei der Südwand erfolg-
reich war: Gesucht ist ein Punkt auf der Erde, bei dem die Horizontebene parallel zur
Wand ist. Zu jeder Wand gibt es zwei solche Punkte; sie sind Gegenpunkte voneinander,
und beide sind 90° vom Standort entfernt. Aber nur einer von ihnen liegt auf der Tagseite
der Erde, wenn die Wand von der Sonne beschienen wird. Der gesuchte Punkt ist also
eindeutig bestimmt.

Der Standort A habe die Koordinaten φ_A, λ_A. Die Richtung der Wand sei durch das
Azimut a der Normalen zur Wand gegeben (z. B. $a = -30°$ für das Garagentor). $|a|$ sollte
nicht zu groß sein, damit überhaupt eine sinnvolle Schattenkurve entsteht. Auf der Erdkugel untersuchen wir jetzt das Dreieck NAB, wobei N der Nordpol und B der gesuchte
Punkt ist. Folgende Größen sind gegeben:

$$\widehat{NA} = 90° - \varphi_A, \ \widehat{AB} = 90°, \ \alpha := \angle NAB = 180° - |a|$$

Zu α beachte man, dass Dreieckswinkel nicht orientiert sind; gleichwohl ist es wichtig,
eine *lagerichtige* Skizze anzufertigen (vgl. Abb. 10.17): In diesem Fall ist a negativ, also
liegt B östlich von A. Die anderen Größen $\widehat{NB}$, $\Delta\lambda := \angle ANB$, $\beta := \angle NBA$ sind

Abb. 10.17 Dreieck NAB auf
der Erdkugel

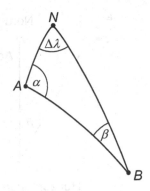

mit dem Seitenkosinussatz berechenbar, wobei sich die Formeln wegen $\widehat{AB} = 90°$ stark
vereinfachen (sie ähneln den Neper'schen Formeln, aber dieses Dreieck hat keinen rechten
Winkel, sondern eine rechte *Seite*!):

$$\cos \widehat{NB} = \sin \widehat{NA} \cdot \cos \alpha$$

$$\cos \Delta\lambda = -\frac{1}{\tan \widehat{NA} \cdot \tan \widehat{NB}} \tag{10.5}$$

$$\cos \beta = \frac{\cos \widehat{NA}}{\sin \widehat{NB}}$$

Daraus ergeben sich die Koordinaten von B wie folgt:

$$\varphi_B = 90° - \widehat{NB}, \ \lambda_B = \lambda_A \pm \Delta\lambda$$

Ob $\Delta\lambda$ zu λ_A addiert oder von λ_A subtrahiert wird, richtet sich nach dem Vorzeichen des
Azimuts: Ist a positiv, dann wird $\Delta\lambda$ subtrahiert, denn B liegt westlich von A; andernfalls
wird $\Delta\lambda$ addiert.

Die Wand bei A wird nun genauso von der Sonne beschienen wie die Horizontebene
bei B, und die Schattenkurven sind gleich. Um die *Ausrichtung* der Schattenkurve auf
der Wand zu bestimmen, ist Folgendes zu bedenken: Die Ebene des Großkreises AB
geht durch den Erdmittelpunkt, also schneidet sie die Wand bei A in der Vertikalen. Bei
B schneidet sie die Horizontebene in einer Geraden g, die um β von der Nordrichtung
abweicht (Abb. 10.18a; vgl. auch Abb. 10.17). Die Nordrichtung bei B kennzeichnet außerdem die Achse der Schattenkurve. Verschiebt man die horizontale Schattenkurve von
B parallel auf die Wand bei A, dann wird g zur Vertikalen, und die Achse weicht davon
um den Winkel β ab (Abb. 10.18b).

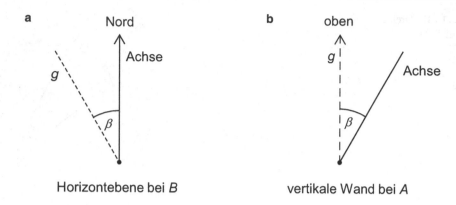

Abb. 10.18 Achse der Schattenkurve a am Ort B, b am Ort A

Beispiel: Garagentor (Abb. 10.13a)

Hier ist $a = -30°$, $\varphi_A = 51{,}5°$, $\lambda_A = 7{,}5°$. Die Schattenkurve wurde am 26. Juli erstellt; an diesem Tag ist $\delta = 19{,}5°$ und $z = -7\,\text{min}$. Im Dreieck NAB sind $\widehat{NA} = 38{,}5°$, $\widehat{AB} = 90°$, $\alpha = 150°$ gegeben. Mit Gl. 10.5 werden berechnet:

$$\widehat{NB} = 122{,}6° \quad \Rightarrow \quad \varphi_B = -32{,}6°$$

$$\Delta\lambda = 36{,}5° \quad \Rightarrow \quad \lambda_B = 44{,}0°$$

$$\beta = 21{,}7°$$

B liegt ca. 700 km südlich der Südspitze von Madagaskar. Mit der üblichen Formel ermittelt man die Stundenwinkel bei SA/SU auf der Breite von B zu $t = \pm 76{,}9°$; also ist dort SA um 6:52 Uhr und SU um 17:08 Uhr WOZ(B). A liegt jedoch um $36{,}5°$ westlich von B, also ist es in A (= Dortmund) $\frac{36{,}5°}{15} = 2{:}26\,\text{h}$ früher als in B, mithin scheint die Sonne von 4:26 bis 14:42 Uhr WOZ(A) auf die Wand; umgerechnet in MESZ ist das von 6:03 bis 16:19 Uhr. Der Scheitelpunkt wird in der Mitte dieses Zeitraums erreicht, also um 11:11 Uhr MESZ.

Eine andere Methode, um die Lage der Schattenkurve auf der vertikalen Wand mit Azimut a zu ermitteln, benutzt die *Himmelskugel*. Die Ebene der Wand schneidet die Himmelskugel in einem Vertikalkreis, d. h. in einem Großkreis senkrecht zum Horizont. Dieser Vertikalkreis schneide den Horizont in den Punkten C, $\overline{C}$ sowie den Äquator in den Punkten D, $\overline{D}$. Die Gerade $D\overline{D}$ ist die Schnittlinie von Äquator- und Wandebene, also auch die Schattengerade für die Tagundnachtgleichen; somit ist sie maßgebend für die Schräglage *aller* Schattenkurven, denn die Hauptachsen aller Hyperbeln verlaufen senkrecht dazu. Das Azimut a der Wand ist der Winkel zwischen ihrer Normalen und der Südrichtung (Südpunkt S auf dem Horizont); wie man leicht sieht, findet man a auch als

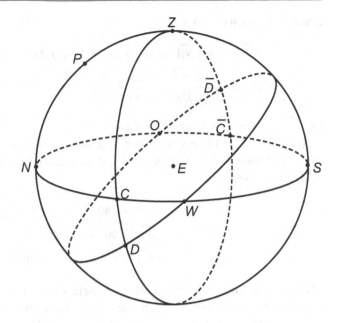

Abb. 10.19 Ebene einer vertikalen Wand auf der Himmelskugel

Bogen $\widehat{CW}$ auf dem Horizont, wobei W der Westpunkt ist. (Vgl. Abb. 10.19; in dieser Skizze ist $a > 0°$ wie in dem Beispiel, das wir gleich diskutieren werden. Allgemein ist $\widehat{CW} = |a|$,) Um die Richtung von $D\overline{D}$ auf der Wand zu berechnen, untersuchen wir das Dreieck CDW.

Da der Vertikalkreis auf dem Horizont senkrecht steht, ist es rechtwinklig mit $\angle DCW = 90°$. Außerdem ist $\angle CWD$ der Winkel zwischen Horizont- und Äquatorebene, also $\angle CWD = 90° - \varphi$ (wie immer ist φ die geografische Breite des Standorts). Damit sind außer dem rechten Winkel zwei Größen in diesem Dreieck bekannt und man kann mit den Neper'schen Formeln alle anderen Größen ausrechnen. Gesucht ist zunächst die Seite $\widehat{CD}$, denn damit hat man die Schräglage der Schattenkurve im Griff.

Die Wand mit der Eule in Abb. 10.13b steht in Dortmund und ihr Azimut beträgt $a = 60°$; mit $\angle CWD = 38,5°$ und $\widehat{CW} = 60°$ ergibt sich nach der Neper'schen Formel (3):

$$\tan \angle CWD = \frac{\tan \widehat{CD}}{\sin \widehat{CW}} \quad \Rightarrow \quad \tan \widehat{CD} = \tan 38,5° \cdot \sin 60° \quad \Rightarrow \quad \widehat{CD} = 34,56°$$

Der Durchmesser $D\overline{D}$ ist also um $34,56°$ gegenüber dem waagerechten Durchmesser $C\overline{C}$ gedreht; um ebenso viel weicht die Achse der Schattenkurve von der Vertikalen ab.

Wir überprüfen das Ergebnis mit dem Erdkugelmodell. Im Dreieck NAB ist $\beta = \angle NBA$ für die Abweichung der Achse von der Vertikalen zuständig. Nach wie vor ist $\widehat{NA} = 38,5°$ und $\widehat{AB} = 90°$; mit dem neuen Wert $\alpha = \angle NAB = 180° - |a| = 120°$

erhalten wir nach Gl. 10.5:

$$\cos \widehat{NB} = \sin \widehat{NA} \cdot \cos \alpha = \sin 38{,}5° \cdot \cos 60° \quad \Rightarrow \quad \widehat{NB} = 108{,}13°$$

$$\cos \beta = \frac{\cos \widehat{NA}}{\sin \widehat{NB}} = \frac{\cos 38{,}5°}{\sin 108{,}13°} \quad \Rightarrow \quad \beta = 34{,}56°$$

Die Winkel stimmen also perfekt überein.

Das Dreieck NAB aus der ersten Methode scheint mit dem Dreieck CDW aus der zweiten Methode eng verwandt zu sein, denn auch die gegebenen Größen finden sich in beiden Dreiecken wieder:

$$\angle NAB = 180° - |a|; \quad \widehat{CW} = |a|$$
$$\widehat{AB} = 90° = \angle DCW$$
$$\widehat{NA} = 90° - \varphi = \angle CWD$$

Offenbar herrscht eine Korrespondenz zwischen Seiten (Winkeln) in $\triangle NAB$ und Winkeln (Seiten) in $\triangle CDW$, ähnlich wie bei der Beziehung zwischen einem Dreieck und seinem Polardreieck, mit einem großen Unterschied: Hier sind einige Seiten in dem einen Dreieck *gleich* den entsprechenden Winkeln im anderen Dreieck. (Zur Erinnerung: Beim Polardreieck sind die Seiten bzw. Winkel komplementär zu den zugehörigen Winkeln bzw. Seiten des Ausgangsdreiecks, d. h., sie ergänzen einander zu 180°; vgl. Abschn. 2.3.)

Es ist zu erwarten, dass auch die restlichen Größen der beiden Dreiecke Gemeinsamkeiten aufweisen. Zur Kontrolle berechnen wir zunächst die fehlenden Stücke im $\triangle CDW$, und zwar $\widehat{DW}$ und $\angle CDW$ mit den Neper'schen Formeln (2) und (6):

$$\tan \widehat{DW} = \frac{\tan \widehat{CW}}{\cos \angle CWD} = \frac{\tan 60°}{\cos 38{,}5°} \quad \Rightarrow \quad \widehat{DW} = 65{,}68°$$
$$\cos \angle CDW = \cos \widehat{CW} \cdot \sin \angle CWD = \cos 60° \cdot \sin 38{,}5° \quad \Rightarrow \quad \angle CDW = 71{,}86°$$

Im $\triangle NAB$ wurde $\widehat{NB}$ bereits als Hilfsgröße berechnet:

$$\widehat{NB} = 108{,}13° \quad \Rightarrow \quad 180° - \widehat{NB} = 71{,}87° = \angle CDW$$

Nach Gl. 10.5 gilt für $\Delta \lambda = \angle ANB$:

$$\cos \Delta \lambda = -\frac{1}{\tan \widehat{NA} \cdot \tan \widehat{NB}} = \frac{1}{\tan 38{,}5° \cdot \tan 108{,}13°} \quad \Rightarrow \quad \Delta \lambda = 65{,}69° = \widehat{DW}$$

Die kleinen Unterschiede in der letzten Stelle gehen auf Rundungsfehler zurück.

Damit ist tatsächlich eine weitgehende Übereinstimmung der beiden Modelle nachgewiesen, teilweise nur zahlenmäßig anhand dieses Beispiels, aber sicherlich verallgemeinerungsfähig. Der Unterschied liegt in der Interpretation der beiden Modelle: Beim

Erdkugelmodell konnten wir die Schattenkurve am Ort A exakt ermitteln durch die horizontale Kurve am Ersatzort B. Mit dem Himmelskugelmodell haben wir bisher eine so exakte Beschreibung nicht erreicht und es ist wohl nicht ganz einfach, die Größen $\widehat{DW}$ und $\angle CDW$ im Dreieck CDW entsprechend zu interpretieren (die korrespondierenden Größen $\Delta\lambda$ und $\widehat{NB}$ im Dreieck NAB sind für die Koordinaten des Ersatzortes maßgebend).

Zum Schluss eine eher theoretische Anmerkung: Wir haben bereits erwähnt, dass die Dreiecke NAB und CDW eng miteinander verwandt sind, ähnlich der Relation von Dreieck und Polardreieck, aber sie sind *nicht* polar zueinander. Schaut man jedoch genauer auf die Beziehungen zwischen den Seiten und Winkeln, dann stellt man fest: $\triangle NAB$ ist polar zu einem *Nebendreieck* von $\triangle CDW$, nämlich zu $\triangle C\overline{D}W$. Abgesehen von der zahlenmäßigen Korrespondenz der Seiten und Winkel kann man das auch inhaltlich rechtfertigen, wenn man die Erde als kleine Kugel im Zentrum der Himmelskugel platziert, und zwar *lagerichtig*: Der Erdnordpol N muss in Richtung des Himmelsnordpols P liegen, der Standort A in Richtung des Zenits Z. Wenn man nun die beteiligten Großkreise und ihre Pole betrachtet, dann kann man die genannte Beziehung auch geometrisch bestätigen. Bei der Interpretation des Himmelskugelmodells mag diese Sichtweise hilfreich sein, aber wir gehen nicht weiter darauf ein.

Der allgemeine Fall einer schrägen Wand im beliebigen Azimut ist nicht wesentlich schwieriger, es kommt nur mit der Neigung der Wand ein weiterer Parameter hinzu. Ähnlich wie bei der geneigten Südwand beträgt dann im Erdkugelmodell die Entfernung des Ortes B vom Standort A nicht $90°$, sondern sie hängt von der Neigung der Wand ab, genauer: Sie ist gleich dem Winkel der Wand zur Horizontebene. Das Dreieck NAB ist also nicht mehr rechtseitig, aber immer noch berechenbar, die Formeln werden nur komplizierter. Gegebenenfalls muss man entscheiden, welche Seite der Wand von der Sonne beschienen wird; im Modell bedeutet das: Es gibt immer zwei Punkte B, $\overline{B}$ auf der Erde, deren Horizontebenen parallel zur Wand sind, und man muss denjenigen Punkt auswählen, der gerade auf der Tagseite der Erde liegt, wenn die Sonne auf der Wand steht.

Literatur

1. Müller, G., Schuppar, B.: Vom Schattenstab zur Sonnenuhr II. Math. Sem. Ber. **31**, 120–133 (1984)

Nachwort

Wie im Vorwort bereits angedeutet, ist das vorliegende Thema in der Schulmathematik keineswegs neu. Seit jeher wird die Kugelgeometrie einschließlich ihrer Anwendungen in der Stoffdidaktik diskutiert (mal mehr, mal weniger); bis vor ca. 50 Jahren war sie ein fester Bestandteil des Geometrieunterrichts in der Oberstufe, und neuerdings wird sie wegen ihrer Realitätsbezüge wieder stärker beachtet. Deshalb sollen nun die wichtigsten Werke genannt werden, vor allem um die Fundamente dieses Buches angemessen zu würdigen.

Da gibt es zunächst die beiden Standardwerke aus der Zeit um 1950, und zwar *Elementare Kugelgeometrie* von Walter Lietzmann [9] sowie *Ebene und sphärische Trigonometrie* von Heinrich Dörrie [4]. Auch in Dörries viel zitiertem Buch *Triumph der Mathematik* [5] findet man ein Kapitel über nautische und astronomische Aufgaben.

Im folgenden Zitat aus Lietzmanns Vorwort (S. III) wird deutlich, dass sich in Bezug auf Intention und Zielgruppen eigentlich nicht viel geändert hat:

> Auch als Leser dieses Buches denke ich mir zunächst diese in der Ausbildung begriffenen zukünftigen Lehrer, übrigens nicht bloß die Mathematiker, sondern z. B. auch die Erdkundler, von denen manche erfahrungsgemäß die mathematische Geographie und ihre rechnerischen und zeichnerischen Grundlagen gern beiseitelassen möchten. Ich glaube aber auch manchen schon im Amte stehenden Lehrern mit meinen Darlegungen einen Dienst zu erweisen, in besonderen Fällen sogar diesem oder jenem um eine systematische Darstellung eines ihn interessierenden Lehrstoffes bemühten Schüler. ...
>
> Letzten Endes geht mein stiller Wunsch noch weiter. Ich bin der Meinung, daß es zur allgemeinen Bildung gehört, zu wissen, wie die Bestimmung von Ort und Zeit möglich ist, daß man sich nicht mit dem Hinweis auf Karte und Taschenuhr beruhigt. Gerade damit sieht es aber doch recht bös aus! Ich kam mit einem Bekannten an der Sonnenuhr einer unserer alten Kirchen vorbei und er fragte ganz naiv: „Geht die denn noch?"
>
> Hier hat die Schule, von der Volksschule über die höhere Schule bis zur Hochschule, eine nach der Altersstufe abgestimmte allgemeine Bildungsaufgabe. Das geht alle an, nicht nur die zukünftigen und die fertigen Fachleute. Je nach dem Wissensbereich, über den man verfügt, sollte man etwas von den numerischen und konstruktiven Grundlagen des Problems verstehen.

Zwar stellen sich viele Details der Didaktik und Methodik heute anders dar als zu Lietzmanns Zeit; gleichwohl bleibt die große Bedeutung für die *Allgemeinbildung*, die er hier betont, zweifellos bestehen.

© Springer-Verlag Berlin Heidelberg 2017

B. Schuppar, *Geometrie auf der Kugel*, Mathematik Primarstufe und Sekundarstufe I + II, DOI 10.1007/978-3-662-52942-3

Weiterhin ist *Kugelgeometrie* von H.-G. Bigalke [2] zu erwähnen: In seiner Konzeption schließt sich der Autor an die o. g. Lehrbücher an, geht aber in Theorie und Anwendungen weit darüber hinaus; z. B. enthält das Buch auch Kapitel über Isometrien der Kugel, Kristallgeometrie und Kugelteilungen. Im Vorwort bedauert Bigalke den Mangel an Lehrbüchern zum Thema; zudem äußert er zu einem gewissen Phänomen eine ähnliche Meinung wie die früheren Autoren, hierzu ein Zitat aus seinem Vorwort:

> [Es] hat sich … gezeigt, daß die Studenten so gut wie keine Vorkenntnisse über sphärische Trigonometrie oder Geometrie auf der Kugel aus ihrer Schulzeit mitbringen. Kenntnisse z. B. über die Orientierung auf der Erde, über die Probleme bei Erdkartierungen, über den täglichen Ablauf der Sternbewegungen am Himmel, über das Phänomen der Zeitmessung usw., die früher zur „Allgemeinbildung" und zum Pflichtstoff jedes Abiturienten gehörten, wurden anscheinend in den letzten zwei bis drei Jahrzehnten an Schulen nicht mehr vermittelt. Erst neuerdings ist im Zusammenhang mit einem vielfach geforderten anwendungsorientierten Mathematikunterricht das Interesse an diesen Dingen wieder gestiegen.

Zwar sind Klagen über mangelnde Kenntnisse von Schulabgängern keine Seltenheit, aber in diesem speziellen Fall sind die Verhältnisse absolut zutreffend geschildert. Bis ca. 1960 enthielt jedes gängige Schulbuch für Mathematik an Gymnasien ein Kapitel zum Thema Kugel (auch mein eigenes, vgl. [10]; die Behandlung fiel allerdings schon in meiner Schulzeit aus, stattdessen gab es Mengenlehre). Teilweise wurden Ergänzungsbände geliefert wie z. B. bei Lambacher-Schweizer [8]: Dieses Heft wurde vielfach neu überarbeitet und erschien letztmalig im Jahr 2000. Weitere Beispiele für Themenbände neueren Datums sind [6] und [7]. Das Interesse war also nach wie vor nicht erloschen, obwohl zu vermuten ist, dass diese Bücher in der Schule nicht allzu oft gebraucht wurden.

Auch in der fachdidaktischen Literatur blieb die Kugelgeometrie immer ein bisschen präsent, und zwar vor allem, wie Bigalke schon bemerkte, im Hinblick auf den realitätsnahen und anwendungsorientierten Mathematikunterricht. Exemplarisch seien zwei Beiträge zur Astronomie zitiert: eine Unterrichtseinheit ([1], S. 157–200) sowie ein Themenheft [3].

Nicht zuletzt ist Martin Wagenschein zu nennen: Das Motiv Erde und Himmel zieht sich wie ein roter Faden durch seine Schriften, die vom Prinzip des *genetischen* Lehrens und Lernens geprägt sind. Ein herausragendes Beispiel ist sein Aufsatz *Die Erfahrung des Erdballs* [11], der auch heute noch in der Didaktik der Mathematik und Physik richtungsweisend ist. In seinem Sinne hat es eine *fundamentale* pädagogische Bedeutung, Kinder mit diesen Phänomenen und mit der historischen Entwicklung der Wissenschaft vertraut zu machen. Selbst der „normalen" Geometrie gibt er wesentliche Impulse, indem er sie wörtlich versteht als Vermessung der Erde [12].

Literatur

[1] Becker, G. et al.: Neue Beispiele zum Anwendungsorientierten Mathematikunterricht in der Sekundarstufe I, Bd. 2. Klinkhardt, Bad Heilbrunn (1983)

[2] Bigalke, H.-G.: Kugelgeometrie. Salle/Sauerländer, Frankfurt a. M./Aarau (1984)

[3] Bleyer, U., Bernhard, H.: Astronomie im Mathematikunterricht. Mathematikunterricht **39**(2) (1993)

[4] Dörrie, H.: Ebene und sphärische Trigonometrie. Oldenbourg, München (1950)

[5] Dörrie, H.: Triumph der Mathematik. Ferdinand Hirt, Breslau; 5. Aufl. (1958), Physica-Verlag, Würzburg (1933)

[6] Hame, R.: Sphärische Trigonometrie. Ehrenwirth, München (1997)

[7] Kern, H., Rung, J.: Sphärische Trigonometrie. bsv, München (1988)

[8] Lambacher-Schweizer: Kugelgeometrie. Klett, Stuttgart (1952)

[9] Lietzmann, W.: Elementare Kugelgeometrie. Vandenhoeck & Ruprecht, Göttingen (1949)

[10] Möhle-Simonis-Kuypers: Lehr- und Übungsbuch der Mathematik für Höhere Schulen, Geometrie 2 (4. Aufl.). Schwann, Düsseldorf (1963)

[11] Wagenschein, M.: Die Erfahrung des Erdballs. Physikunterricht **1**, 8–49 (1967)

[12] Wagenschein, M.: Mathematik aus der Erde (Geometrie). Mathematikunterricht **8**(4), 86–90 (1962)

Sachverzeichnis

Springer

Willkommen zu den Springer Alerts

Jetzt anmelden!

- Unser Neuerscheinungs-Service für Sie:
  aktuell *** kostenlos *** passgenau *** flexibel

Springer veröffentlicht mehr als 5.500 wissenschaftliche Bücher jährlich in gedruckter Form. Mehr als 2.200 englischsprachige Zeitschriften und mehr als 120.000 eBooks und Referenzwerke sind auf unserer Online Plattform SpringerLink verfügbar. Seit seiner Gründung 1842 arbeitet Springer weltweit mit den hervorragendsten und anerkanntesten Wissenschaftlern zusammen, eine Partnerschaft, die auf Offenheit und gegenseitigem Vertrauen beruht.

Die SpringerAlerts sind der beste Weg, um über Neuentwicklungen im eigenen Fachgebiet auf dem Laufenden zu sein. Sie sind der/die Erste, der/die über neu erschienene Bücher informiert ist oder das Inhaltsverzeichnis des neuesten Zeitschriftenheftes erhält. Unser Service ist kostenlos, schnell und vor allem flexibel. Passen Sie die SpringerAlerts genau an Ihre Interessen und Ihren Bedarf an, um nur diejenigen Information zu erhalten, die Sie wirklich benötigen.

Mehr Infos unter: springer.com/alert

Printed in the United States
By Bookmasters